SKYLINE
天 际 线

望远 知新

The Bird Way

鸟类的行为

[美国] 珍妮弗·阿克曼　著
曾晨　译

译林出版社

图书在版编目（CIP）数据

鸟类的行为 / （美） 珍妮弗·阿克曼
(Jennifer Ackerman) 著 ; 曾晨译. -- 南京 : 译林出
版社, 2025. 8. -- (译林自然科普经典). -- ISBN 978-
7-5753-0810-6

Ⅰ. Q959.7-49

中国国家版本馆CIP数据核字第20259U1S47号

著作权合同登记号　图字：10-2020-227 号

鸟类的行为　[美国] 珍妮弗·阿克曼 / 著　曾　晨 / 译

责任编辑　杨雅婷
装帧设计　孙逸桐
校　　对　戴小娥
责任印制　董　虎

原文出版　Penguin Press, 2020
出版发行　译林出版社
地　　址　南京市湖南路 1 号 A 楼
邮　　箱　yilin@yilin.com
网　　址　www.yilin.com
市场热线　025-86633278
排　　版　南京展望文化发展有限公司
印　　刷　江苏凤凰通达印刷有限公司
开　　本　652 毫米 × 960 毫米　1/16
印　　张　26
版　　次　2025 年 8 月第 1 版
印　　次　2025 年 8 月第 1 次印刷
书　　号　ISBN 978-7-5753-0810-6
定　　价　98.00 元

序言

生而为鸟

这是一本关于鸟类生活史和行为的书。

从寿命只有3年至5年的小型鸟类，到几十岁高龄的猛禽和海鸟——虽然鸟生有长有短，但生而为鸟，不外乎要经历出生、成长、成熟、衰老、死亡的过程。生存、运动、觅食、交流、玩耍、求偶和育幼等行为贯穿于它们的生命历程。这些行为看似简单明白，背后却蕴藏着生命的玄机。世界上有1万多种鸟类，它们的行为复杂而独特，呈现出极高的异质性。哪怕是我们身边最为普通的麻雀、乌鸦和喜鹊，也可能做出让你意想不到的行为。鸟类的世界就是这样纷繁和迷人。

家麻雀会利用烟头筑巢，因为烟头里的尼古丁可以驱赶寄生虫。中国的山麻雀的行为与其异曲同工，它们会将新鲜的艾草叶垫入巢中，以减少寄生虫感染，从而孵育出健康的雏鸟。

乌鸦是鸟类行为中永远不可或缺的主角，特别是个体之间的互动。幼年的渡鸦像人类的幼儿一样，几乎会摆弄每一样新鲜的东西——树枝、石头、食物、瓶盖、小贝壳和玻璃——充满着对未知世界的探索欲。群集的渡鸦还会把个体的积极或消极情绪传递给同伴。

鸟类的求爱过程才是最令人震撼的，其中有简单粗暴的打斗，有含蓄优雅的炫耀，有热情洋溢的歌唱，还有煞费苦心的献礼。恐怕连人类最费尽心机的求爱方式都很难与鸟类的求偶炫耀相媲美。

这么多有关鸟类行为的桥段，构成了《鸟类的行为》。它的作者是美国著名科普作家珍妮弗·阿克曼女士。看到这里，您也许知道我想说什么。没错！她撰写的《鸟类的天赋》(*The Genius of Birds*)的中译本，是由译林出版社在2019年出版的。

我在为《鸟类的天赋》一书作序时曾写道："全球现存的鸟类超过1万种。如果每天认识一种鸟的话，你大约需要30年才能认全这个家族的全部成员。"这可能是很多观鸟者的终生目标。不过，如果要真正参透每一种鸟类的生存方式及其背后所潜藏的非凡策略和智慧，又需要多久呢？我猜想，这也许是几代鸟类学家都不可能完成的任务，而我从来也不担心在鸟类学研究中找不到有趣的选题。

事实上，鸟类的行为学研究是动物行为生态学最为活跃的领域之一。这不仅仅是因为鸟类擅长飞行和鸣唱等本能行为，更因为鸟类的不同个体与不同物种之间还存在着合作、协同，也充斥着欺骗、操纵、背叛、绑架和杀婴等令人发指的现象。那些看起来只在人类社会中才会出现的行为同样展现在鸟类的世界中。不论这些行为是亿万年选择演化的结果，还是面对自然界中复杂艰巨的挑战而形成的策略，它们都在为我们展示着生命的坚韧性和灵活性。显然，自然界的诸多解决方案超乎了我们的想象。我经常在想：如果换作人类，我们能做得比鸟类强很多吗？

本书是《鸟类的天赋》的姊妹篇，阿克曼女士在书里再次向我们介绍了颠覆传统观念的鸟类知识。在《鸟类的天赋》中，阿克曼女士描绘的是鸟类在认知、自我意识、学习、社会行为、审美、适应、记忆等多方面所体现的智慧。而在《鸟类的行为》中，作者从鸟类最为普通的日常生活入手，挖掘那些令人惊讶或者颠覆传统认知的动人故事。

看过《鸟类的天赋》的读者一定会有兴趣继续阅读《鸟类的行为》，以更加深入地洞悉鸟类行为背后所蕴藏的生存之道。两本书虽然角度略有不同，但是探究这些问题的角度和方法依然相似——作者从人类的视角出发，始终秉持着好奇和敬畏之心，以万物平等的理念去描绘多姿多彩的鸟类世界。她延续了富有知性和感性之美的文字风格，书中的每一段故事，都是她直接与相关学者进行深入交流的成果。作为一名鸟类学者，我始终感佩作者丰富的专业知识和严谨求真的科学态度。

本书的译者曾晨目前是我的博士研究生。她在攻读博士学位期间关注鸟类的求偶行为和物种形成。曾晨的本科专业是行政管理，对于自然和鸟类的热爱让她在硕士研究生阶段“转行”从事鸟类学的研究工作。她翻译过多部鸟类科普作品，不仅中英文水平俱佳，还具有丰富的鸟类观察经验。在本书的翻译过程中，她经常与研究组的同学们分享和讨论书中的研究案例，让本书的译文既体现出原著的文学色彩，又不失科学性。

最后，我把这本书推荐给从事鸟类学、行为学研究的同行，当然还有热爱自然、喜爱鸟类的广大读者。希望《鸟类的行为》既能拓展大家对鸟类的了解，又能让大家获得更多关于生命和成长的启示。

刘　阳

中山大学生态学院教授

中国动物学会鸟类学分会常务理事

《中国鸟类观察手册》主编之一

献给内尔

目 录

引言　当你看见一只鸟 · 1

交流

第一章　黎明大合唱 · 27

第二章　拉响警报 · 45

第三章　模仿大师 · 71

工作

第四章　食物的香气 · 97

第五章　趁手的工具 · 121

第六章　跟随蚂蚁的脚步 · 133

玩耍

第七章　玩耍的鸟儿 · 157
第八章　山上的小丑 · 183

求爱

第九章　交配行为 · 213
第十章　狂野的求爱 · 227
第十一章　脑筋急转弯 · 251

育儿

第十二章　放养式育儿 · 265
第十三章　世上最强的鸟类观察者 · 291
第十四章　女巫与开水壶的托儿合作社 · 323

尾声 · 347

致谢 · 353

延伸阅读 · 359

索引 · 383

引言

当你看见一只鸟

“哺乳动物和鸟类拥有各自的行为模式。”对于哺乳动物和鸟类在大脑方面的区别，一位科学家进行了精辟的阐述——这是获得高超智力的两种方式。

但鸟类的行为远不只是一种独特的大脑神经元连接模式，它还是飞行、卵生、羽毛和鸣唱等一系列特殊的现象。它是山刺嘴莺（*Acanthiza katherina*）的素色羽毛，是印缅寿带（*Terpsiphone paradisi*）的超长尾羽，是华丽琴鸟（*Menura novaehollandiae*）的非凡独唱，是蔓丛苇鹪鹩（*Cantorchilus zeledoni*）的完美和声，是鹗（*Pandion haliaetus*）向大海俯冲的迅猛，也是鹭鸟盯着水面的平静与耐心。

显然，鸟类的生存方式并不是单一的；大量不同的物种以独特的外表和行为生活在这个世界上。它们在羽毛、形态、鸣唱、飞行、生态位和行为等各个方面都互不相同，这也是人们喜爱鸟类的原因。生物学家因鸟类的多样性而着迷。同样入迷的还有世界各地的观鸟爱好者们；为此，我们列出了“目标清单”，到偏远地区探访稀有物种，驱车寻找被暴风吹来的迷鸟，或是钻进林子里吹口哨，好引出神出鬼没的莺类。

只要通过一段时间的观察，你就会发现，不同种类的鸟以完全不

1 同的方式进行着最平常不过的活动。这种多样性也被我们应用在表达方式中，以描述自己的极端行为。我们用猫头鹰或百灵、天鹅或丑小鸭、老鹰或鸽子、好蛋或坏蛋来形容自己。我们用沙锥 (snipe) 和松鸡 (grouse) 来表达诽谤和埋怨；而哄骗 (cajole) 一词则源于法语词根，意思是“像松鸦一样喋喋不休”。类似的表达还有很多：我们是渡渡鸟 (*Raphus cucullatus*)、小鸟崽儿、鹦鹉、骄傲的孔雀；我们用鸽子来比喻密探 (stool pigeon)，用鸭子来比喻易受攻击的对象 (sitting duck)；文艺痴迷者被称为“文化秃鹫” (culture vulture)，而获取不良资产的人则是“秃鹫资本家” (vulture capitalist)；“比翼鸟” (lovebird) 用于形容恩爱的情侣，“挂在脖子上的信天翁” (an albatross around the neck) 用于形容烦人的负担；“大雁的追逐” (wild goose chase) 指的是徒劳无功的事情，而杜鹃 (cuckoo) 则指不断的重复；人们像雏鸟般一丝不挂，或像成鸟般羽翼丰满；“空巢者” (empty nester) 和“没有春天的鸡” (no spring chicken) 都是形容老人；我们可以是早起的鸟儿，也可以是笼中的鸟、稀有的鸟、古怪的鸟。

正如生物学家E. O. 威尔逊曾说过的，当你看见一只鸟时，它并不代表所有的鸟。

鸟类的行为正是如此。在澳大利亚，人们总会情不自禁地喜欢上白翅澳鸦 (*Corcorax melanorhamphos*)。它们过着群居生活，充满魅力，既可爱又滑稽。六七只羽毛蓬松的白翅澳鸦挤在一根细细的树枝上，露出几只红色的小眼睛，亲昵地互相整理羽毛，犹如一串缠绕着爱意的黑珍珠。它们的飞行姿态略显笨拙，更适合四处走动；它们常像鸡一样前后晃动着脑袋，大摇大摆地穿过干燥的桉树林地。白翅澳鸦也像小狗，因为它们会一边发出尖锐的哨声，一边摇尾巴。它们喜欢玩“跟随领队”或“保持距离”的游戏，为争夺一根木棍或一片树皮而在地上翻滚。白翅澳鸦的体型和乌鸦差不多大，但更瘦一些——通体黑色，长着优雅的白色翅斑和拱形的喙；它们生活在固定的群体当中，每群包括4只到20只个体，总是排成一队或是挤成一堆。白翅澳鸦的群体宛若一个亲密的家庭，不论是喝水、栖息、沙浴、玩耍，还是分享食物，当中的成员每时每刻都待在一起，跑动起来就像一支阵形松散的足球队。到了繁殖季，澳鸦群体会选择一根水平的树枝，共同建造出一个奇怪的巨大泥巢［如有必要，鸸鹋（*Dromaius novaehollandiae*）的排泄物或者牛粪也可用作巢材］；成员们在枝条上排着队，轮流把自己找到的树皮碎片、草或浸泡过泥浆的皮毛添加到鸟巢边缘。这群白翅澳鸦将共同繁殖、守护和抚育后代；家庭成员之间的距离很少超过5英尺[*]到10英尺。我曾经见过三只刚学会飞行的雏鸟在地面上挤作一团，仿佛是三只睿智的猴子，对周围的一切熟视无睹、不闻不问。 2

不过，令人喜爱的白翅澳鸦也有阴暗的一面，尤其是在天气变差的时候。它们争吵、打斗，群体之间产生对抗。规模较大的群体聚集到小群体上方，向后者飞扑而去，凶恶地用喙猛啄，把巢中的卵推到地面，甚至将巢撞下树干。随后，它们还将继续这种无节制的暴力行为，破坏其他群体的鸟巢。曾有人观察到，一只白翅澳鸦用喙一次一个地啄开鸟卵，并将其扔到地上。这种现象着实令人感到不安，因为除了人类和蚂蚁之外，鲜有动物会做出强行绑架和奴役其他族群幼崽的行为。

本书将讲述鸟类的行为与活动，包括那些令人吃惊甚至是惊恐的日常行为，以及颠覆传统观念的固定或即兴活动；这些现象可能会动

* 1英尺等于30.48厘米。——编注

摇我们对鸟类能力和“正常”行为的界定与认知。

多年来，这类行为一直被视为反常现象，或被当作无解的谜团丢在一边。最近，科学家们开始重新审视这些现象。研究的结果颠覆了人们的固有认知，包括鸟类的生活、交流、觅食、求偶、繁殖和生存等各个方面。研究揭示了鸟类活动背后所潜藏的非凡策略和智慧。这些能力曾被认为是人类或少数高智商哺乳动物所特有的（如欺骗、操纵、背叛、绑架、杀婴），也向我们展现了物种之间的巧妙沟通、合作、协同、利他主义，以及各种文化与游戏。

在这些不同寻常的行为中，有一些似乎是在挑战“鸟性”的极限。一只雌鸟杀死了自己刚出生的雏鸟；而另一只雌鸟无私地照顾着其他个体的孩子，仿佛那就是自己亲生的一般。一些年幼的个体会不辞辛劳地喂养兄弟姐妹，而有些个体则在生存竞争中啄死了巢中的同胞。自然界中有能够创造出华丽艺术品的鸟，也存在着肆意破坏他人劳动成果的鸟。白翅澳鸦这一物种的内部就充斥着许多矛盾：凶残的个体
3 把猎物挂在荆棘或叉状的树枝上，但它也同时拥有美妙的歌喉，作曲家们甚至围绕着它的鸣唱创作出一整部作品；另一个体以严肃著称，却也酷爱玩乐；还有个体能与人类合作，却以可怕的方式寄生在另一个物种身上。这世上有会送礼物的鸟、偷东西的鸟、会跳舞和打鼓的鸟，也有能够涂涂画画或者装饰自己的鸟。有些鸟用声音建立防线、阻拦入侵者，有些鸟用特殊的叫声来召唤玩伴——或许它们掌握了人类在玩耍偏好和笑声进化中的奥秘。

地球上生存着1万种以上的不同鸟类，其中许多都拥有奇特而古怪的名字——波斑鹭（*Zebrilus undulatus*）、白腹灰蕉鹃（*Corythaixoides leucogaster*）、斑鼠鸟（*Colius striatus*）、裸脸捕蛛鸟（*Arachnothera* *clarae*)、荒岛秧鸡（*Atlantisia rogersi*）、淡色歌鹰（*Melierax canorus*）、闪羽蜂鸟（*Aglaeactis cupripennis*）、军金刚鹦鹉（*Ara militaris*）、漂鹬（*Tringa incana*）……我曾经在阿拉斯加卡彻马克湾的一座小岛边缘见过一只漂鹬，当时它正优雅地在沙滩上寻找着甲壳动物和蠕虫。漂鹬的英文名是“漫游的闲谈者”（Wandering Tattler）。“漫游”指的是它在辽阔的海洋中无处不在；“闲谈者”指的是它会在人类过于靠近时发出尖锐的鸣叫，以警告其他的鸟。除此之外，还有维达雀、巧织雀、扇尾鹟、细尾鹩莺（*Malurus*）、阔嘴鸟、犀鸟和黄胸三趾鹑（*Turnix olivii*），后者也因英文名被人们简称为“BBBQ”。每一块大陆、每一种生境都有鸟类的身影，哪怕是地底下也生活着穴小鸮（*Athene cunicularia*）和波多黎各短尾鸡（*Todus mexicanus*）。鸟类在体型大小、飞行方式、羽毛颜色和生理机能上都产生了极端的分化。我曾见过生物学家为一只雄性宽尾煌蜂鸟（*Selasphorus platycercus*）称量体重——它仅有七分之一盎司。而在另一个极端，巨大的鹤鸵（*Casuarius*）重达100磅[*]，约为蜂鸟的12 000倍；它们形似恐龙，站起身子采摘果实时可达10英尺高，其能力足够杀死一个人。安第斯神鹫（*Vultur gryphus*）的翼展足足有10英尺，而戴菊（*Regulus regulus*）的翼展则只有5英寸[**]。

有些鸟是敏捷的飞行家，例如鸟类世界的障碍赛之王——苍鹰（*Accipiter gentilis*），还有空中的杂技演员——雨燕和蜂鸟们。虽然鸸 4
鹋和鹤鸵的祖先能够飞行，但它们现在已经进化为无法振翅飞翔的大型鸟类了。同样地，弱翅鸬鹚（*Phalacrocorax harrisi*）也曾具备飞行能力，但为了适应陆地生活，它们逐渐在进化的过程中丧失了这项技

* 1盎司约等于28.35克，1磅约等于453.59克。——编注

** 1英寸等于2.54厘米。——编注

能。漂泊信天翁（*Diomedea exulans*）每年都要飞越数万英里*，回到浩瀚大海中的小岛繁衍后代。它们可能数年都不会着陆；当海面上波涛汹涌时，信天翁会在飞行中休憩，仅睁着一只眼睛来导航。到了迁徙季节，斑尾塍鹬（*Limosa lapponica*）将昼夜不停地从阿拉斯加飞往新西兰，全程7 000英里，花费7天到9天；这是世界上最长的不间断迁飞记录。就飞行距离而言，北极燕鸥（*Sterna paradisaea*）可以说无人能及，它们随着季节的变化环绕地球飞行。它们从位于格陵兰岛和冰岛的繁殖地飞往南极洲的越冬地，往返一次的路程将近44 000英里，是世界上的迁徙距离之最。该物种的寿命约为30年；那么，一只北极燕鸥在一生中或许能飞行150万英里，相当于在地球和月球之间往返三次。

作为曾在2019年前往国际空间站并进行了首次女性太空行走的宇航员，杰西卡·迈尔对于"走极端"这一话题可谓颇有见地。一直以来，迈尔的目标就是漫步太空；在通往梦想的道路上，她探索了两种鸟类的生活。这两种鸟都具有无与伦比的生理特性：一种能在水下长时间屏住呼吸，另一种则能在惊人的高度上飞行。

在南极洲的企鹅农场，迈尔参与了帝企鹅（*Aptenodytes forsteri*）的研究。帝企鹅是世上最强的鸟类潜水员，能够比其他鸟类潜得更深、持续更久，并且可以忍受极低的血氧含量；在这样的血氧浓度下，人类早早地就会失去意识。迈尔在一个水下室中观察了帝企鹅潜水捕鱼的场景。"它们在水下看起来就像是变成了另外一种动物，"她说，"仿佛成了芭蕾舞演员。"帝企鹅通常一次潜水5分钟到12分钟，有一只个体一口气下潜了27分钟。迈尔想了解这些动物如何在水下保持长时间的活动。她说："它们和人类一样，都是需要呼吸空气的动

* 1英里约等于1.6千米。——编注

物。帝企鹅会在潜水前先吸一口气；在水下的整个过程中，它们都在
使用这一口气中的氧。”帝企鹅的秘诀之一在于将心率从每分钟175 5
次降至每分钟57次左右，这样就能减缓氧气的消耗。

随后，迈尔又去拜访了另一种以极端迁徙而闻名的鸟类——斑头雁（*Anser indicus*）。该物种每年都要两次飞越喜马拉雅山脉，它们从南亚的海平面出发，越过庞大的山体，到达中亚高原的夏季繁殖地。

在4月的一个寒夜，博物学家劳伦斯·斯旺站在喜马拉雅山的高处聆听着周遭的寂静。忽然间，一个遥远的声音从南边传来——起初是细微的嗡鸣，后来变成了一种高亢的叫声。那正是斑头雁的鸣叫。斑头雁径直飞过了马卡鲁峰。“在16 000英尺的海拔高度上，我每一次呼吸都需要费尽全力，”斯旺写道，“这些鸟儿从我头顶2英里以上的高空飞过。那样的高度已经无法提供人类生存所需的氧气了，而斑头雁依旧在鸣叫。这种浪费氧气的鸣叫沟通似乎在告诉我们，它们无视了寻常的生理规则，违背了高海拔削弱呼吸作用的客观定律。”

振翅飞行所消耗的氧气是休息时的10倍到15倍。大部分斑头雁能够达到16 000英尺到20 000英尺的飞行高度，也曾有过24 000英尺的个体记录。在这个高度，氧气水平只有海平面的一半到三分之一。斑头雁在稀薄的空气中维持着高耗氧的飞行运动，即便是最优秀的人类运动员也无法在这样的条件下行走。

迈尔想知道斑头雁是否会利用上升热气流来节省能量。她说：“不，它们其实是在夜间和清晨进行迁飞的，时常遭遇强有力的逆风，并且温度也较低。”此外，斑头雁飞行时以振翅为主，几乎从不滑翔或者乘气流升空。那么，它们是怎么做到在高海拔飞行的呢？

为了找到答案，迈尔决定在风洞中训练斑头雁飞行。她领养了12只刚出生的斑头雁雏鸟，成为“雁妈妈”，好让斑头雁对她产生印记。

6 “我们一起散步，一起打盹，”她说，“孩子的成长真是太快了。”随着时间的推移，迈尔从散步改为骑自行车；小斑头雁紧跟着她飞行，喙几乎紧贴着她的脸颊。但这招只管用了一天，因为小鸟们的速度实在是太快了。于是，迈尔又将自行车换成了摩托车，沿着小路来回飞驰；小斑头雁始终在她的身侧，翼尖轻轻地擦着她的肩膀。迈尔说：“以这样的方式看着鸟的眼睛，确实是一种非常特别的体验。”最终，迈尔与来自得克萨斯大学的同事朱莉娅·约克一同完成了实验的准备工作。她们为斑头雁戴上了记录生命体征的“小背包”，以及可以改变氧气含量的特殊定制面具，以便模拟飞越喜马拉雅山和珠穆朗玛峰的状态。随后，迈尔和约克让斑头雁在风洞中飞行，并测量它们在不同条件下的心率、代谢率、血氧水平和体温。

科学家发现，斑头雁拥有几种帮助它们适应高海拔的特征：它们的肺部比其他鸟类更大，呼吸的效率更高（每次呼吸所交换的气体量较大，但频率较低），具有一种更高效的血红蛋白（使其从每一次呼吸中提取更多的氧气）以及密布于肌肉组织中的毛细血管（便于氧气的输送）。通过实验，迈尔和约克了解到，斑头雁还具备另一种超级机制，即对温度的特殊反应。在高海拔振翅飞行时，冰冷的肺部和温暖的肌肉之间会产生明显温差，从而将体内输送的氧气增加2倍。斑头雁还能降低自身的新陈代谢率，减少飞行所需的氧气量。

“但这并不是全部的答案，”迈尔说，“我们仍然不知道斑头雁和其他鸟类是如何应对极高海拔的低气压条件的。”

我深爱着鸟类生物学和行为学的方方面面，其中依然充满了许多
7 谜团。

鸟类的世界也因羽毛而显得格外缤纷多彩：大群彩鹀和鹦鹉

吵吵嚷嚷、绚丽夺目；巴拉望孔雀雉（*Polyplectron napoleonis*）活力四射，那充满光泽的蓝黑色羽毛上闪烁着耀眼的金属绿；红极乐鸟（*Paradisaea rubra*）身披薄雾般的红色羽毛，尾部伸出两根长长的羽线，犹如塑料制成的工艺品；而大掩鼻风鸟（*Ptiloris paradiseus*）拥有超乎寻常的乌黑羽毛，其特殊的微观结构几乎能捕捉所有光线；到了筑巢季节，阿留申群岛的须海雀（*Aethia pygmaea*）会在头部长出十分敏感的羽毛，引导自己穿过黑暗的巢穴。

詹姆斯·戴尔研究鸟类的颜色，以及它们如何运用颜色。他说："鸟类不能将它们的颜色作为武器，但可以利用颜色来避免冲突。"戴尔是一名鸟类学家，来自澳洲紫水鸡（*Porphyrio melanotus*）之乡——新西兰；他将自己的职业生涯都献给了奇妙的鸟类色彩。他曾告诉我其中的一些规律，最重要的三点如下：第一，雄鸟比雌鸟的颜色更鲜艳，雌鸟的羽色通常较为暗淡，以便在孵卵时融入周围的环境；第二，成鸟的颜色比亚成鸟更加丰富；第三，鸟类在繁殖季的羽色更为鲜亮。

"然而，鸟类也并不是墨守成规的动物。"戴尔举了几个反常的例子：雌性灰瓣蹼鹬（*Phalaropus fulicarius*）的色彩远比雄性鲜艳；美洲骨顶（*Fulica americana*）的雏鸟长着鲜红的喙和额板，而成鸟的颜色却很暗淡，如此一来，亲鸟便能够通过分辨颜色优先喂养年纪较小的雏鸟；对于红背细尾鹩莺（*Malurus melanocephalus*）来说，年幼的雄鸟会不会换上鲜艳的红色和黑色繁殖羽，要取决于社会环境，即周围是否有年长雄鸟的骚扰和驱赶。

鸟类中最叛逆的色彩反常者要属红胁绿鹦鹉（*Eclectus roratus*）。该物种生活在澳大利亚北部和新几内亚的偏远地区；它的属名与"折中主义者"（eclectic）来源于同一个希腊词根，而种名指的是鸟羽上的光泽。 8

澳大利亚国立大学的进化与保护生物学教授罗伯特·海因索恩对红肋绿鹦鹉进行了将近10年的研究，他表示："没有哪一种鸟能比这种鹦鹉更让科学家们感到困惑的了。"海因索恩还提到，伟大的进化生物学家威廉·汉密尔顿总会在做讲座时展示一张红肋绿鹦鹉雌雄性站在一起的照片。雄鸟是鲜亮的草绿色，而雌鸟是夺目的深红色，正如最初发现这种鸟的欧洲人所描述的那样，雌鸟的腹部还"染着一层淡淡的雾蓝色"。这和鸟类二态性的正常模式形成了鲜明的对比；在一般的雌雄二态中，雄鸟颜色鲜艳，而雌鸟为单调的褐色。海因索恩说："没有任何一种鸟能像红肋绿鹦鹉一样，雌雄两性以完全不同的形式长出如此艳丽的羽毛。"事实上，由于雌鹦鹉的羽色过于鲜艳，并且与雄鹦鹉截然不同，在该物种被发现后的头100年里，人们都以为这是两个不同的物种。"直到有一天，某位博物学家看到绿色的鹦鹉正在和红色的鹦鹉交配。"

在少数其他物种中，雌鸟的羽毛比雄鸟更鲜艳、更华丽，比如彩鹬（*Rostratula*）、瓣蹼鹬（*Phalaropus*）、三趾鹑（*Turnix*）、斑腹矶鹬（*Actitis macularius*）和肉垂水雉（*Jacana jacana*）。但在这些物种内部，性别角色通常都发生了逆转，雄鸟孵化鸟卵，而雌鸟负责保卫领地，并为了争夺雄鸟而相互打斗。"因此，这些物种确实是普遍规律下的例外。它们证明，具有竞争性的性别才最有可能获得鲜艳的色彩。"海因索恩说。

然而，红肋绿鹦鹉却不是这样的。该物种内部并没有产生性别角色的反转，雌鸟依然负责孵卵和抚育雏鸟。另外，它们的雏鸟也不符合普遍的规律。大多数鸟类的雏鸟在出生后的第一年里都会带着一身雌雄莫辨的浅褐色幼羽，而红肋绿鹦鹉的雏鸟一孵化就身披带有性别色彩的绒羽，随后直接换上引人注目的鲜艳成羽。

据海因索恩称，威廉·汉密尔顿在关于红肋绿鹦鹉的讲座结束时

说了这样的一句话："只要能明白为什么这个物种的一个性别是红色，
而另一个性别是绿色，我就可以瞑目了。"遗憾的是，汉密尔顿在刚果
探险时染上了疟疾，随后去世。他没能活着看到海因索恩解开这个谜 9
团，以及与此密切相关的另一个古怪谜团。

如果说红胁绿鹦鹉的羽色令人摸不着头脑，那它们的繁殖行为更是匪夷所思——雌性红胁绿鹦鹉会杀死自己刚孵化的雄性雏鸟。这种行为实在是违反常理，让人难以置信。

从生物学的角度来看，当杀婴涉及为了食物或者其他竞争原因而杀死其他个体的后代时，这种行为就显得较为容易理解。然而，杀死自己的孩子呢？繁殖后代是一件非常耗费精力的事情。红胁绿鹦鹉在孵化雏鸟后就迅速地将其消灭，这在生物学上是说不通的。

更令人费解的是，亲鸟是在有意识地杀死同一个性别的孩子。这种针对特定性别的杀婴行为在动物界极为罕见。除了浪费繁殖的时间和精力之外，它还会导致种群内部的性别比例失衡，使得数量较多的雌鸟为少数雄鸟而竞争，反之亦然。海因索恩在澳大利亚北部的偏远地区进行了超过10年的研究，发现雌鸟会在卵孵化后的3天内将雄性雏鸟移除。他经常在红胁绿鹦鹉筑巢的大树下发现被啄死的雏鸟。

为什么一位母亲要杀死自己的亲生儿子？是什么驱使一只鸟做出如此极端的行径？这对它的繁殖成功率有什么潜在的价值呢？

鸟类会表现出多种利他行为——帮助、合作、协同，以及一系列无私的行为。尖尾娇鹟（*Chiroxiphia lanceolata*）正是一个典型的例子：两只雄鸟一起精心编排舞蹈、共同表演，通过鼓翼、翻跟斗来吸引雌鸟的注意。然而，只有一只雄鸟能获得交配的权利；另一只雄鸟总是处于次要地位，如同球场上的边锋。但在一次又一次的求偶表演中，处于次要地位的雄鸟依然全身心投入，尽力呈上自己的最佳表演。有些

鸟抚养的并不是亲生孩子，但依然对孩子倾注了父母般的关怀和呵护，就像养育自己的后代一样。隐鹮（*Geronticus eremita*）能在迁徙时
10 进行合作，每只个体轮流地带领鸟群和跟随“V”字形队伍，并且在两种位置上的时间是精确相等的。新西兰的啄羊鹦鹉（*Nestor notabilis*）既聪明又顽皮，它们协同合作的方式十分巧妙，几乎能与人类的手段媲美。

同一物种内部的不同个体也有各自独特的行为模式。试想一下集群飞舞的椋鸟，或是成千上万的海鸟，比如繁殖群中的三趾鸥（*Rissa tridactyla*）。某年5月，我曾在卡彻马克湾的加尔岛上观察吵吵嚷嚷的三趾鸥繁殖群；上万只三趾鸥不断地鸣叫、盘旋着，仿佛成为一个单一的生命体。由此，我们或许能得出一个假设：同一物种的所有个体都会表现出相似的行为。多年来，人们一直认为同种鸟类对特定情况的反应是相同的，即刻板行为或固定的行为模式。然而，经过长时间的仔细观察和亲密接触之后，博物学家和科学家们往往能通过与众不同的面孔、独特的个性、特殊的举止及行为上的蛛丝马迹来识别出同一物种内部的不同个体。

当然，鸟类也能进行个体间的识别。孵化几个小时后，小鸭或小鹅就可以紧紧地跟在父母身后；这样的早成性鸟类在年幼时就能通过外表、声音和性格来识别特定的成鸟。海鸟常常能在远处发现正在飞行的配偶。许多鸟都可以认出巢穴附近的各个邻居，并对不同的个体表示友好或敌意。

人们可以通过特殊的行为——比如斑腹矶鹬的点头摆尾——来识别鸟的种类；但同种个体间也存在着许多特殊的差异，就如同人类一样。每只鸟都是独树一帜的芭蕾舞者，它们的基本舞步或许是相同

的，但它们也拥有自己独特的移动、觅食、交流、求爱和交配的方式。动物学家唐纳德·格里芬写道：“你如果想了解动物的行为，就必须考虑到它们的个性。对于那些喜欢物理、化学和数学公式的人来说，这项没有条理的工作可能是相当烦人的。” 11

本书将探索鸟类生活的五个方面——交流、工作、玩耍、求爱和育儿——并讲述各个方面的特殊案例。例如，鸟类中存在着两种不同的交流方式：一类语句包含着深刻的含义，为整个物种带来益处，远比人们想象的复杂；另一类则是流利的外来语调，用于操控和欺骗其他个体，以达到利己的目的。这两种方式都体现出鸟类交流中的深层奥秘，也揭示了鸟类鸣叫拥有微妙的、类似语言的特质。鸟类抚育后代的方式也具有惊人的多样性。巢寄生鸟类仅仅是在别人的鸟巢中产卵，就能把所有的育儿工作丢给陌生的寄主；事实上，这种带有破坏性的邪恶行为需要很高的智商。而在另一个极端，巴拿马的大犀鹃(*Crotophaga major*)选择集体式育儿；亲鸟们平等合作、共同抚育雏鸟，其数量可多达12只。

我们为什么要关注极端的行为案例呢？罗伯特·海因索恩说道：“人们总能发现鸟类的特殊行为。有时，这些反常的例外与常见情况形成鲜明的对比，佐证了某些规律，为鸟类世界的典型现象提供了不同的研究视角。”在其他时候，这些行为让我们学会了一种全新的思考方式。正如海因索恩所说，“所有的认知仿佛都在一瞬间被扭转了。突然间，我们有了崭新的思路”。在这个过程中，我们明白了极端案例的价值。鸟类的异常行为通常是对恶劣环境和极端气候的巧妙适应；通过这些行为，人们逐渐了解到鸟类是如何在困境中存活下来的。

本书向读者展示了不同的鸟类，从各种秃鹫和鹤类，再到棕夜鸫（*Catharus fuscescens*）和蔓丛苇鹪鹩。有些鸟经常反复出现，例如
12 蜂鸟。见过蜂鸟的人都知道，这种小鸟拥有非常极端的行为模式，小小的身躯里蕴藏着无穷的野蛮。它们的领地意识很强，表现得就像总以为自己是獒犬的吉娃娃。在某些情况下，蜂鸟就如同反社会者一般。

书中列举了许多来自澳大利亚的物种。生物学家蒂姆·洛在他的著作《歌声从何处来》中写道："澳大利亚的鸟类最有可能表现出极端的行为。"与地球上的其他地区相比，澳大利亚的鸟类占据更多的生态位；它们比其他大陆的鸟类更长寿，也更聪明。另外，澳大利亚也是一些基本行为的发源地，比如鸣唱。

我曾在这片大陆上进行过为期6周的调查，跟随洛与其他澳大利亚博物学家和科学家，研究独特的鸟类行为。这里生活着许多稀奇古怪、令人难以形容的有趣动物——红大袋鼠（*Osphranter rufus*）、鸭嘴兽（*Ornithorhynchus anatinus*）、袋熊（*Vombatus ursinus*）、黑尾袋鼠（*Wallabia bicolor*）和横纹长鬣蜥（*Intellagama lesueurii*）。除此之外，澳大利亚的景观也如世外桃源般不可思议，有带刺的棕榈（*Arecaceae*）、瓶刷似的红千层（*Callistemon*）、密花相思（*Acacia pycnantha*）和蓝桉（*Eucalyptus globulus*），以及满树红花的槭叶瓶干树（*Brachychiton acerifolius*）。然而最吸引我的还是这里的鸟类。

19世纪中叶，英国鸟类学家约翰·古尔德来到澳大利亚；他在这片广袤的南方大陆上发现了"地球上任何地方都没有的独特鸟类"。他将这里的鸟儿形容为"惊人、非凡、前所未有和无与伦比的"，尤其是那些否定了传统行为假设的类群。澳大利亚的园丁鸟具有修建"求偶亭"的古怪行为；它们花费大量时间，根据自己的喜好收集各式各

样的“饰物”来为亭子进行装潢，并按照颜色和样式排列这些物品。古尔德将这样的亭子称为“游乐场”。（不过，它们的奇特之处并没有改变古尔德猎食和剥制这些鸟类的习惯。）

澳大利亚还有许多鸟获得了古尔德的最高赞誉。比如长着巨大钩状喙的棕树凤头鹦鹉（*Probosciger aterrimus*），它能将头顶的深色冠羽作为发声的乐器。又如古怪的灌丛塚雉（*Alectura lathami*），它们把 13
卵产在15英尺高的土堆里；在无数杂物的掩埋下，孵化后的雏鸟必须自己挖出一条生路。另外，澳大利亚的两种琴鸟（*Menura*）是世上最优秀的歌唱家。这里还有不同于其他大陆的钟鹊、鹦鹉和极乐鸟，哪怕是无处不在的黑背钟鹊（*Gymnorhina tibicen*）也显得尤为独特。它们聒噪、聪明、好斗，常常对其他动物发起攻击，受害者中不乏人类。在繁殖季，骑行爱好者必须在头盔顶部装上彩色扭扭棒或者派对用的小拉炮，以防止黑背钟鹊冲下来袭击他们的头部。在这里，华丽的粉红凤头鹦鹉（*Eolophus roseicapilla*）和椋鸟一样常见；它们体形硕大、性格大胆，身披俏丽的粉色羽毛，头顶还长着上翘的黄色羽冠，拥有嘶哑、尖锐刺耳的奇异叫声。不过，澳大利亚人似乎对身边的这种粉色怪鸟毫不在意。最近，一只名为“雪球”的葵花鹦鹉（*Cacatua galerita*）人气飙升，因为它能听着皇后乐队和辛迪·劳帕的歌曲为自己编排舞步。它设计出14种不同的动作，包括摆头、抬腿、卷曲身体，就像麦当娜式的折手舞。研究人员表示，“在音乐刺激下，运动的自发性和多样性并不是人类独有的能力”。

然而，鸟类的极端行为并不局限于南方大陆。从数量上看，中美洲和南美洲才是鸟类多样性最丰富的地区；其中也有许多种类会做出流氓行径，足够与澳大利亚的叛逆鸟类一较高下。例如，委内瑞拉和圭亚那的长尾隐蜂鸟（*Phaethornis superciliosus*）能够模仿同种的其他雄性个体，随后将其杀死，好在求偶竞争中获得一席之地。巴西的白钟伞鸟（*Procnias albus*）拥有世上最洪亮的嗓音，在求偶时发出尖锐的、悠扬的双音调钟鸣；它的声音比野牛（*Bison*）或吼猴（*Alouatta*）的嚎叫都要响亮。眼斑蚁鸟（*Phaenostictus mcleannani*）分布于中美洲和厄瓜多尔北部，它们已经彻底掌握了另一类动物——蚂蚁的生活方式，通过学习、记忆和信息共享来获得生存所需的技能；我们曾以为这
14 种可能性只存在于少数动物当中，其中包括人类。

这本书的灵感来源于一场对话。在为上一本书《鸟类的天赋》进行调查工作时，我与麦吉尔大学的路易斯·勒菲弗讨论过稀奇古怪的鸟类行为。20多年前，根据鸟类在野外的行为，勒菲弗发明出第一种测量鸟类智力的方法。这个物种在自然环境中的创造力有多大？它能否利用新事物来处理当前面临的困境，或为其找到创新性的解决方法？它会尝试新的食物吗？这些活动都是行为灵活性的指标，也是衡量智力的可靠指标。尝试、利用新事物的能力就是改变行为的能力，能够使个体更好地应对新的环境和新的挑战。鸟类学期刊发表过许多有趣的短讯；勒菲弗梳理了过去75年的期刊，发现了2 000多份关于鸟类创新行为的报告。偷鱼的冠小嘴乌鸦（*Corvus cornix*）正是一个典型的例子：在冰面上，冠小嘴乌鸦用嘴扯出渔夫投入冰窟的渔线，将其拉到远处的冰面上，然后再回来拉扯另一段渔线；它每次都要踩上两脚，以防止渔线滑回冰窟中。转移渔夫的注意力后，冠小嘴乌鸦就能趁机偷走他捕获的鱼。

2018年，一位科学家利用最新的科技进一步揭示了鸟类的非凡智力。为了调查西美鸥（*Larus occidentalis*）的觅食区域，他对一些个体进行了定位追踪，并从中发现了有趣的现象。一只西美鸥以每小时60

英里的速度“飞”过了75英里的路程；它穿过海湾大桥，沿着洲际公路前行，并以相同的路线往返于觅食地和鸟巢之间。原来，这只雌性西美鸥繁殖于旧金山湾西边的法拉隆群岛；它搭乘一辆垃圾车，前往莫德斯托附近的中央山谷，到有机堆肥区觅食。起初，科学家以为它可能是被困在了卡车里；但两天后，同样的轨迹再次出现了。显然，这只西美鸥拥有惊人的智慧。(湾区的新闻记者调侃道：“这或许是有史以来第一个开车到莫德斯托吃晚饭的旧金山居民。”) 15

科学家需要在统计学上可复制或可控制的数据，一般不会将这类有趣的鸟类逸事作为得出结论的依据。富有经验且实事求是的观察者们上报了许多奇特的鸟类行为，让我们得以窥见鸟类思维的复杂性。当然，这些报告无法成为科学依据，但它们提供了大量的佐证，证明鸟类具有在日常生活中解决问题、开创新方法和寻找更优解的能力。

有这样的一个观点：全新或不寻常的行为往往是充满智慧的行为。

当我向世界各地的科学家请教鸟类在野外有什么特殊的行为时，他们所讲述的故事一次又一次地震撼了我。鸟类拥有高超的智商，能够施行各种聪明的小策略。在这些行为中，有些是源于进化的智慧，但更多的还是基于复杂的认知能力。该能力在广义上指的是在不同情况下获取、处理、储存和运用信息的能力。在过去10年左右的时间里，鸟类已经展现出它们利用高级认知技能解决问题的能力；这是通过联想来进行的学习过程，而不是简单的本能或条件反射。做出决策、发现规律和规划未来都是十分精细的心理技能，令鸟类能够灵活地调整自己的行为，以应对生活中遇到的种种挑战。

事实上，鸟类的大脑顶多只有胡桃大小。直到最近，科学家才解释了它们拥有高智商的秘密。2016年，一组国际科学家报告了他们发现的一个重要现象：鸟类在较小的大脑中储存了更多的脑细胞。该团队研究了28种不同的鸟类——从袖珍的斑胸草雀（*Taeniopygia guttata*）到6英尺高的鸸鹋——分别计算了它们脑中的神经元数量。他们发现，与大脑体积相近的哺乳动物，乃至灵长类动物相比，鸟类大
16 脑中的神经元体积更小、数量更多，密度也要大得多。这种神经元的紧密排列有助于构建高效、高速的感觉传递和神经系统。换句话说，研究结果表明，同等重量的鸟类大脑能比哺乳动物大脑拥有更高的认知能力。

此外，领导这项研究的神经科学家苏珊娜·埃尔库拉诺-乌泽尔说，在鹦鹉和鸣禽的大脑中，大部分多出来的神经元都出现在前脑的皮层区域中，这是与人类大脑皮层相对应的部分，通常与智能行为有关。事实上，从体积来看，金刚鹦鹉、凤头鹦鹉等大型鹦鹉和渡鸦、乌鸦等鸦科鸟类的大脑比某些猴子的要小得多，但它们分布在前脑皮层的神经元和突触的数量却更占优势，甚至能够多出1倍。因此，这些鸟也能做出和大型猿猴类似的聪明举动。

鸟类向我们展示了塑造智慧大脑的另一种方式。哺乳动物使用较大的神经元来连接大脑的远端区域；而鸟类的神经元较小，紧密分布，局部连接，只生长数量有限的大神经元来处理远端通信。埃尔库拉诺-乌泽尔说，为了构建一个强大的大脑，自然界进化出两种策略：一是调节神经元的数量和大小，二是改变神经元在大脑不同区域的分布。鸟类同时运用了这两种策略，并获得了十分出色的效果。

人们对鸟类行为的探索正在颠覆一些过去的基本观念。就拿鸣

唱来说，在过去，北半球的鸟类学家都认为复杂的鸟类鸣声属于雄性特征，并倾向于将雌鸟的鸣唱归为罕见或非典型现象。在过去的几年里，更为深入的观察已经推翻了这一种观点。雌鸟的鸣唱并非异常或反常的现象，而是广泛存在于鸣禽中，尤其是在热带、亚热带及温带地区的物种当中。

通过观察和思考，许多曾经看似简单直接的行为也远比想象的更 17
为复杂和微妙，例如交配。人们一度认为鸟类的繁殖是单纯的一夫一妻制，但其中的复杂性或许只有人类中的某些个体才能超越。我们也曾认为觅食的关键在于敏锐的视觉，但一些鸟类的觅食方式却与视力没有太大的关系，而是更多地依赖于猎犬般灵敏的“鼻子”。在面对威胁时，鸟类发出看似简单的警戒声，但当中所包含的信息是相当丰富的。此外，不仅是发声的个体及其同类，许多不同种类的鸟也能够完全理解警戒声的含义。有些不同的物种之间似乎已经发展出一种通用的语言。

为什么这些有趣的见解到现在才出现呢？

首先，科学家们正在摆脱世代以来限制了研究思路的各种偏见，例如感知偏见——认为我们人类看到、听到和闻到的世界也是其他生物所感知的世界。事实上，我们所经历的现实受到了认知、生理，甚至是文化的限制。其他动物所体验的是另一种现实。有时候，人类的感知偏见会令我们对鸟类感知能力的差异和多样性视而不见。不过，我们已经拥有了学习鸟类认知的新方法，这将有助于我们以鸟类的视角来审视世界，揭示鸟类生活不为人知的一面，理解它们如何看到数不清的色彩和纹样，如何听到人类无法察觉的声音，如何嗅到整个地貌的形状。

其次，地理偏见也是限制因素之一。经过许多鸟类学家的研究，我们认为自己已经掌握了鸟类在北半球（尤其是在北美洲北部和欧洲）的主要行为模式。相比于新热带雨林中的小型鸭科鸟类，科学家们对北方的几种被狩猎的野鸭做了更为广泛和深入的研究。几十年来，人们为温带鸟类总结出如下规律：群体繁殖极其罕见，具有典型的迁徙行为；只有雄鸟才能进行复杂的鸣唱，并且大多是在繁殖季；只
18 有鸣禽才能看到紫外光；单一的巢寄生鸟类和单一的宿主之间是一种干脆利落的进化军备竞赛的关系。

然而，以上几条规律都不是正确的。事实证明，温带地区的鸟类往往是例外，而非普遍规律。它们的许多行为和习惯主要是短繁殖期和迁徙鸟类的典型特征——从进化的角度来看，这是一个相对较新的发展。在短暂的繁殖季中，雄鸟通过鸣唱来宣示领地的行为也是整个鸟类世界中非典型的特有现象。如今，科学家们把更多的注意力集中在热带物种上，试图消除来自北方鸟类研究的地理偏见。于是，一种全新的视角出现了，我们能够据此探究鸟类世界中的寻常与不寻常。

鸟类学研究的视角不仅被研究人员所处的地理位置所限制，也会受到他们自身性别和性别偏见的影响。直到现在，大多数鸟类学家都是男性，研究也往往更集中于雄性鸟类的动向；雌鸟在其物种的生活史中所起到的作用常常被淡化或忽视，包括雌鸟的观赏性特征和繁殖系统。

2016年，在华盛顿特区有史以来规模最大的北美鸟类学会议上，一组研究人员聚在一起，进行了一次关于鸟类鸣唱的圆桌讨论。卡兰·奥多姆和劳林·本尼迪克特领导了这次讨论。她们与一个国际科研团队的最新研究成果推翻了长期以来的理论，即复杂的鸣唱基本上属于雄性特征。本尼迪克特讲述了她作为研究生进行田野调查时发

生的故事；她和她的同事们听到雌鸟“正在鸣唱，并且发出了奇怪的声音，还有一些我们无法理解的独特声响”。但她们没有发表这一发现，因为她们认为这只不过是男性鸟类学家已经彻底研究过的“反常行为”。

多亏了像奥多姆和本尼迪克特这样的女科学家，鸟类学的世界正在发生改变。她们让与会人员围到桌旁来见证她们的观察结果，一个又一个雌鸟鸣唱的案例摆在了大家面前：雌性蓝翅黄森莺
(*Protonotaria citrea*) 用独特的歌喉在繁殖季初期赢得配偶，雌性丛鸦 19
(*Aphelocoma coerulescens*) 唱出婉转的曲调。达斯廷·赖卡德是北美的一位研究人员，自称是“信仰动摇的雌鸟鸣唱否定者”；他注意到，自己的研究对象灰蓝灯草鹀 (*Junco hyemalis*) 中就存在着雌鸟鸣唱的现象。

新的工具也在改变着研究的走向，其中包括在野外观察鸟类的新技术、对鸟类短距离和长距离运动的追踪技术，以及行为监测技术等。比如，科学家在军舰鸟头部安装了带有特殊传感器的微型背包，从中发现了一些令人惊讶的睡眠模式。军舰鸟会在飞行中打盹，通常每次只有一个大脑半球进入睡眠；但它们也会在短短数秒中让整个大脑进入睡眠状态，这是飞行中用来恢复体力的快速休息。

网络摄像头和微型摄像机为我们提供了近距离观察鸟类的绝佳机会，它们能够捕捉到隐藏在暗处的行为或瞬间发生的高速运动。鸟类的移动速度比人类快10倍；只有通过高速摄像机的回放，我们才能看到一些令人叹为观止的举动：鸟儿们踩着节拍跳踢踏舞，在空中翻筋斗，像体操运动员一样完成复杂优美而又协调的表演动作。

分子工具进一步细化了我们的研究思路。DNA (脱氧核糖核酸)

分析彻底改变了人们对鸟类起源和进化的理解。就拿我们喜爱的北半球鸣禽来说，它们的起源可以追溯到4 500万至6 500万年前生活于澳大利亚和新几内亚的祖先。分子指纹的出现也改变了我们对鸟类关系的看法；它打破了一夫一妻制的神话，揭示了没有亲缘关系的鸟类能够以联盟的形式进行良性协作。

在自然条件下，鸟类通过巧妙的方式来学习技能、解决困境；大量的野外调查同样促进了认知研究的突破。不久之前，科学家们在很大程度上把鸟类认知研究局限在实验室内部，以便严格控制任何可能影
20 响鸟类行为的变量——视觉信息、声音、气味、光线、温度、其他鸟类的存在，以及实验对象的自身状态，例如具备的经验和饥饿程度。来自圣安德鲁斯大学的休·希利说："在早期，科学家对鸟类认知的实验主要是用关在盒子里的鸽子进行的。"不论是在过去还是现在，这都是一种研究鸟类学习和记忆的有效方法；它向我们展现了鸽子不俗的视觉和记忆能力。在实验室环境中，鸽子可以记住数百张照片，并且这样的记忆能够持续一年以上。鸽子能够察觉出照片中的细微区别；经过培训后，它们甚至可以区分出乳房X光片中的正常组织和癌组织，精确度比训练有素的技术人员还要高。不过，它们在平常的生活中是如何使用这种能力的呢？

有些鸟类能够安然地适应实验室，不受人为环境和设备的影响，例如鸽子或斑胸草雀。而有些鸟并不喜欢人工环境，也不愿意在实验中展示出它们真实的认知能力。研究人员曾在实验室中利用触屏电脑来测试一只煤山雀（*Periparus ater*）或沼泽山雀（*Poecile palustris*）的记忆能力，它的表现十分糟糕。在野外，这只山雀能记住各个食物贮藏点的位置，并在数月后顺利地将食物挖掘出来；但在实验中，它最多只能记住一个图像，而且几分钟之后就忘了。

在一项关于筑巢过程的认知研究中，希利和她的同事进行了野外调查。对于某些简单而固有的行为，她们从中发掘出了潜在的复杂性。她们发现青山雀（*Cyanistes caeruleus*）能够掌握天气状况及其对雏鸟的影响，并根据温度来建造不同的鸟巢。而纹胸织布鸟（*Plocepasser mahali*）群体存在社会学习的现象，同一个繁殖群内部的个体会互相观察和模仿彼此的筑巢方式；因此，各个繁殖群的鸟巢结构存在差异。

希利还对棕煌蜂鸟（*Selasphorus rufus*）在觅食方面的认知能力进行了野外调查，发现这些小小的鸟儿具有惊人的记忆力。它们的大脑只有一粒米那么大，却装满了关于觅食的各方面信息：哪些花朵可以 21
提供最优质的食物？这些花朵需要多久才能重新充满花蜜？应该选择怎样的时机再次造访同一朵花？曾经，我们认为只有人类才具备这样的记忆力。

希利说："在野外测试鸟类的认知能力是很困难的。所以，目前绝大多数理论都来自实验室里的鸽子。不过，与这些聪明的鸟类共事也是一项令人愉悦的工作。训练一只鸽子可能需要花费两年的时间，而我们可以在一天之内训练好一只蜂鸟。"希利也表示，这并不意味着野外的研究比实验室更好，二者是有区别的，"在野外，我们无法实现实验室中所有的精妙操作，但我们可以观察鸟类在开放环境下的行为"。

有几种鸟类可以在实验室中制造和使用属于自己的工具，其中包括马岛鹦鹉（*Coracopsis vasa*）和戈氏凤头鹦鹉（*Cacatua goffiniana*）。那么，它们在野外也会这么做吗？希利说："在野外观察鸟类的一大好处就在于此，我们不仅可以看到它们能做什么，还可以看到它们在面对社会和环境挑战时会做出的真实行为。"

希利还补充道："研究鸟类的行为总是令人无比振奋。"鸟类在一个又一个舞台上展现出自己的非凡智力，揭示着种种行为背后隐藏的秘密，并让我们意识到人类一直都低估了鸟类的思维。尽管鸟类思考的事物和方式与人类并不相同，但它们显然也是一种有思想的生物。

鸟类总能打破常规、突破传统。它们推翻了科学家的假设，否定了简明的分类和统一的理论，令我们无法在一个普遍的规律下解释那些令人困惑的多样性。鸟类动摇了我们的信念，证明人类并不是独一无二的存在。人类曾一次又一次地号称自己是唯一具有制造工具、推理论证和语言交流等特殊能力的生物。如今，人们发现鸟类也拥有类似的能力。恕我直言，我们对鸟类特殊行为的了解越多，鸟类就越能
22 改变对它们的轻率归类。

交流

第一章

黎明大合唱

我曾站在卡彻马克湾附近的盐沼边缘，看着沙丘鹤（*Antigone canadensis*）在浅水中昂首阔步，时而低头，时而拨弄羽毛。那时的我对于面前的景象毫无概念。后来，我查阅了一本关于鹤类动作与姿态的小词典；这本词典是乔治·哈普和克里斯蒂·扬克在经过多年的野外研究后编写的。书中写道，展开红色裸皮、拨弄羽毛、抬头或低头的动作都是具象化的语言。对于我们来说，这些动作或许是不易察觉或者意味不明的；但它们在鸟类眼中却如白昼般清晰明了，能够用于表达情感、说明意图，以及传达各种社会目的。向前伸出头部和颈部是传递给家人的信号，意味着“准备起飞”。头部抬起、高挺脖子、展开红色裸皮则是观察潜在威胁的信号，意味着“警惕”。头顶的羽毛光滑地垂下，意味着微微的兴奋。雌鸟可能会蹲下身子、将双翼张开并搭在地面上，这是一种罕见的高强度攻击动作。

沙丘鹤会有意地给羽毛“上色”。它们叼起一大把沾满泥的草，将富含铁元素的红色泥巴涂抹在自己身上；这种行为可能是用来伪装或驱赶昆虫的。有些鸟类会使用所谓的“美容染色”，以此作为一种性信号，比如鹭、鹈鹕和鹮。濒危的朱鹮（*Nipponia nippon*）或许就是最有趣的案例：到了繁殖季，朱鹮的头部和颈部会分泌出一种黑色的

25 油脂；它们将这些分泌物涂抹在白色的羽毛上，作为“婚装色”。

鸟类是动物界中善于沟通的佼佼者。它们在求爱、飞行、觅食、迁徙、躲避天敌和养育后代的过程中都不曾停止交流。它们能够运用声音、肢体和羽毛来传递信息。灵长类拥有能够表达情感的面部肌肉，而鸟类可以通过头部、身体、面部的羽毛、羽冠、姿势、翅膀和尾巴的动作来有力地传递出内心的状态，就像沙丘鹤一样。

在撒哈拉以南的非洲地区，一种名为红嘴奎利亚雀（*Quelea quelea*）的鸟类能在不发出声音的情况下进行复杂的交流。这种不同寻常的视觉语言令研究人员大吃一惊。

红嘴奎利亚雀是织布鸟科中体型较小的一员，因数量庞大而臭名昭著。它们是世界上数量最多的野生鸟类，在繁殖季可达到15亿只。成群结队的红嘴奎利亚雀遮天蔽日，与曾经的旅鸽（*Ectopistes migratorius*）如出一辙，可谓是大自然的奇观之一。与此同时，它们对谷子一类的农作物也具有骇人的破坏力。当地人将红嘴奎利亚雀称为“长羽毛的非洲蝗虫”。

除了惊人的数量之外，红嘴奎利亚雀还具有另一个不为人知的特点。它们的面部羽毛会产生戏剧性的变化，而这种视觉上的变化能够起到种内交流的作用——表明自己的身份、与邻居和平共处。繁殖期的雄性红嘴奎利亚雀长有鲜红色的喙，喙的周围是一圈颜色各异、大小不一的脸罩。脸罩可以是白色、黑色，或者是处于二者之间的任意状态；有些个体的脸罩很宽，而有的个体压根没有脸罩。脸罩的周围还长着从红色到黄色的各色羽毛，可能只有拇指盖那么大，也可能与胸腹连成一片。因此，红嘴奎利亚雀的面部羽毛拥有无穷无尽的图案和色彩组合。

詹姆斯·戴尔说，不论以哪一种标准来衡量，红嘴奎利亚雀的面部羽毛多样性都是一种非常极端的现象。科学家们通常把不同的羽色归结为身体状态的差异。鲜艳的羽毛代表了健康，是反应身体状况的可靠指标。从环境中摄取稀有的色素来保持羽毛鲜亮可不是一件容易的工作；因此，身体较为强健的个体总能展示出更为绚丽的羽毛。

几年前，戴尔开始着手于他的博士论文，而红嘴奎利亚雀正是他 26
的研究对象。他希望该物种的面部羽毛多样性能够体现出健康和色彩的关联性。多年来，他试图找到几个变量间的联系——鲜亮的色彩、身体的健康状况，以及交配和繁殖的机会；然而，这并不是一项轻松的工作。戴尔告诉我："这些鸟在可怕的荆棘上筑巢。这种植物总会耽误我们的时间，如果被它扯住时不停下来解开，整件衣服都可能会被撕碎。"不论如何划分得到的数据，戴尔都找不到面部羽毛和身体状况之间的相关性；他几乎要放弃这个项目了。不过，他还是坚持了下来，并发现了一些更有趣的问题：不同的面部羽毛是一种独有的个体特征，也是一种在群体中公开表明身份的标签。

红嘴奎利亚雀以数百万个体的规模形成密集的繁殖群，数量的优势也为它们带来了安全。戴尔表示："在如此庞大的群体中，雏鸟被天敌捕食的概率就降低了。"然而，这仍是一种残酷的赌博；猛禽经常出没于它们的繁殖地附近，"轻而易举地撕开鸟巢，就像吃樱桃罐头般吞下一只只雏鸟"。面对捕食者的侵犯，红嘴奎利亚雀并不会试图抵抗。一场大雨过后，一年生的禾本科植物飞速生长，它们将提供源源不断的草籽；与此同时，红嘴奎利亚雀也开始迅速繁殖。雄鸟会在夜间抵达繁殖地；到了第二天早上，荆棘上挂满了许多正在筑巢的红嘴奎利亚雀。一棵树可以容纳数百个鸟巢。戴尔说："这是一个爆炸性的开端，所有个体都在同一时间疯狂地编织鸟巢。筑巢的三天里充斥着无尽的吵闹、混乱和骚动。到了第八天，所有的巢里都已经填满鸟卵了。"

短短几千米之内，红嘴奎利亚雀建造了多达500万个鸟巢。在如此拥挤的环境下，任意一只雄鸟都有可能侵占其他鸟的巢穴，这是繁殖过程中真正的危险所在。戴尔说：“它们都是无耻且富有侵略性的鸟，经常互相试探，偷窃对方的草和巢材。”另外，繁殖过程发生得过于迅速和同步，每只鸟都在同一时间做着相同的事，根本没有机会建立自己的边界和领地。戴尔说：“它们没有时间像北美的鸣禽一样，整天
27 站在枝头鸣唱。”于是，红嘴奎利亚雀形成了一个小型的社区，确保自己周围都是熟悉的个体；它们知道邻居会安分地待在巢中，不会做出偷盗之举。比起忙于筑巢的邻居，一只新来的陌生雄鸟可能会带来更大的威胁；这被人们称为“亲敌效应”。社区中的红嘴奎利亚雀很快就熟悉了周围的邻居。它们通过展示面部羽毛来发出特殊的信号，好让邻居认清自己的身份。“一旦身份认证的问题解决了，”戴尔说，“个体之间的骚扰就能够平息下来，大家纷纷投入到各自的筑巢工作中去。”

事实证明，红嘴奎利亚雀的彩色羽毛和鲜红鸟喙是标识个体身份的重要工具。试想一下：这一系列需要传达的信息和内容都写在一只鸟的脸上。不过，我们真的该为此感到惊讶吗？个体识别是社会关系的基础，而红嘴奎利亚雀正是一种高度社会化的动物。

鸟类或许会用羽毛和身体姿态来传达讯息，但最常见、最极端和最复杂的一种沟通方式无疑是它们的叫声。

在黎明前的黑暗时刻，新南威尔士州内陆的皮利加森林中响起了嗡嗡声、尖叫声、口哨声、爆破声、颤鸣声，以及犬吠般的鸣叫。这一处幸存的原始森林是大分水岭西坡最大的一块，生长着红铁木桉（*Eucalyptus sideroxylon*）、赤桉（*Eucalyptus camaldulensis*）和窄叶桉（*Eucalyptus pilligaensis*）等温带树木，有许多灰冠弯嘴鹛（*Pomatostomus

temporalis)、笑翠鸟(*Dacelo novaeguineae*)、白翅鸣鹃鵙(*Lalage tricolor*)、棕啸鹟(*Pachycephala rufiventris*)和吠鹰鸮(*Ninox connivens*)——后者的名字足以体现它的叫声了。响成一片的鸟鸣令人感到惊心动魄,但这种情形在澳大利亚并不罕见。在世界上最奇怪、最响亮、最美妙的鸣声当中,有许多是来自这片广阔的南方大陆;这绝不是偶然的。正如蒂姆·洛所言,澳大利亚是鸟鸣的发源地。DNA分析显示,所有的鸣禽、鹦鹉和鸽子都是在澳大利亚大陆上进化出来,随后向外辐射,以连续的
波状扩散到全球各地。我的故乡位于半个地球之外的弗吉尼亚州中 28
部,那里的旅鸫(*Turdus migratorius*)、主红雀(*Cardinalis cardinalis*)、嘲鸫(*Mimus*)、莺、鹀、麻雀和朱雀等都起源于澳大利亚早期的雀形目。和皮利加森林的鸟一样,它们也在黎明前进行着热闹的大合唱。

我常常认为鸟类的晨鸣是一种令人费解的行为:所有的鸟同时鸣唱,比一天中的其他任何时间都更响亮、更有活力;它就像是一场诗歌朗诵比赛,每只鸟都在卖力地表演。合唱通常开始于凌晨4点,持续几个小时,直到太阳升起、温度升高。一般来说,体型较大的鸟最先开始鸣唱,例如温带地区的斑鸠和鸫。而在澳大利亚,率先表演的则是钟鹊和笑翠鸟。不过,眼睛的尺寸比体型大小更为重要。英国科学家发现,眼睛更大、视力更好的鸟要比其他种类更早地开始鸣唱——在新热带地区也是如此。卡尔·伯格在厄瓜多尔马纳比的一片热带森林中研究了鸟类的晨鸣。他发现,觅食高度和眼睛大小是决定鸣唱开始时间的关键性因素,即眼睛较大、在树冠层觅食的种类早于眼睛较小、在地面层觅食的种类。

我们还不知道鸟类在黎明前高强度鸣唱的原因。这或许与声波的传播效率有关;对于北方的鸟类来说,黎明前的黑暗环境具有平静的空气、较低的温度、较少的昆虫(和交通)噪声,能让鸟类将鸣唱传播

得更远，更有效地宣示领地，并向潜在的配偶表明自己的存在。除此之外，晨鸣的原因也可能是捕食者在黎明前的威胁较小；又或者是此时的昏暗光线不利于觅食，昆虫还没有开始活动，静止的空气也不适合迁徙，已经起床的鸟儿们除了鸣唱还能做什么呢？也许这是鸟类在“晨练”，在为新的一天热身。它们也可能只是在向外界大声宣告：“我又活过了一夜！”

澳大利亚野生动物录音师安德鲁·斯基欧奇认为，鸟类的晨鸣是一种群体现象，每只鸟都在这个过程中协商和确认彼此间的关系，并尽量减少冲突。他说：“这是鸟类在每天清晨与配偶、家人、邻居及其
29 他群体成员重新确认关系和位置的过程。晨鸣降低了身体对抗带来的风险和压力，并减少能量的消耗。作为群体发声行为的集合体，晨鸣或许是鸣禽在进化过程中取得的最杰出的成就。据此，鸣禽以非凡的多样性在自然环境中成功地存活下来。”

鸟类的鸣唱和鸣叫十分多样：柳雷鸟（*Lagopus lagopus*）常发出滑稽古怪的咯咯声；食蜜鸟（*Pardalotus*）的鸣唱则是轻柔的笛声，宛若隐隐约约的低声呢喃；白腰叉尾海燕（*Oceanodroma leucorhoa*）的嬉笑声就像是精灵一般；肉垂钟伞鸟（*Procnias tricarunculatus*）和白钟伞鸟拥有南方大陆最令人惊叹的大嗓门，能发出嘹亮的喇叭声；黑背钟鹊的叫声就像是管风琴演奏的圣诞颂歌；而黑喉钟鹊（*Cracticus nigrogularis*）能够独自唱出最华丽、最令人难忘的夜曲，甚至可以连续鸣叫7个小时。钟鹊简直就是鸟类世界里的斯威尼·陶德*；它们经常做一些残忍而卑鄙的勾当，比如把杀死

* 斯威尼·陶德是电影《理发师陶德》（*Sweeney Todd*）中的男主角；他以理发师的身份杀害顾客，并将尸体做成人肉馅饼。——译注

的小型鸟类和其他动物串在枝头，留作晚餐。但它们的歌声犹如天籁，有时它们还会进行三重唱。由于钟鹊的鸣唱实在是太过美妙，小提琴家兼作曲家霍利斯·泰勒花了10年的时间来录制素材，并最终将其转化为音乐作品。2017年，她结合现场录音，创作出一首令人惊艳的作品——《飞翔》；该曲目由阿德莱德交响乐团演奏。

说起我听过的最怪异的鸟叫，就不得不提到名为绿园丁鸟(*Ailuroedus crassirostris*)的一种漂亮小鸟。它的羽毛结合了斑驳的绿色和浅褐色，是相当完美的伪装；在它生活的雨林中，通常都是只闻其声不见其鸟。绿园丁鸟的叫声听起来像是猫叫和婴孩哭泣的混合体。第一次听见它的叫声时，我不由得想："这个可怜的孩子到底是怎么了？"

在科学领域，人们刚刚开始解析鸟类鸣声的复杂性及其背后的意义。即便是最常见的旅鸫也能发出20多种不同的叫声，其中大部分都不为人所知。事实证明，大雁的一声鸣叫包含着意想不到的复杂信息。企鹅的叫声听上去单调而一致，但也存在着人类难以察觉的声学差异，这能够帮助它们进行个体识别、选择配偶。 30

大多数同种鸣禽的鸣声因地而异，形成了与人类口音一样的地域性"方言"，在鸣唱曲目的结构和组成上存在着独特而深远的地域与文化差异。这些方言在求偶过程中扮演着重要的角色——某些种类的雌鸟更喜欢鸣唱中带有本地特色音节的雄鸟。它们还能够协助解决领地争端，让鸟类区分本地和外来的不同个体，在避免肢体冲突的前提下平息矛盾。鸟类学家路易斯·巴普蒂斯塔曾在加利福尼亚州沿海地区进行白冠带鹀(*Zonotrichia leucophrys*)的相关研究，据此成为最早发现鸟类方言的学者之一。巴普蒂斯塔被誉为"鸟类界的亨利·希金斯[*]”；只要听到一只白冠带鹀的鸣唱，他就能判断出这一个体及其亲鸟的地理起源。他说，这些鸟的口音产生了很明显的地域性分化，若是人们面朝太平洋而立，左耳和右耳能分别听到两种不同的白冠带鹀鸣唱。

鸟类的发声器官是鸣管，它深埋于胸腔之中。当鸣管的膜震动时，管内的空气流动发生改变，产生声音。鸟类的鸣管也具有相当高的多样性。鸭子、大雁和天鹅的鸣管具有球形共振腔和长长的环状气管；特殊的形状将气管长度扩大到了20倍，所以它们发出的声音往往能夸大自身的体型。而鸣禽的鸣管只有一对很小的腔体，由高精度的鸣肌来控制。有些鸣禽能够很好地控制鸣管两侧的多块肌肉，因此能同时发出不同的声音；从本质上来说，它们通过鸣管与自己进行二重唱。这也就解释了为什么黑背钟鹊能唱出美妙动听的颂歌，棕林鸫(*Hylocichla mustelina*) 能奏出笛声般悠扬的乐曲。

人们曾以为鸟类的听力范围比人类小。直到最近，我们才发现某些鸟类能在超声波范围内发出人类听不到的声音，比如棕头鸦雀(*Sinosuthora webbiana*) 和黑蜂鸟 (*Florisuga fusca*) 。这也意味着鸟类或许能够接收超出人类听觉范围的声音。在声音的识别上，鸟类的能
31 力往往超乎我们的想象。哪怕是在嘈杂和混乱的环境中，它们依然能够敏锐地察觉出同种鸣声中音高、音调和节奏的变化，从而实现种内识别，甚至可以具体到同一群体中的不同个体。

虎皮鹦鹉 (*Melopsittacus undulatus*) 就是鸟类利用鸣声进行个体识别的一个典型案例：在一个群体中，不同个体间用于沟通的鸣叫即为接触鸣叫 (contact call)，并且存在着细微的差别。虎皮鹦鹉跟奎利

* 亨利·希金斯是电影《窈窕淑女》中的男主角，能够通过口音判断出不同人的来历。——译注

亚雀一样，也是群居生活的鸟类。在20世纪50年代和60年代，虎皮鹦鹉的数量急速增长，一度被人们形容为“密密麻麻地挤在一起，重量都快把电线压到地上了”。接触鸣叫有助于虎皮鹦鹉识别自己的配偶和其他群体成员。当某些个体从原有的群体迁入另一个群体后，成鸟能够不断地改变接触鸣叫，以适应配偶和新的群体成员。

虎皮鹦鹉和其他鸟类学习鸣唱和鸣叫的过程与人类学习说话的过程十分相似。这是一个模仿和联系的过程，被称为发声学习；这一现象在动物界是非常罕见的。与人类一样，鸟类的发声学习从很早就开始了。在孕期的后3个月，人类胎儿可以记住来自外部世界的声音，对音乐和语言中的韵律变得特别敏感；这似乎也适用于一些鸟类。某些种类的胚胎可以通过蛋壳听到声音；在亲鸟鸣声的刺激下，胚胎的心率会加快。为了防止巢寄生现象，华丽细尾鹩莺（*Malurus cyaneus*）在尚未破壳时就已经开始向亲鸟学习特殊的“鸣声密码”。科学家发现，至少在孵化的5天前，蛋壳中的小鹩莺就开始学着模仿这种叫声了。有些种类的亲鸟能够通过鸣叫向正在卵中发育的雏鸟传递信息。斑胸草雀能将外界高温的情况传达给卵中的后代，这对成长中的雏鸟来说是至关重要的信息。在炎热的气候条件下，鸟类适合于较小的体型，以便更好地散热。当斑胸草雀在酷热的天气中繁殖时，如果鸟巢的温度超过了80华氏度，亲鸟就会在孵化期的最后三分之一阶段用鸣声告知蛋壳中的雏鸟——这一阶段正是胚胎发育出温度调节系统的时期。收到父母的“炎热警告”后，雏鸟将减缓生长速度，令自己的体 32
型变得更小；这将成为高温中的适应优势。

鸟类会像婴儿一样啼哭，像猪一样哼哼，像猫一样喵喵叫，也会像明星一样歌唱。它们会说方言，也会欢乐地进行二重唱和大合唱。它们在鸣叫和鸣唱中收集各种各样的信息——发声者的种类、所属地域、群体成员关系，甚至精确到个体的身份。鸟类以独特的方式使用声音，并据此分享信息、协商领地边界和影响彼此之间的行为。

矿吸蜜鸟（*Manorina melanophrys*）利用叫声形成一堵屏障，把其他物种拒之门外。在澳大利亚东南部的峡溪保护区，森林里到处都是绯红摄蜜鸟（*Myzomela sanguinolenta*）和其他小型林鸟发出的叮叮当当、叽叽喳喳的声音，还有灰胸绣眼鸟（*Zosterops lateralis*）哀怨的鸣声。不过，当我沿着钟伞鸟小径走一小段路，穿过桉树林，森林里的喧闹嘈杂就被单一的鸟鸣所取代了。犹如钟鸣一般的“叮——叮——叮——叮”声，正是矿吸蜜鸟的典型鸣叫。这是一种非常好斗的吸蜜鸟；黑色条纹从它的喙根部延伸下来，仿佛是皱紧的小眉头。一旦你进入这种鸟的领地，不同种类的鸟鸣大合唱就会消失不见，只剩下由高处树冠传来的单调钟鸣。

一只矿吸蜜鸟的鸣叫还算是悦耳的。然而，不过一两分钟的时间，40只矿吸蜜鸟开始此起彼伏地叮叮作响，仿佛是天上的星星在说话，令人惊叹不已。很快，这样的合唱开始让人感到烦躁，它就像是恼人的耳鸣，又或者是不断漏水的水龙头。北美鸟类的领地性鸣叫是季节性的；而矿吸蜜鸟从黎明一直叫到黄昏，一年365天从不间断。蒂姆·洛说，这是世上最持久、最洗脑的动物声音之一。矿吸蜜鸟似乎在说：“别过来！你如果闯进我们的领地，就会遭到攻击！”

为了守护领地，矿吸蜜鸟总会摆出极具侵略性的姿态来抵御入侵者。它们会攻击体型比自己更大的种类，例如笑翠鸟和斑噪钟鹊（*Strepera graculina*），并完全驱逐体型较小的鸟类。而生活在低矮灌
33 丛中的种类则可以逃过一劫，比如细尾鹩莺和刺莺（*Sericornis*）。但是，在生境和食物方面与矿吸蜜鸟有所重叠的种类都会被驱逐，例如

几种食蜜鸟。在这堵无形的屏障之外，森林中生活着正常的鸟类群落。矿吸蜜鸟能够通过声音抑制其领地内的竞争者数量，并且一次就能控制好几年。

有一种小鸟成功地与矿吸蜜鸟实现了共存。它们通过优秀的鸣声天赋来让自己保持低调，以达到截然不同的目的。身材纤长的绿啸冠鸫（*Psophodes olivaceus*）通体为橄榄色，带有白色的颊斑和可爱的黑色羽冠。它总隐蔽在森林之中，却拥有无比动听的嗓音。绿啸冠鸫的叫声已经成了热带雨林的标志，曾被人们用于电影中的丛林场景。这是一种独特而迷人的双音节抽鞭声，首先是一声尖细的口哨声，随后突然被响亮的“咻咻”声打断。其实，绿啸冠鸫的叫声是一串二重唱，雄鸟与雌鸟互相呼唤和回应。由于它们能够精确把控时间，做到无缝衔接，所以这串声音听起来就像是由同一只鸟发出来的。雄鸟最先发出叫声，雌鸟在不到1毫秒的时间内就做出了反应。

为什么鸟类要如此大费周章地编排鸣声呢？

内奥米·朗莫尔在堪培拉的澳大利亚国立大学进行鸟类行为研究。他解释道，绿啸冠鸫的种群中存在性比偏差，雄鸟的数量比雌鸟要少。因此，雌鸟们必须相互竞争，利用二重唱来捍卫自己在夫妻关系中的地位。这种现象被称为“捍卫配偶”，在雌鸟当中并不多见。据此，雌鸟用歌声来宣示“所有权”的行为就说得通了。朗莫尔说：“每当雄鸟鸣唱，雌鸟也不得不开口：‘嘿，他已经是有妇之夫了。’这样一来，其他雌鸟就不会过来抢夺配偶了。相反地，当雄鸟回应雌鸟的鸣唱时，它可能也在说：‘嘿，她已经是有夫之妇了，别打她的主意！’长期以来，人们都以为绿啸冠鸫的二重唱是由雄鸟独自完成的，可见它们的配合是多么完美。”

其他鸟类进行二重唱的原因可能更接近于矿吸蜜鸟。“有些二重 34

唱的主要功能就是守卫领地。”朗莫尔表示，“通过一系列协调，它们用歌声向外界传达：‘看，我们是一个坚不可摧的团队、一对牢不可分的伴侣，能够精准地把握节奏，演绎出最和谐的二重唱。我们已经在这块土地上合作了很久，你们是没有机会来插一脚的！’”

不论目的如何，鸟类的二重唱都是一个奇迹。约有16%的鸟类会进行二重唱；它们主要生活在热带地区，且分布于近一半的科当中。因此，这种现象似乎起源于多个时间点。纹头猛雀鹀（*Peucaea ruficauda*）的二重唱相对简单，仅仅是两种鸣唱的重叠。而新热带地区的鹪鹩的二重唱则要复杂得多，雌雄鸟需要密切配合，轮流唱出乐句；每一只个体都要准确地把握节奏和乐句类型，以便与配偶的鸣唱相契合。这种精确协调、结构复杂的二重唱是动物界中最接近人类对话的一种交流形式。

典型的人类对话就是一种衔接紧密的你来我往。约定俗成的规则是一次只能由一个人说话，沉默的间隔不能太长，最好没有话语的重叠。如果这样的规则被打破，场面将会变得十分尴尬。试想一下，在一场电台采访中，主持人提问和受访者回答之间有一段很长的停顿，这样的长时间沉默会让大家都感到异样。在任意一种人类语言当中，每个人轮流发言的时间约为2秒，而它们的间隔只有200毫秒。

在蔓丛苇鹪鹩的二重唱中，雄鸟和雌鸟对轮流鸣唱的时间控制更
为精细。卡拉·里韦拉-卡塞雷斯在哥斯达黎加的森林中研究这种浑
然天成的二重唱。蔓丛苇鹪鹩能将乐句衔接得严丝合缝，在6毫秒内
回应配偶的鸣唱，这仅是人类所需时间的四分之一。另外，人类对话
35 的语句重叠率有17%，而蔓丛苇鹪鹩仅有2%—7%。蔓丛苇鹪鹩夫妇
在森林中一唱一和，当中有许多不同的乐句；但在未经训练的寻常人

听来，这就跟一只鸟的叫声没什么两样。

如此精准匹配、高度协调的雌雄合唱对鸟类的感官和认知都提出了很大的挑战。在蔓丛苇鹪鹩的二重唱中，每个性别都能唱出三大类不同的乐句。雄鸟和雌鸟分别拥有各自的曲库，每一大类乐句中最多包括25种具体的唱法；它们将这些素材进行组合、重复，从而创造出一段完整的鸣唱。跟其他进行二重唱的鸟类一样，每一对蔓丛苇鹪鹩都严格遵循着一套独有的合唱“密码”，其中蕴含了乐句之间的衔接规则。此外，里韦拉–卡塞雷斯还发现，为了使二重唱更加和谐，个体会根据配偶鸣唱的乐句类型来改变自己鸣唱的节拍。因此，一段完美的二重唱需要伴侣双方都找准合适的乐句和节奏，而这一切都发生在毫秒之间。

快乐苇鹪鹩（*Pheugopedius felix*）能在黑暗中完成同样的壮举，而声音是它们唯一可以利用的线索。太平洋大学的克里斯托弗·坦普尔顿和他的同事在墨西哥西部的干旱森林中捕捉了一批快乐苇鹪鹩雄鸟，并把它们关在笼子里过夜。次日清晨，研究人员做的第一件事情就是向笼中的雄鸟播放不同雌鸟的鸣唱。“出乎意料的是，雄鸟们能够在封闭的黑暗条件下对乐句做出回应，”坦普尔顿说，“它们能在大量的录音中准确地识别出自己配偶的声音，并迅速地以准确的乐句做出回应。”

里韦拉–卡塞雷斯发现，当成年蔓丛苇鹪鹩更换新的配偶时，它们的二重唱“密码”是灵活可变的。对于“再婚”的个体来说，它们将经历一个急速的学习阶段；不过，新的伴侣最终都会练就天衣无缝的二重唱。

2019年，在野外研究鸟类的科学家们发现，当两只鸟进行二重唱时，它们的大脑活动也是同步的。一个来自马克斯·普朗克鸟类研究所的研究团队为数对纹胸织布鸟（原产于非洲东部和南部）安装了特殊的装置。该装置包含微型话筒和信号传送器，能够记录它们在鸣唱
36 时的声音和神经活动。随后，研究人员将这些纹胸织布鸟放回野外环境中，获得了数百次二重唱的数据。该团队发现，当一对纹胸织布鸟对唱时，位于两个大脑声音控制区的神经细胞是同时开始活动的；因此，它们相当于用同一个大脑在工作。

这种精确把控乐句和节奏的高超能力并不是与生俱来的。鸟类与人类一样，必须通过后天的学习来获得这样的技能。当我们还是牙牙学语的婴孩时，我们首先感受到的是对话节奏中交替发言的时间点。同样地，蔓丛苇鹪鹩也从亲鸟身上学来了二重唱的技巧。亚成鸟更容易犯乐句重叠的错误，导致自己的叫声跟亲鸟的混在一起。但随着时间的推移，它们的技巧将会变得越来越娴熟。里韦拉-卡塞雷斯还发现，年幼的蔓丛苇鹪鹩会模仿同性亲鸟的乐句，并以此来回应异性亲鸟的同一类型乐句。因此，鸣声和文化的学习是齐头并进的。

二重唱的发现让科学家们首次意识到自己在雌鸟鸣唱方面的错误认知。

几个世纪以来，人们认为只有雄性鸣禽才会利用鸣唱来吸引配偶和击退竞争者，就像炫耀华丽的羽毛一样；而雌鸟只需要负责倾听雄鸟的声音，选出鸣唱水平最高（旋律最优美、乐句最复杂）的配偶，并通过这一过程发挥性选择的作用，引领物种的进化方向。这一经典案例说明了性选择的力量，人们认为这一过程导致不同性别在大脑和行为上产生了极端的差异。然而，许多雌鸟鸣唱的案例都被视为非典型的、罕见的例外状况，或是激素异常的结果。

当以卡兰·奥多姆为首的国际研究团队在世界各地对 1 141 种雌

鸟的鸣唱进行考察后，这一切都改变了。该团队怀疑，“只有雄鸟才鸣唱”的理论并不能完全说明问题。大多数鸣禽生活在热带地区，而针对这些区域的研究还很少。在鸣禽的发源地——澳大利亚及其周边 37
地区，雌鸟的鸣唱更为常见；这一行为在雌雄两性间的发生率相对均等。发表于2014年的研究成果明确显示，在该团队考察的所有鸣禽中，超过三分之二的种类和科中存在雌鸟鸣唱的现象，而且雌鸟的鸣唱在结构（长度与复杂性）和功能上与雄鸟的相似。例如，栗头丽椋鸟（*Lamprotornis superbus*）原产于非洲东部，雌雄两性都会鸣唱，且二者的乐句结构和数量没有区别。在这一高度社会化的群居鸟类中，两种性别都是终年鸣唱的；这种行为的目的可能是表明身份，并在群体成员中确立自己的地位。这项研究表明，鸟类的鸣唱不仅仅是雄性的特有行为。雌鸟会根据鸣唱的优劣来选择配偶，但精心编排的动人鸣唱并不仅仅是通过性选择，而是通过更为广泛的社会选择过程来进化的：雌鸟和雄鸟都要为了食物、巢址、领地和配偶而竞争。最重要的是，科学家们发现，在大多数鸣禽的祖先中，雌鸟鸣唱的现象可能是普遍存在的，其中包括一些雌性很少鸣唱或者完全不鸣唱的现存鸟类。换句话说，这些雌鸟并不是从来都不鸣唱的，它们只是在进化过程中丢失了这一行为。

为什么？

这就是鸟类二重唱的功能所在。一如北美和欧洲，温带地区生活着许多候鸟；在这里，二重唱的现象非常少见，雌鸟也一般不鸣唱。参与这项研究的朗莫尔解释道：“候鸟的雌性变得不再鸣唱。与热带地区相比，迁徙的鸟类拥有截然不同的领地和婚配模式。通常情况下，雄鸟抵达繁殖地后开始鸣唱，雌鸟前来倾听，随后降落到‘心上人’的领地上。它们只拥有一个短暂的繁殖季，必须拼了命地争取，最终头也不回地离开。”

另一方面，生活在热带地区的留鸟则要全年守卫领地。若干年
后，那些失去配偶的个体必须能够自己保护领地，并吸引新的配偶。
38 朗莫尔说：“它们也可能会‘离婚’。总之，留下来的个体要通过鸣唱
来保卫领地或招引新的异性。因此，候鸟当中的雌性不再鸣唱似乎只
是不久之前发生的事。”

这些研究成果令人大为震惊。问题的关键可能不在于为什么有
些雌鸟会鸣唱，而在于为什么它们不会鸣唱——也可能只是我们一直
39 忽略了它们的鸣唱罢了。

第二章

拉响警报

澳大利亚国家植物园是位于堪培拉市中心附近的一大片原始林区，宛若世外桃源。沿着宽阔的小径穿过植物园，人们能看到代表澳大利亚本土生境的6 500多种植物——桉树林、鬣刺（*Spinifex*）草地、来自红土中心的盐生灌木丛，还有一条郁郁葱葱的热带雨林沟道，代表了生长于澳大利亚东海岸（从塔斯马尼亚州到昆士兰州）的热带雨林。这里有红大袋鼠、黑尾袋鼠、蝙蝠、刷尾负鼠（*Trichosurus vulpecula*）和蜜袋鼯（*Petaurus breviceps*）。主干道两侧是盛开着红花的蒂罗花（*Telopea*）和银桦（*Grevillea*），以及长着塔状黄花的佛塔树（*Banksia*）。对于食蜜的鸟类来说，这些花就是天赐的盛宴。五颜六色的小鸟们频繁造访花园，从一朵花蹿进另一朵花中。一身绝技的东尖嘴吸蜜鸟（*Acanthorhynchus tenuirostris*）将优雅的长喙探进花中，红垂蜜鸟（*Anthochaera carunculata*）粗哑地叫着。后者以其颈侧不太优雅的红色肉垂而得名。一小群白翅澳鸦在地面上刨来刨去。热带雨林沟道中，红玫瑰鹦鹉（*Platycercus elegans*）啃着果实或树形蕨的孢子囊。走到桉树草坪，一大片蓝桉、斑胶桉（*Eucalyptus mannifera*）、多苞桉（*Eucalyptus polybractea*）、红铁木桉和大花序桉（*Eucalyptus cloeziana*）下，华丽细尾鹩莺正在叽叽喳喳地欢唱着。

值得注意的是，这里没有矿吸蜜鸟和黑额矿吸蜜鸟（*Manorina*
41 *melanocephala*）。少了凶神恶煞的“鸟中一霸”，花园中熙熙攘攘地挤满了各种小鸟。其中，斑翅食蜜鸟（*Pardalotus punctatus*）在桉树顶部的叶子上吃着昆虫，并鸣唱出轻柔的笛声。

这一切都充满了大自然的趣味。

然而，逗留一会儿之后，我就发现了麻烦的降临。一声尖锐、刺耳、响亮的警报声突然从桉树林中传出，回响于整个花园之中。对这里的鸟类来说，这个声音代表了危险。

花园里有蛇！这是字面意义和象征意义[*]上的双重危险：致命的澳洲棕蛇（*Pseudonaja textilis*）会捕食鹪莺巢中的卵和雏鸟。除了蛇之外，这里还潜伏着许多小型鸟类的敌人：寄生小型鸟类并驱逐其后代的扇尾杜鹃（*Cacomantis flabelliformis*），以及人为引入的哺乳动物，如流浪猫和来自欧洲的赤狐（*Vulpes vulpes*）。最糟的是各种猛禽——笑翠鸟、钟鹊、褐鹰（*Accipiter fasciatus*），还有令人闻风丧胆的领雀鹰（*Accipiter cirrocephalus*）。领雀鹰拥有大而明亮、锐利无比的黄色眼睛，专门捕捉飞行中的小鸟；它在空中毫不留情地追赶猎物，用长长的中趾将其牢牢抓住、杀死、拔毛，最后吞入腹中。

这一声警报是由漂亮的黄翅澳蜜鸟（*Phylidonyris novaehollandiae*）发出的。这是一种黑白相间、长着黄色翅斑的鸟，它的体型似乎与尖锐响亮的鸣叫不相匹配。危险迫在眉睫，它的鸣叫充当了一种预警系统。警报在食蜜鸟之间传递着，从树林到灌丛再到树林，仿佛是一道飞速移动的波，以粗哑的声音对领雀鹰进行实时追踪。

杰西卡·麦克拉克伦在其博士论文中研究了黄翅澳蜜鸟的行为。

---

* 英语中的“蛇”（snake）也可指阴险之人。——译注

她说:“这种鸟总是在监视着整个花园。”当领雀鹰飞入花园,贴着银桦和桉树快速掠过,扫视着底下毫无防备的猎物时,警觉的黄翅澳蜜鸟立刻发出一连串告警声,提醒其他鸟类——细尾鹩莺、刺莺、褐刺嘴莺(*Acanthiza pusilla*)、纵纹刺嘴莺(*Acanthiza lineata*)、食蜜鸟和其他的吸蜜鸟。这些鸟类会继续发出告警声,直到整个树林和灌丛都响成一片。有了这样的通信网络,花园中的鸟儿们都知道了捕食者的存在。这下子,领雀鹰很可能要扑空了。 42

麦克拉克伦发现,黄翅澳蜜鸟的告警声不仅仅是简单的尖声呼叫,而是一种含义丰富的复杂语言。她说:“这种鸟的鸣叫非常极端,一声简单的警报最多能包含96个元素。这是我们目前所知的最大数量,现有数据的中位数要比这个值小得多。但是,黄翅澳蜜鸟在叫声中表达的含义比我们想象的还要多。”

麦克拉克伦还发现,黄翅澳蜜鸟在叫声中编入了高度特化的信息。另外,其他鸟类能够对它的叫声进行解码,理解其中的含义。这是一个超级复杂的信号系统,而麦克拉克伦已经找到了一个巧妙的方法来解开这个谜团。

麦克拉克伦一直把自己称为“痴迷自然的人”。她在南非长大,并将那里形容为自然的天堂——“窗帘上挂着螃蟹,鱼塘里有蛇,树皮上爬着蝎子”。开花的欧石南(*Erica*)灌丛上飞舞着太阳鸟,灌丛短翅莺(*Bradypterus sylvaticus*)不分昼夜地鸣唱,而黄腹绿鹎(*Andropadus importunus*)总是最后一个起床。

当麦克拉克伦还是一个高中生时,她就通过研究掌握了黄腹绿鹎在清晨的习性。为了完成科学项目,她与一个朋友研究了眼睛大小对鸟类晨鸣时间的影响。英国科学家曾在论文中对此提出了相关性,而这两个学生打算探究南非的鸟类是否符合这一理论。麦克拉克伦说："该理论表示，鸟类的眼睛越大，则进入眼球的光线越多，眼中的世界越明亮，开始晨鸣的时间也就会越早。"尽管"黄腹绿鹎实在令人恼火，长着一对大眼睛却总是最晚开始鸣唱，导致了大量的离群值"，这对小伙伴还是找到了符合预期的相关性。

这两个14岁的青少年几乎每天都要在天亮之前起床，他们都发誓再也不做跟鸟类有关的事情了。不过，麦克拉克伦认为那确实是一项振奋人心的工作。就在第二年，她又想出了另一个与鸟类鸣声相关的
43 项目。最终，麦克拉克伦前往剑桥大学学习生物学；在为博士论文选题时，黄翅澳蜜鸟突然浮现在她的脑海中。她说："这种鸟的鸣声非常极端，一定会是一个有趣的研究对象。"

麦克拉克伦将黄翅澳蜜鸟称为她的"小线人"。她说："我经常外出徒步旅行。在澳大利亚，若是周围有猛禽出现，或是发生了什么特别的事情，澳蜜鸟都会告诉我。它们的侦察力和警惕性值得信赖。去了英国或其他国家后，我就像是失去了一种感官。"

而其他许多鸟类也依赖黄翅澳蜜鸟——这可是生死攸关的问题。

罗布·马格拉思在澳大利亚国立大学从事行为生态学的研究，监管着许多博士生的研究项目，其中也包括麦克拉克伦的项目。他说："鸟类的世界充满危险。小型鸟类生活得就像是《侏罗纪公园》里的人类。它们总是紧张不安，必须时刻提防捕食者的攻击，比如体型比自己大10倍或20倍的猛禽。"

因此，鸟类进化出了多样的预警策略。马格拉思和他的学生发现，有些鸟类能够利用翅膀来发出报警信号。冠鸠（*Ocyphaps lophotes*）的飞羽具有特化结构，能在它躲避捕食者的同时发出清晰的声音，刺激其他鸟类逃离。有时候，鸟类的警报并非鸣声，也可能是突

如其来的寂静。平日里喧闹不已的红翅黑鹂（*Agelaius phoeniceus*）群体突然安静下来，便是周围有危险的强烈信号。但是大多数鸟类都以鸣声作为警报。我们都曾听过这样的告警声：冠蓝鸦（*Cyanocitta cristata*）发出快速、重复、嘶哑的鸣叫，主红雀发出响亮的、具有金属音色的“切、切”声，旅鸫发出的尖利、短促的鸣声，而大山雀（*Parus major*）发出单音节的“嘻”声。

几十年来，关于鸟类告警声的调查都运用了录音回放的手段。这种实验方法在研究鸟类鸣声及其功能上发挥了强有力的作用。科学家们用扬声器播放提前录制好的鸟叫声，随后观察实验对象的反应。

麦克拉克伦在她的研究中加入了视频记录的方法。这使她能够 44
更好地观察小型鸟类，捕捉平日里难以觉察的细微反应。

麦克拉克伦说：“我想，或许我能通过拍摄来得到更多的信息。”因此，她设计了一个“不太雅观”的实验装备，将大量仪器都安装在自己身上——肩膀上架着麦克风，脖子上挂着望远镜，腰上系着回放鸣声的扩音器，最初她还在帽子上绑了一台摄影机，一只眼睛完全被机器的屏幕挡住了。“我必须确保屏幕中的画面正常，并且镜头始终对着鸟。这样，我就能确切地看到它们在做什么，并记下它们的反应时间。”后来，她把这些器材搬进了一只背包中。

当麦克拉克伦穿戴着全套装备在植物园里工作时，她时常被游客误认为一件展品或者“公众艺术品”的一部分。为了拍到好镜头，她不得不强忍肩膀和脖子的酸痛，像石头般一动不动地站着，无视周围的看客。这仿佛是一尊又高又瘦的古怪雕塑，身上装满了沉重的电子设备，安静地站在开花的银桦和山龙眼灌丛边。漫步于花园小路的游客们不由得议论纷纷。麦克拉克伦说，她仿佛是在扮演20世纪60年代的未来科学家或时空旅客。大部分人都以为这尊“雕塑”代表的是男性科学家的形象，尤其是在冬天；那时麦克拉克伦为了保暖而戴着滑雪面罩，只露出她的嘴巴和眼睛。

游客们说："这座植物园里怎么会有这么奇怪的展品？"

"这尊雕塑代表的是什么呢？"

"天哪！它眨眼了！"

孩子们会跑过来戳一戳麦克拉克伦，看"它"究竟是不是活物。

植物园曾经举办过一次恐龙展览，游客以为这尊"雕塑"代表的是穿越时空的探险家。在冬天，她穿着黑色的衣服，全身都覆盖了电子装备；罗布·马格拉思回忆道："她看起来就像是特种部队的士兵。
45 还有一次，她因走进厕所而引发了人们的恐慌。"

一切辛苦都是值得的。所有设备始终都被固定在同样的位置上；据此，麦克拉克伦获得了史无前例的视角，记录到了一些不可思议的鸟类行为。

一般来说，人们认为鸟类有两种告警声：围攻警报和躲避警报。

某年夏天，一对主红雀在我办公室窗外的紫薇（*Lagerstroemia*）丛中筑巢。我记得那是7月中旬的一个早晨，微风习习。雌鸟一连好几天都在巢中孵卵。就在主红雀刚刚离开鸟巢时，我听见紫薇花丛里响起了一阵混乱的声音，附近的鸟儿们发出振翅声、颤鸣声、嘶嘶声和刺耳的鸣叫。我向外望去，看到了卡罗山雀（*Poecile carolinensis*）、美洲凤头山雀（*Baeolophus bicolor*）、主红雀和旅鸫。一大群小鸟都突然大叫了起来，简直是震耳欲聋。我环顾四周，发现屋顶上站着一只乌鸦；再回头望向主红雀的鸟巢时，原有的三枚卵只剩下两枚了。

这种突然、短暂、响亮、重复的告警声就是围攻警报，可用于应对非高速移动的捕食者。这类危险不是即时或强烈的，通常来自陆地上的捕食者，比如蛇或猫。在上述的例子中，对主红雀及其邻居们造成威胁的是一只停栖的鸟。这种鸣叫向其他鸟类昭示危险的存在，并向外发出信号，将它们召唤到叫声的来源地——“这里有捕食者！快来帮我赶走它！”——于是，越来越多的小鸟加入鸣叫的队伍，或者对捕食者群起而攻之，将其赶出自己的领地。

另一方面，尖锐的躲避警报（或称为“空中警报”）通常意味着飞行中的捕食者，这对一只鸟来说是非常危险的。通常来说，这类鸣叫的频率高、频宽窄、振幅大，令声音的来源变得难以定位。另外，猛禽在这个频率范围内的听力也相对较差。通过躲避警报，小型鸟类提醒其他个体警惕来自空中的巨大威胁，让它们保持静止或者迅速躲避，以降低被捕食者抓住的概率。

躲避警报令鸟类远离危险，而围攻警报则让它们直奔威胁而去。 46

我们有必要在此处暂停，思考一下围攻的矛盾本质。难道小型鸟类会向一只栖息的猫头鹰或流浪猫飞去，甚至用自己的身体去攻击它吗？

这似乎是有悖常理的——费时、耗能，而且极度危险。

乌鸦是最喜欢围攻捕食者的鸟类之一，侵入领地的猛禽将遭到它们的上下夹击。乌鸦用俯冲和猛扑来驱赶敌人，始终让其处于自己的视线范围之内。海鸥也经常采取这样的做法，不过它们还有更出其不意的招数——精准地对着捕食者呕吐。成群的田鸫（*Turdus pilaris*）则会抬起泄殖腔向捕食者喷射粪便；其“火力”之大、准度之高，确实能让敌人暂时失去行动能力。只要打在目标身上的粪便足够多，它就可能会因翅膀湿透而无法飞行。

J. P. 迈尔斯曾发表过一篇名为《有害效应：凤头距翅麦鸡的围

攻》的文章，并在文中提到了围攻行为的风险。在阿根廷，他看到一对凤头距翅麦鸡（*Vanellus chilensis*）正在水边照看觅食的雏鸟。当一只巨隼（*Caracara cheriway*）从头顶飞过时，两只亲鸟立刻前去围攻，用自上而下的冲击来驱赶敌人。但是，其中一只亲鸟在俯冲当中被突然翻身的巨隼抓了个正着。于是，迈尔斯只能眼睁睁地看着巨隼带着战利品飞过潘帕斯草原。

为什么鸟类要冒着这么大的风险去围攻敌人呢？首先，这是令捕食者暴露位置并将其驱赶的好办法，尤其是在雏鸟面临危险时。其次，这也是一种教学手段，好让经验不足的幼鸟在这个过程中了解捕食者的凶残本性。当一只涉世未深的小鸟看到其他个体围攻敌人时，它从中领略到了恐惧的含义：若想在残酷的大自然中生存下去，要么学会躲避，要么学会更强烈地反击。据此，群体将获得更多有经验的“警报员”和战士，正所谓鸟多力量大。

德国动物学家埃伯哈德·库里奥做过一个经典的实验，证明鸟类可以从同伴身上获得对天敌的认知。库里奥发现，在看到其他个体围攻一只无害的鸟后，欧乌鸫（*Turdus merula*）也会把这种鸟当作捕食者。他先将作为“老师”的欧乌鸫放在盒中，拿出纵纹腹小鸮（*Athene*
47 *noctua*）模型，引发其强烈的攻击反应。与此同时，他向作为“学生”的欧乌鸫（或称为“观察者”）展示了无害鸟类的模型——一只聒噪的吮蜜鸟（*Philemon*）。学生能看到老师和吮蜜鸟，但看不到纵纹腹小鸮。几乎就在那一瞬间，它立刻就学会了对吮蜜鸟感到害怕和发动攻击。值得注意的是，库里奥表示，这种认知和恐惧可以在鸟类之间进行文化传播，传播链中的个体最多可达6只。实验中的第六只欧乌鸫也做出了和老师同样的行为，对吮蜜鸟发动了凶猛的攻击——这是社会学习的一个极佳案例。

鸟类必须以不同的方式来应对不同的威胁，例如攻击或逃跑。因此，它们进化出不同类型的告警声。科学家发现，具体的鸣叫中包含了足以描述捕食者种类和出现方位的信息；这种交流方式被称为功能性指示信号 (functionally referential signaling)。这一发现可以称得上是鸟类学界的头等大事。在20世纪的大部分时间里，科学家都认为，指示环境中的某些特定物体或事件是人类独有的能力，而动物发出的交流信号只能反映个体的“内部状态”。

20世纪70年代末，人们的认知开始发生改变。洛克菲勒大学的研究人员发现，针对不同种类的捕食者——猎豹 (*Panthera pardus*)、猛雕 (*Polemaetus bellicosus*)、蟒蛇和狒狒——青腹绿猴 (*Chlorocebus pygerythrus*) 能分别发出各具特色的告警声。此外，群体中的其他个体会以不同的行为来回应这些告警声，例如，听到猎豹警报时爬树，听到猛雕警报时则观察天空。一声低沉的“咕噜”表示猛雕俯冲而来，刺激猴子们抬头警戒，迅速逃到灌木丛中寻找掩护。当“嚓嚓”声响起时，它们立刻切换至后腿站立的姿势，统一看向地面，寻找蟒蛇的踪影。

10年后，人们在家鸡身上也发现了相同的能力。面对飞行中的猛禽，家鸡会发出尖锐的鸣叫；而遭遇浣熊 (*Procyon lotor*) 之类的地面捕食者时，它们的告警声则变成低沉含糊的喉音。 48

麦克拉克伦说：“将捕食者的类型划分为空中和地面——这在鸟类中是一种很常见的策略。”加勒比群岛的滑嘴犀鹃 (*Crotophaga ani*) 运用不同的告警声来应对飞行的猛禽和地面的天敌 (猫或老鼠)。远东山雀 (*Parus minor*) 与卡罗山雀是近亲，能用两种警报来区分攻击鸟巢的捕食者。当丛林鸦 (*Corvus levaillantii*) 靠近鸟巢并试图用嘴将山雀雏鸟拖出树洞时，亲鸟会发出“叽咔”的鸣叫，促使巢中的雏鸟缩进深处。当日本鼠蛇（*Elaphe climacophora*）向鸟巢爬去时，“喳”的一声将刺激雏鸟跳出鸟巢逃生。

京都大学的研究员铃木俊贵发现了远东山雀的两种告警声。这一现象启发了他，他开始探究特定的告警声是否真的能在其他鸟类的脑中引发特定的影像，比如上述例子中的蛇。在人类语言中，涉及特定对象的词汇通常会在人们的脑中唤起相应的视觉形象。不信的话，可以想想月亮、狗或蛇。铃木发现，有证据显示远东山雀的警报能够在其他个体的大脑中引发特定的图像。“喳”的鸣叫能刺激听见这个声音的实验对象，使它们开始寻找蛇的存在，并在视觉上变得对蛇形物体更加敏感。这是证明非人类动物也能根据声音在脑中将物体具象化的第一个证据。

告警声中或许也编入了捕食者的行为信息。

这一现象最初是在北噪鸦（*Perisoreus infaustus*）身上发现的。该物种是一种以家族为单位生活的群居性鸟类，分布在欧洲北部的泰加林中。它们常常要面对来自多种捕食者的威胁。在生命的第一个冬天，超过三分之一的北噪鸦会被猫头鹰、松貂（*Martes martes*）、雀鹰（*Accipiter nisus*）和苍鹰捕杀，其中被苍鹰捕杀的占了七成。苍鹰的捕食分为三个阶段：先是栖息于树上扫视猎物；随后，在空中巡飞，并选择一棵视野更好的栖木；最后，犹如子弹出膛般穿过灌木丛，以迅雷不及掩耳之势抓住猎物。因此，北噪鸦进化出了一套由三种告警声组成的复杂系统，它们分别对应苍鹰的三个捕猎阶段——停栖、搜索和
49 攻击。

麦克拉克伦也在黄翅澳蜜鸟身上发现了同样的现象，她说：“闭上双眼，只要留心去听它们告警声中的变化，我就大概能猜出周围的钟

鹊是在飞行还是栖息。”如今，我们知道其他鸟类也会用不同的鸣叫来传递关于捕食者行为的信息。罗布·马格拉思和他的同事利用一台泡沫航空模型“老鹰滑翔机”进行了实验。他们发现，黑额矿吸蜜鸟会在“老鹰”停栖（或威胁较小）时发出围攻警报，而在其飞行时发出空中警报。马格拉思说：“如果我们将猛禽模型扔到空中，黑额矿吸蜜鸟就会直接发出空中警报；等到模型降落，空中警报就迅速转变为‘嚓嚓’的围攻警报。同样地，如果我们一开始就把猛禽模型放在地面，黑额矿吸蜜鸟马上发出围攻警报；当模型飞起后，它们又切换至空中警报。显然，黑额矿吸蜜鸟用声音对捕食者的行为进行了十分明确的编码。”

鸣声的特异性还能更上一层楼。在白眉丝刺莺（*Sericornis frontalis*）和细尾鹩莺的告警声中，音符数量包含了捕食者的距离信息。黑顶山雀（*Poecile atricapillus*）的围攻警报听起来就像是“叽咔嘀——嘀——嘀”，而末尾“嘀”声的数量代表了捕食者的体型大小，即敌人所代表的威胁程度。大量的“嘀”意味着体型更小、更危险的捕食者。体型过大、行动笨拙的美洲雕鸮（*Bubo virginianus*）对小型山雀形成的威胁较弱；因此，黑顶山雀对它的围攻警报仅带有少数几个“嘀”。而对于灰背隼（*Falco columbarius*）和北美鸺鹠（*Glaucidium californicum*）这样敏捷的小型猛禽，黑顶山雀会叫出一连串的“嘀”，最多可达20个。

在了解山雀以后，我对鸟类鸣声的认知发生了翻天覆地的变化。那些听起来毫无规律的啾啾声竟然是对其他鸟类发出的复杂信号。这真是充满了智慧的鸟鸣。

音节数量与威胁程度成正比。这一规则适用于不同的物种、不同 50
的环境，甚至是不同的大陆。一长串音符不仅能让告警声有效地传播，还能降低误报的风险。试想一下相反的规则会造成怎样的情况：若是一个单音节的鸣叫意味着大难临头，那么一长串非紧急的警报声可能会在第一声响起时就刺激鸟儿们四散逃跑；这将导致大量的能量浪费。麦克拉克伦说："黄翅澳蜜鸟会在发出空中警报时全力以赴，尽可能地叫出更多音节。" 96个音节的极端案例正是由此而来的。我想，如果一只小鸟非得等到听完一长串音节才能明白危险的含义，那它不就死定了吗？

麦克拉克伦表示，这样的情况是反直觉的。"猛禽在捕猎时的移动速度极快，能达到每秒80英尺。鸟类必须尽快做出抉择。如果它们站在原位边听边想：'嗯，一个音节，不算太糟；两个，三个，四个，五个，六个……啊，完了！火烧眉毛了！我这下死定了！'那可真是太诡异了。" 哪怕是毫秒间的迟疑也会将自己送上捕食者的餐桌。麦克拉克伦说："面对这种处境，鸟类会运用更多元素来警示危险的逼近。然而，更多的元素意味着它们要花更长的时间来表达、传递、接收和理解。"

鸟类该如何处理这一左右为难的局面呢？它们要怎样才能在充分理解威胁程度的同时迅速躲避猛禽的追击呢？

麦克拉克伦试图从黄翅澳蜜鸟的行为中找出这个问题的答案。此时，视频记录的作用总算体现了出来。"除了反应动作，我还能观察到反应开始的时间，" 麦克拉克伦说，"回放录像时，它们的反应速度简直令我感到抓狂——那简直比一眨眼的工夫还快。" 现在，她正在深入研究告警声中的第一个音节：它的声学结构是否存在变化，使鸟儿能
51 从第一个音节中准确评估威胁的程度？至于那些听见告警声的鸟类，它们能否从一个小片段当中获得足够的信息，以此来判断自己是否需要逃到隐蔽的地方？如果第一个音节就包含了所有信息，那为什么还

需要那么长的一串警报呢？麦克拉克伦怀疑，鸟类可以通过额外的音节来获取其他信息，例如威胁解除的时间点。她解释道：“或许，对于鸣声中所表达的紧急程度，鸟类拥有一种特殊的双重编码机制。第一个音节的声学结构向同伴传达了逃跑的必要性，而整段警报的音节数量则代表了它们需要躲避的时间。”

麦克拉克伦的研究尚未完成。她怀疑，植物园中并不只有小型鸟类在聆听黄翅澳蜜鸟的叫声。“寻常的躲避警报是尖锐且难以定位的，但黄翅澳蜜鸟的鸣叫却出奇地响亮，就像是在呼唤所有人。因此，我怀疑这种叫声也是向捕食者发出的信号——你已经被发现了，你的伪装形同虚设，你的捕猎将会徒劳无功。

“在生物学中，人们更倾向于二分法，即告警声的接收者要么是同种个体，要么是捕食者。不过，同时向二者传播信息也不是不可能的事情。”

麦克拉克伦和她的同事布拉尼·伊吉奇四处奔走，向多种鸟类播放了黄翅澳蜜鸟的告警声。她说：“每一只听见警报的鸟都会做出反应，包括笑翠鸟、渡鸦和钟鹊这类‘底层’捕食者。它们会扫视天空，或者直接飞走。”

因此，捕食者和猎物们都得到了黄翅澳蜜鸟传来的警告：“猛禽来了，快跑！”然而，其他物种也能从它的鸣叫中获得这些信息的具体细节吗？在某些情况下，是的。罗布·马格拉思和他的同事发现，生活在同一区域的华丽细尾鹩莺和白眉丝刺莺能够理解彼此的告警声，并掌握其中包含的所有细微含义。黑背钟鹊长期在地面活动，却也能读懂 52
黑额矿吸蜜鸟在多种警报中传达的不同信息。对于黑背钟鹊来说，生活在树上的黑额矿吸蜜鸟拥有更好的视野，它们的警告不无道理。

看来，鸟类是动物界的窃听大师，不断利用其他种类发出的警报来规避风险。

事实上，其他动物也是如此。一项研究表明，超过70种脊椎动物会利用其他动物发出的警报：鸟类听鸟类，哺乳动物听哺乳动物，哺乳动物听鸟类，鸟类听哺乳动物。在北美，花栗鼠和红松鼠（*Sciurus vulgaris*）都能听懂鸟类的空中警报。反过来，山雀们也能理解红松鼠在警戒时发出的“吱吱”声，并迅速躲避。有3种蜥蜴能理解鸟类的告警声。非洲西部的黄盔噪犀鸟（*Ceratogymna elata*）可以区分戴安娜长尾猴（*Cercopithecus diana*）发出的猛雕和猎豹警报。

这是否意味着动物之间存在着通用的警报语言呢？如果不是，那一个物种是如何理解另一个物种的呢？

马格拉思说：“长期以来的观点认为，动物的警报在声学上具有一定的相似性，不同种类间的理解能力是与生俱来的。”换句话说，只要是听起来可怕、尖锐、刺耳、响亮的声音，鸟类生来就能理解。灰短嘴澳鸦（*Struthidea cinerea*）可以听懂卡罗苇鹪鹩（*Thryothorus ludovicianus*）的围攻警报；这两种鸟的分布区相差半个地球，但它们在鸣叫上的声学结构是相似的。沼泽带鹀（*Melospiza georgiana*）和歌带鹀（*Melospiza melodia*）的哀鸣十分接近，因而能够彼此理解；但它们对白喉带鹀（*Zonotrichia albicollis*）的声音就没有反应。有假设认为：猛禽所施加的选择可能导致了空中警报的趋同进化——尖锐而微弱的鸣叫令猛禽难以察觉和定位。此外，围攻警报可能也是如此，它们向低频率、宽频带且不断重复的方向进化，以指代地面上或停栖的
53 捕食者。如果这个假设是正确的，不同物种之间的相互理解也就不难解释了。

但是，罗布·马格拉思认为这不是唯一的解释。他说，不同物种发出的告警声差别很大。黄翅澳蜜鸟和华丽细尾鹩莺的躲避警报在频率、持续时间和组成结构上都有差异，但后者还是会对前者的叫声做出反应。“从前，我们以为鸟类的告警声就像人类的尖叫，其嘈杂的构成与强烈的感情有关，可以吸引他人的注意，但不能表达具体的信息。不论是过去还是现在，人们普遍认定鸟类的告警声是易于识别的，因为它们或多或少具有相似的特点。然而，根据目前的发现来看，鸟类的躲避警报和围攻警报都具有高度多样性，并不一定能被其他物种轻而易举地读懂。”

这些问题促使马格拉思产生了新的想法：鸟类的认知或许在躲避天敌的过程中发生了进化；当一个新的捕食者出现时，它们必须向其他物种学习惧怕它和攻击它的方法，并尝试着理解不同物种的告警声。就告警声而言，他说，“就像是学习另一种语言”。

鸟类真的会这样学习其他物种的鸣叫吗？就像我们学习外国语言一样吗？或者，它们只能识别那些鸣叫中的某些特征？为了找到答案，马格拉思和他的同事汤姆·贝内特在澳大利亚国立大学的校园内和马路对面的植物园里进行了实验。校园内有许多黑额矿吸蜜鸟，而植物园里却一只也没有；因此，他们可以观察这两个区域的华丽细尾鹩莺，对它们的反应进行比较。当研究人员在校园内播放黑额矿吸蜜鸟的告警声时，华丽细尾鹩莺立刻逃到了隐蔽的地方。“然后，我们穿过马路来到植物园，看看这里会发生什么，”马格拉思说，“我们以为告警声会在这里起到同样的效果，因为它听起来非常可怖。”不过，事实并非如此。植物园中的华丽细尾鹩莺没有任何反应。

尽管已有设想，马格拉思仍然对实验结果感到惊讶。他说：“在校园里，我只需推开门，对华丽细尾鹩莺播放黑额矿吸蜜鸟的告警声，它

们立刻就能明白其中的含义，迅速逃跑。而植物园距离这里只有五分
54 钟的路程，情况却截然相反。我确实非常吃惊。这意味着华丽细尾鹩
莺不会对陌生的警报做出反应，直到它们能将警报和危险联系在一
起——这就是学习新语言的过程。”

鸟类的反应取决于学习，而不是熟悉的声学结构。马格拉思说：“鸟类会自行决定关注哪一个物种的告警声，而该过程发生在一个极小的空间尺度上。”为此，马格拉思也将自己的论文命名为“恐惧的微观地理”。他还表示：“在一个不断变化的世界里，这种灵活性是极其宝贵的。”个体随时都能接触到新的物种，比如新的捕食者或新的“警报员”。“识别多个物种的告警声就像理解多种外语一样。”

鸟类能把不熟悉的声音跟危险联系在一起吗，就像学会一个新的单词或短语一样？为了让野外的华丽细尾鹩莺将一种新的声音与威胁的存在联系起来，马格拉思设计了一个实验。他的想法很简单：向华丽细尾鹩莺抛出一架钟鹊或雀鹰造型的猛禽航模，同时播放一种陌生的声音；进行训练后，观察华丽细尾鹩莺能否单独对这一声音做出躲避的反应。这听起来似乎很容易。

事实上，它和“容易”二字一点儿也不沾边。

实验任务落到了马格拉思当时的学生，即杰西卡·麦克拉克伦和布拉尼·伊吉奇身上。实验装置很简单，伊吉奇只需带着猛禽航模躲在灌丛中等待。麦克拉克伦腰间挂着录音设备，在外观察鸟儿。当华丽细尾鹩莺出现时，她会向伊吉奇发出信号，示意后者把猛禽航模扔出去，并同时放音。

然而，华丽细尾鹩莺是非常警惕的小鸟。周围的环境也必须满足十分苛刻的条件——鹩莺在开阔的地方活动，伊吉奇也要恰好把猛禽航模扔到它们的上方。伊吉奇回忆道：“我们要花几个小时等它们现

身。当然，我扔出的航模并不总是沿直线滑行的，它有时会撞到树上。另外，当我们一次又一次地扔出猛禽来吓唬它们，它们也就变得越来越警惕。一段时间后，华丽细尾鹩莺都不到开阔的地方来了。

“我们从日出等到日落，”伊吉奇说，“有一次，我们等了8个小时 55
才等来一只鹩莺；但机会转瞬即逝，我们又失败了。这个看似简单的实验其实是很难实现的，绝对算得上我做过的最糟糕的野外工作了。”

这个例子将科学家在野外研究鸟类行为时不得不面对的极端挑战展现得淋漓尽致。马格拉思说：“这下，你可以理解为什么人们总在实验室里对着老鼠和鸽子进行研究了吧？因为他们能控制实验中的所有因素。他们可以控制鸟类的活动，它只能待在盒子里，而不能躲到灌木丛里。即使问题很简单，实际操作也总是要困难得多。”

这项繁重的工作最终还是有了回报。伊吉奇和麦克拉克伦对10只华丽细尾鹩莺分别重复了8次猛禽航模和播放声音的训练；这些鹩莺在两天内就掌握了新的“词汇”。马格拉思说，他记得杰西卡和布拉尼冲进门，大喊着：“成功了！”在训练之前，华丽细尾鹩莺对这种陌生的声音毫无反应；现在，即便猛禽航模没有出现，它们听见声音也会立刻逃到隐蔽的地方。

野生鸟类成功地学会了一种新的语言。

鸟类是语言速成大师，善于从单一事件中学习新的经验，尤其是在危险的情况下。毕竟它们承受不了失败的后果。就像行为生态学家冷冰冰地指出的那样：“没能避开捕食者是一种不可饶恕的失败，很少有状况能与之相提并论。一旦个体被杀死，就意味着种群对未来的适合度将大大降低。”

埃伯哈德·库里奥的欧乌鸫实验告诉我们，鸟类不一定生来就知道该害怕哪些捕食者。它们能从直接的经验或社会学习中获得必要

的认知。为了研究鸟类是如何了解捕食者的，生物学家布莱克·卡尔
顿·琼斯设计了一项实验，以验证鸟类能否在一次遭遇后认识到一种
新的危险。他选用的“天敌”是一把带着黄色大眼睛的黑色雨伞。起
初，鸟儿们对于这把雨伞没有表现出任何兴趣或惊慌。但是，当雨伞
追赶了它们5秒钟后，鸟儿们就记住了这次遭遇。即使过去了4年，当
56 这把雨伞再次出现时，无须重复训练，鸟儿们就会立刻逃走。

最近，马格拉思发现，对于来自其他物种的不熟悉的告警声，华丽细尾鹩莺可以通过声音间的联系来进行学习。就像库里奥的欧乌鸫围攻实验一样，这是社会学习的一个优秀案例——鸟类从其他个体身上学习新的认知，而非通过直接的经验。马格拉思将一种新的声音混入华丽细尾鹩莺熟悉的各种告警声中，并对其进行播放训练。训练之前，细尾鹩莺不会对新的声音做出反应；但在训练之后，它们听见这个声音后就会逃跑。这些细尾鹩莺甚至不需要看到天敌的捕猎过程或其他个体的躲避，声音的联系就已经足够了。

“从理论上讲，这个实验意味着鸟类可以闭着眼睛学习！”马格拉思说，“我喜欢这个观点。鸟类的学习可以单独通过声音来完成，而许多观鸟爱好者也是这么做的——通过听鸟叫来‘观察’它们。”

通过声音联想来学习是一个相当了不起的技能，它能够帮助鸟类在声音的世界中筛选出关于危险的线索。马格拉思说：“试想一下，在幽暗的雨林中，你可以听见各种各样的告警声，但绝大多数时间都看不到捕食者的身影。它们速度极快、难以捉摸，可能在你察觉之前就落到了头顶。通过学习，个体可以利用当地鸟类群落发出的多种警报，构建一个重要的信息网络。社会性学习令鸟类能够规避直接经验当中的风险。”它还有助于相关信息的传播，以及“警报员”数量的

增长。

在野外工作时，麦克拉克伦一直随身携带麦克风，以便在告警声出现时及时录制。她说：“鸟类是难以预判的，我不知道它们什么时候会飞过来。所以，我始终都保持着录音的状态。”这种做法的缺点在于麦克拉克伦本人的声音也会被记录下来。她决定利用这一点，在自己的家庭成员身上做个小实验。在植物园录制的音频中，麦克拉克伦挑 57
选出一组自己受到惊吓时发出的声音，想看看家人能从她的“告警声”中获得什么信息。

“在一次实验中，我发现自己的衣服上有东西，”麦克拉克伦回忆道，“但我继续盯着摄像机，告诉自己：‘我正在拍摄视频，别管那东西了。’然后，它动了一下。我以为那只是一片叶子之类的东西，不断地在心中说：‘没关系，我不在乎，不在乎。’等到录制结束，我低头一看，才发现一只巨蟹蛛正在往我的胸膛上爬。根据当时的录音，我尖叫了起来：‘啊啊啊啊啊啊啊啊！’虽然我不太想承认，但我的窘态确实被录下来了。”

巨蟹蛛是一种外形可怖、浑身长毛的巨大蜘蛛，腿长可达5英寸，是蜘蛛恐惧症患者的噩梦。还好，它没有毒性。

还有一次，麦克拉克伦差点踩上一条澳洲棕蛇。根据《澳大利亚地理》(*Australian Geographic*) 的报道，“这种蛇移动迅速、脾气暴躁、富有攻击性。在澳大利亚，每年由它造成的死亡案例比其他任何蛇都要多”。它毒液的毒性在陆地蛇中排行第二，可导致渐进性瘫痪，阻止血液凝固。被它咬了的人可能会昏厥，并在几分钟之内死亡。

麦克拉克伦说：“当时，我正在拍摄一段视频，差点就踩到了澳洲棕蛇。请原谅我的失礼。我本以为自己只是很酷地说了一句：‘天哪！’听了录音后才发现，我喊的是：‘啊啊啊啊！天杀的！’我想，要是把这段录音寄给家人，他们的反应一定会很有趣。”

于是，麦克拉克伦把这些带有“人声警报”的录音发送给家人，并问他们能从中获得什么信息：“你能听出我遇到了什么样的危险吗？是哪一种动物？来自空中还是地面？它离我有多近？它的移动速度有多快？”

但家人们只能从录音中听出麦克拉克伦的恐惧。

58 “人类拥有复杂的语言，可以传达非常详细的概念，”麦克拉克伦说，“然而，在遇到危险时，我们所发出的叫声中并没有具体的词汇来描述它是什么、在哪里、距离有多远——没有任何有用的信息。”

鸟类的叫声中包含许多信息——捕食者的种类、栖息或飞行的状态、距离、速度和危险程度。不过，这可能也不足为奇。

几千年来，人类用口哨声组成的语言来进行远距离的组织、争论、闲聊，甚至是调情。或许，我们认为口哨只是一种吸引注意的方式，或者形成有旋律的曲调，并不能传达太多意思。但在希腊的安蒂亚村、喜马拉雅山脚下、加那利群岛、白令海峡、埃塞俄比亚的奥莫山谷、巴西的亚马孙丛林，以及许许多多偏远的地方，你可能会听到当地人发出细碎的啁啾、神秘的颤音、笛声般的对唱——整段对话都是轻快悠扬的口哨声，尽显人类语言的微妙之处，与鸟鸣十分相似。

法国格勒诺布尔大学的朱利安·梅耶尔对“口哨语”进行了数十年的研究。他发现，使用这种语言的族群多达70个，大多生活在地形陡峭的山区或茂密的森林里。他们会采用不同的方式来发出声音：有时用手在嘴前合成杯状、形成共振腔，有时转动舌尖、抵住下排牙齿，有时将两根手指放入口中，有时用嘴唇夹住一片叶子。在所有的族群中，口哨的旋律都是在模仿寻常语言中的音节。口哨声的传播距离是口头语言的10倍，在开阔地带可达5英里，还能穿过茂密的雨林树丛。因此，对于山里的牧羊人、森林中的猎人和行走于陡峭峡谷的农夫来说，它是很有效的沟通方式。在加那利群岛，由西班牙语形成的口哨被称为“希尔伯语”；牧羊人在峡谷中交谈时使用的颤音跟当地欧乌鸫的鸣唱非常类似。库斯科伊是土耳其的一个小镇，当地的口哨语被称为“库斯语”或“鸟语”。 59

所有口哨语都是以口语的元素为基础的。在某些情况下，“元音”会用声道中不同类型的共振来表示，从而产生不同的音符；而“辅音”则用一个音符突然跳跃到下一个音符来表示。土耳其语、希腊语、西班牙语中的五音节词语变成了用牙齿、舌头和手指发出的五种口哨声。熟练运用口哨语的人能够理解一个由各种颤音组成的“句子”；对于简单的语句，其准确率可达90%，跟口头语言差不多。梅耶尔说，这些语言被人们用于组织日常活动和宣布紧急状况，以及发布新闻、交流秘密或私人信息。在东南亚的部分地区，它还能用来“诵读”情诗。

没有人知道这些口哨语是如何起源的。在希腊，有一种理论认为，口哨语最初是山顶的哨兵用来警示入侵或攻击的沟通方式。

这听起来是不是很熟悉？

如果人类能将这些特定的信息编到口哨当中，为什么鸟类不能呢？到目前为止人们从鸟类告警声中破译出的复杂性，让我不由得思考，我们还遗漏了什么？研究鸟类鸣声的科学家也想知道这个问题的答案。根据康奈尔鸟类学实验室的鸟类鸣声专家的说法，分析鸟鸣的主要研究工具是“用相对粗浅的方式来描绘声音；对于这种极其丰富的交流形式，我们的方式只能显示出它的选择性特征”。

鸟类到底能听到什么？它们关注的是什么？我们无法像鸟类一样迅速地处理声音信息。鸟类在这方面的能力比我们强得多：在一段复杂的鸣唱当中，它们能分辨出声学结构的细微差异和急速变化；而这些差异和变化都是人类无法听到的。它们能够更快地识别出不同音源，并在既定的时间内处理更多音符。我们解释与划分鸟类鸣声的
60 方式或许与它们的实际情况大相径庭。

麦克拉克伦表示，她想知道鸟类是如何对威胁的类型进行划分的。它们真的是将敌人分为空中、地面、栖息这三种类型吗？或许是按照捕食者的速度和接近的角度？“当笑翠鸟飞到地面抓起某样东西时，周围的小鸟们会发出空中警报，”她指出，“但是，当笑翠鸟以较慢的速度飞回空中，小鸟们的空中警报变成了叽叽喳喳的围攻警报。显然，笑翠鸟依然处于飞行状态，但它的速度和角度都发生了变化。”

罗布·马格拉思发现，当他骑着自行车快速地从华丽细尾鹩莺身边经过时，空中警报也会响起。麦克拉克伦说：“所以，它们关注的可能是速度。”她还曾在晚上快速晃动手电筒，这同样引起了华丽细尾鹩莺的空中警报。

最令麦克拉克伦兴奋的是一些有趣的新研究。它们表明，鸣禽拥有类似语言的能力，能将声音组合起来，创造出更复杂的含义。她说：“这一点有助于我们真正地了解鸟类大脑的运作。”

长期以来，我们一直认为语言是人类独特性的首要标志，是人类区别于其他动物的最重要特征。除了人类以外，没有其他生物能够准确挑选有限的元件，并将其排列成多种组合。大多数成年人的词汇量在一万以上，而我们说出的每一句话都有精确的含义。但是，科学研究逐步发现，语言和鸟类鸣声之间存在着许多相似之处，并且鸟类鸣

唱和鸣叫具有类似语言的特质。

鸟类的告警声就是一个很好的例子。它们不仅在功能上具有指示意义，就像用于描述某个物体特征的词汇；据最新的一些研究，告警声还显示出了人类语言的一些关键性特点。例如组合语法，这是用于排列、组合声音和单词，以创造出有意义的短语或句子的一套规则。在人类语言中，有两个非常重要的问题：如何排列我们的词汇？如何将它们组合成更复杂的信息？比如在英语里，“watch out”（当心）是有意义的，而“out watch”没有。 61

我们以为只有人类才会这样使用语法。但铃木俊贵发现，远东山雀似乎在告警声中也使用了这样的语言规则。远东山雀可以唱出11种不同的音节，并能将其进行排列组合，产生超过175种不同类型的叫声；而听见叫声的个体能够做出相应的反应。一串ABC型的叫声似乎是在警告同种个体警惕捕食者。而D型叫声则是召唤其他鸟类。为了召集其他山雀群起围攻一只栖息的捕食者（比如貂），它们会把上述两种叫声合并为ABCD型。铃木说：“山雀把具有不同含义的信号组合在一起，生成复合信息。而信息的具体意义取决于它们所选的信号及其组合方式。”一旦调换组合的顺序，鸣叫的含义就会发生变化。

其他鸟类也拥有这种类似语言的能力。斑鸫鹛（*Turdoides bicolor*）具备和远东山雀一样的能力，可以将具体信号组合成有意义的语句。这种鸟高度群居，常年在非洲南部的沙漠地带寻找隐藏的无脊椎动物。它们在大多数时候都保持着低头的姿势，不得不依靠一系列的鸣声——警报、放哨、召集，以及其他社会性鸣叫——来了解周围发生的事。萨布里纳·恩格泽是一位研究鸟类交流的进化生物学家。她发现，在遇上陆地捕食者时，斑鸫鹛将独特的“低风险”告警声和召集鸣叫组合起来，形成一段围攻警报，把群体成员召唤到捕食者出没的地带。若有大型猛禽（比如雕）出现，斑鸫鹛就把空中警报和召集鸣叫结合为围攻警报。当年幼的个体结伴外出觅食时，它们会把乞食鸣叫和召集鸣叫组合起来。如果改变了这些叫声的顺序，斑鸫鹛就不会做出回应。这种鸟把不同的鸣叫（告警声或乞食鸣叫）和指挥协调
62 联系在一起，与人类发出的警报一样：“危险！到这里来！”恩格泽说：“斑鸫鹛将那些复杂的鸣叫视为由独立信号组成的复合结构。通过排列与组合，独立信号能够产生超出自身含义的信息。”

恩格泽和她的同事还发现，生活于澳大利亚东南部的栗冠弯嘴鹛（*Pomatostomus ruficeps*）是一种合作繁殖的鸟类，能将无意义的声音组合成具有含义的鸣叫。从语言学的角度来说，这类似于用音位创造出具有意义的新词语——比如，单独的“p”和“u”是没有意义的，但它们可以组成“up”（上）或“pup”（幼崽）。恩格泽表示：“栗冠弯嘴鹛的行为相当于一种初步意义上的造词，斑鸫鹛和远东山雀则更像是创造短语或句子。”

根据铃木的说法，远东山雀甚至可以利用语法规则来解读新的叫声组合。他人为制造了一段新的叫声，把远东山雀的ABC型警报和褐头山雀（*Poecile montanus*）的T型召集鸣叫组合在一起。当铃木播放这段人工序列时，远东山雀能够解读出ABC–T的含义，但无法理解T–ABC。这项实验表明，鸟类不仅仅可以运用记忆，更能通过一套通用的语法规则来破译信息。

鸟类鸣声也展现了人类语言的语意合成性——并非所有人都认同这一观点。正如许多语言学家所争论的那样，所有已知的鸟类语法案例都只涉及两种有意义的叫声组合，而人类语言可以将不同的词语组合成无穷多的表达方式。然而，铃木也表示，他的最新研究表明了鸟类鸣声在语法能力上与人类语言之间存在有趣的共性，这可能有助

于解释语法的进化过程。

在其他方面，鸟类对于鸣唱和鸣叫的应用也反映了人类对于语言的运用，并凸显了其非凡的智慧——例如，它们具有强大的欺骗和操控能力。正如一位心理学家所说："真相自然存在，而欺骗需要身体力行的努力和一个敏锐、灵活的头脑。" 63

第三章

模仿大师

森林中的空气凉爽、潮湿，充满植物清香。在巨大桉树的阴影下，小径上生长着低矮的蕨类植物和6英尺高的古老桫椤，地面上流淌着泥泞的溪流。这条名为香桃木沟道环线的小径位于澳大利亚图隆基*的雨林深处。这是一片郁郁葱葱的香桃木山毛榉（*Nothofagus cunninghamii*）和杏仁桉（*Eucalyptus regnans*）原始林。在世界上最高的阔叶树中，杏仁桉还因其独特的树皮而闻名：根部的树皮是纤维状的；而到了30英尺高的位置，树皮变成了淡奶油色或灰色的、带斑点的光滑表面；再往上，死去的树皮又从高高的树冠上垂下来。在树冠之下的下层植被中，空气平静而潮湿，周围的光线几乎是翡翠色的。突然，一阵响亮的、不连贯的鸟叫声穿过了桉树林。我的朋友兼向导安德鲁·斯基欧奇立刻认出了这种叫声，那是东尖嘴吸蜜鸟。紧接着，我听见月斑澳蜜鸟（*Phylidonyris pyrrhopterus*）发出了带有金属音色的"一叽""啜叽"声，还有褐刺嘴莺的轻柔颤鸣。

安德鲁对鸟类的鸣声非常熟悉。作为一名野生动物录音专家，他从1993年就开始捕捉大自然的声音。图隆基是他最早的专业录音点

---

* 图隆基是澳大利亚维多利亚州的一个小镇。——译注

之一。后来，他的工作范围扩展到世界各地，包括印度、土耳其、泰国、瑞典和马来西亚。有些录音师的目标在于收集某一特定物种的标志性鸣唱和鸣叫，而安德鲁的目标在于收集一整片栖息地的所有声音。
65 “要听的声音太多了，”他说，“只要用心听，你就可以识别出周围有什么物种、它们在做什么、它们之间的相互作用。你可以听到整个生态系统的运作过程。”雨林中的溪水叮当作响，与鸟儿们发出的颤音、哨音和叽叽喳喳声不断地产生共鸣。

在这趟行程中，我们要寻找澳大利亚特有的鸣禽——华丽琴鸟；而这种长满蕨类植物的沟道正是它最理想的栖息地。不过，华丽琴鸟性格羞怯，神出鬼没。我们努力地竖起耳朵。在这片昏暗的雨林中，依靠听觉往往比依靠视觉更容易发现目标。我们听到了灰噪钟鹊 (*Strepera versicolor*) 发出的“呵铃”声和澳洲王鹦鹉 (*Alisterus scapularis*) 的“喳喳”声。一只红玫瑰鹦鹉带着粗哑的“咔咧咔咧咔咧”声从林中层蹿了出来；它落在一棵巨大的桉树上，叫声变为清亮的“啵——嘀——啵”。安德鲁说，“红玫瑰鹦鹉的这种叫声与我们所知的五度音程很相似”，即“do-sol-do”。体型娇小的白喉短嘴旋木雀 (*Cormobates leucophaea*) 发出了嘹亮的笛声，让我想起了北美的卡罗苇鹪鹩。

然后，另一种声音穿透了安静的雨林。远处传来两下“呱、呱”声，紧接着是一连串怪异、美妙、令人难以忘怀的歌声。

安德鲁竖起一根手指说：“就是它。”琴鸟的歌声无疑是动物王国中最非凡的声音之一。

华丽琴鸟的外表平淡无奇；在抬起尾巴和张开喉咙之前，它仅仅像是一只铜棕色的寻常野鸡。其独特的尾羽形似七弦竖琴——两根长而弯曲的外侧尾羽组成琴颈，数根白色的丝状羽毛宛若琴弦。琴鸟之名正是由此而来。但它的嗓音为“华丽”二字注入了真正的灵魂。华丽琴鸟的鸣唱不同于其他鸟类，它将自己独有的鸣叫和鸣唱与多种完美的拟声混合在一起。它是雨林中杰出的鸟鸣模仿大师，能够发出绿啸冠鸫爆破性的抽鞭声、灰鵙鹟（*Colluricincla harmonica*）铃声般的“哔——喔”声、红冠灰凤头鹦鹉（*Callocephalon fimbriatum*）断断续续的“嘎吱”声，以及随莺（*Pycnoptilus floccosus*）的甜美吟唱。

安德鲁说：“奇怪的是，华丽琴鸟不会模仿自己最常见的邻居，例 66
如东尖嘴吸蜜鸟。”然而，即便是白眉丝刺莺的刺耳嗡鸣和褐刺嘴莺的高亢急叫，华丽琴鸟都会忠实地模仿；这两种鸟的体型只有它的七分之一。

我们慢慢地朝山脊爬去，泥泞的小径逐渐变窄；两旁的蕨类植物蹭过我们的身体。幸运的是，有蚂蟥的季节已经过去了。在雨林潮湿的地面上，每一根倒下的树枝和树干都被苔藓、地钱和真菌覆盖。即使是活着的树干也会因为附生其上的苔藓而变软，这种苔藓被称为“老人的胡须”。

一路上都分布着琴鸟近期活动留下的痕迹，撩拨着我们的心绪。它们会用强壮的黑色脚趾在地面的腐叶土壤中挖掘昆虫、蠕虫和鞘翅目幼虫。华丽琴鸟在觅食的时候单腿站立，仅用一只腿来刮擦地面，头部则完全不动。通过这种方式，它们能在一年中转移成吨的土壤和废料。

安德鲁告诉我，6月和7月是华丽琴鸟的繁殖高峰期；在那时，这些斜坡上每隔400英尺左右就会有一只正在鸣唱的雄性琴鸟。现在是8月中旬，已经是澳大利亚的深冬。他说：“如果早来一两个月，我们的耳膜可有得受了。”华丽琴鸟的鸣唱可以达到极高的分贝，距离30英尺以内的叫声可能会让人感到非常痛苦。

安德鲁再次停下脚步。“我刚刚似乎听到一只琴鸟在模仿黑凤头鹦鹉（*Calyptorhynchus funereus*），就是那种怪异的尖叫声‘咦——哦，咦——哦’。除非那真的是一只鹦鹉。”

他突然不说话了。

“快看，确实是一只鹦鹉！”他慌忙地指向附近的林中层。一只硕大的黑鸟懒洋洋地从我们身边飞过，甩动着缀有亮黄色斑块的尾巴。从前，约翰·古尔德将这种鸟称为“丧礼鹦鹉”。

我们听见另一只华丽琴鸟在小溪对岸鸣唱，大概有半英里以上的距离。这些琴鸟似乎在戏弄我们——离我们仅有几步之遥或者从蕨类植物的荫蔽下走过，总是不愿意出现在我们的视线之内。

等我们爬到山脊的顶端时，时间已经很晚了。我们可以选择从更容易、更干燥的环形路线下行，但安德鲁认为，如果我们沿原路返回，
67 穿过泥泞的蕨丛，更有可能看到这种鬼鬼祟祟的鸟。我不情愿地同意了，于是我们沿着小径艰难地往下走。在离这里不远的地方，安德鲁和他的搭档萨拉曾发现一只雌性琴鸟倒挂在树枝上——它的一根脚趾被藤蔓缠住了。安德鲁脱下自己的衬衫裹住琴鸟，并将其向上托，以便萨拉解开缠在琴鸟脚趾上的藤蔓。“那只鸟的眼睛一直在盯着我，”他回忆道，“我把它放回地上；就在脚碰到地面的一瞬间，它立刻跑得无影无踪。或许那次解救能为我们今天带来好运。”

也许吧，但我已经快要失去希望了。我的靴子和牛仔裤被泥水浸透，而下午的光线也越来越暗。雨林的夜幕迅速降临，犹如拉上了一层厚重的窗帘。但我们还有很长的路要走。

我们停下来喝了一会儿水。

就在这时，我们听到了华丽琴鸟的叫声。距离我们不到30码*的

---

* 1码约等于0.91米。——编注

地方爆发出一段震耳欲聋的鸣唱。安德鲁和我都呆住了，这是一场恢宏的演出——与生俱来的洪亮鸣声与各种拟声形成共鸣、融为一体，美妙的旋律如瀑布般倾泻而下。安德鲁轻轻报出它所模仿的鸟类的名字：绿啸冠鸫、红玫瑰鹦鹉、灰噪钟鹊、随莺和斑噪钟鹊。对于他的实时翻译，我感到十分高兴。我从未听过如此优美、纯净、宛若交响乐的鸟鸣；它的歌声中包含了许多从其他鸟类那里学来的声音，仿佛整片雨林中的鸟鸣都从同一个喉咙中流淌而出。现在，我终于明白为什么这种鸟会被称为"鸣禽之母"了。

我们蹑手蹑脚地靠近，以最快的速度瞥见了它那闪闪发光的白色尾羽。然后，这只琴鸟连同歌剧般的鸣唱一起消失了。

当我们迅速下行、穿过黑暗的雨林时，一大堆问题在我的脑海中翻腾：华丽琴鸟是否只会模仿某些种类的鸣唱？模仿鸟鸣并模仿得如此完美需要怎样的智力？它们为什么要费尽心机去模仿其他鸟类的鸣唱，并且模仿的种类还如此之多？

为了探究这些问题，我来到新南威尔士州的伍伦贡大学，拜访了研
究琴鸟和鸟类拟声的专家安娜·达尔齐尔。与其他科学家相比，达尔 68
齐尔更深入地研究了琴鸟发声的复杂和精细程度，包括它们在交配时模仿告警声的怪癖。她的研究触及了鸟类交流中一个深层谜题的核心：鸟类拟声的本质和目的，以及它们如何利用这种手段获益。或许，鸟类可以利用拟声来操纵和欺骗其他个体。

我们都知道人类擅长说谎。近期，科学家发现人类当中存在着固定的欺骗和撒谎行为。前不久，研究人员调查了美国人在日常生活中说谎的普遍性，发现平均每个人每天说谎的次数是一到两次。在我看来，这个结果似乎保守了些。自我统计的调查形式为人们提出了一个

关键的挑战，即面对与撒谎有关的问题时是否会说实话。不过，似乎多数人都认为自己是诚实的，只在自认为有必要的时候才会说谎。或许，说谎对大多数人来说都是一项难度不小的脑力劳动。

这也是我们认为其他动物不会撒谎的原因之一。生物学家罗伯特·萨波斯基说过，说谎是一种十分复杂的行为。当你撒谎时，你知道自己给出的信息是错误的，而谎言的接受者也会相信你的错误信息。这就意味着你必须明白自己的认知与他人是不同的——这是一种名为心智理论的能力。说谎还需要大脑在执行过程中付出大量的精力：注意力、规划、抑制和工作记忆。它需要清醒和周密的策略，其复杂性反应在我们面部肌肉的细微之处——由于面部肌肉受到大量神经元的支配，我们只要稍不留神就会被自己给出卖。然而，就像多数耗费脑力的活动一样，练习能让撒谎变得更加容易。

科学家们在研究灵长类动物的欺骗行为时比较了不同种类的猴子和猿类，发现欺骗行为和脑容量之间具有直接关联。大脑皮层面积较大的灵长类动物更有可能实施欺骗行为，比如黑猩猩。以一座瑞典动物园中著名的黑猩猩圣蒂诺为例，它在心情不好时会囤积石块，攻击游客。发现这一情况后，动物园的工作人员移走了圣蒂诺藏起来的数百块石头，并发出提醒：若是圣蒂诺做出投掷动作，请游客务必退
69 后。然而，这只黑猩猩学会了把石头藏在成堆的干草和木棍中，并掩饰自己在抛物前的攻击性行为。

达尔齐尔说，鸟类是自然界中最具天赋的欺骗家之一，它们善于编织细致入微的谎言。鸟类的世界充满了虚张声势、伪装、冒充和障眼法。为了保护鸟巢、吸引捕食者的注意力，一些亲鸟会佯装出翅膀折断的模样，不规则地拍打翅膀，在跑、跳或飞的时候做出痉挛的动作；笛鸻（*Charadrius melodus*）正是如此。有些鸟类则像小型啮齿动

物一样缩着身体奔跑，以分散天敌的注意力。还有些鸟类通过装死来骗过捕食者，例如鹌鹑。丛鸦（*Aphelocoma*）有储存食物的习性；当一只丛鸦知道自己的“粮仓”被其他个体发现后，它会将食物转移到其他地方，或者假意做出转移的动作，实则把食物埋在原来的位置——这是一种迷惑他人的障眼法。以上都是鸟类利用肢体来进行欺骗的案例。

鸟类会利用它们的鸣声和模仿技术来骗人吗？目的是什么？华丽琴鸟会说谎吗？

在8月的一个凉爽清晨，我从悉尼乘火车向西北出发，前往位于澳大利亚东部的蓝山地区，那里是达尔齐尔的鸟类研究地之一。那是一个晴朗的冬日，车窗外大风呼啸。我看到成群的葵花鹦鹉在乡村上空盘旋，粉红凤头鹦鹉从我身边飘过，就像永恒的夕阳。刚刚经过鸸鹋平原[*]，一堵绿色的高墙拔地而起。那正是蓝山的东部崖壁。达尔齐尔开着她的兰德酷路泽来接我，我们一同驱车前往位于隐蔽山谷中的调查点。她警告我，在8月和9月，雄性琴鸟通常都是安静而保守的；它们刚刚结束了5月到7月的鸣唱高峰，正忙于为下一个繁殖季长出一条新的尾巴。不过，她很乐意与我探讨琴鸟的习性，并带我参观它们的栖息地。在蓝山地区，琴鸟生活在长满蕨类植物的沟谷和树木繁茂的砂岩峡谷当中；用达尔齐尔的话说，这里的环境“颇为壮观”。

“颇为壮观”是一种谦逊的说法。这些古老的山体摇摇欲坠，裸露出不可思议的岩层，一根根砂岩柱从近乎荧光绿色的茂密森林中伸出来，陡峭的崖壁庇护着峡谷深处的温带雨林。达尔齐尔的调查点 70
非常偏远；在那附近，科学家刚刚发现了一种稀有的树木——凤尾杉

* 鸸鹋平原位于澳大利亚新南威尔士州悉尼市的郊区。——译注

(*Wollemia nobilis*)。那里凉爽潮湿、食物丰富，有小溪在森林中涓涓流淌，对华丽琴鸟来说是绝佳的栖息地。

呼啸的大风扰乱了达尔齐尔的思绪。她烦恼地说："我们真不走运。"我猜，她正担心大风会导致琴鸟变得更加羞怯和隐蔽。她说："没错。不过，我担心的主要是倒木。这片森林里一直都有倒木砸人的死亡事故发生。这可是澳大利亚最高的树，它们会像北美的树落叶一样掉下自己的枝干。在当地，这些桉树被称为'寡妇制造者'。"

在肯登巴山口，我们开车穿过一扇上锁的大门，进入了更偏远的禁区。达尔齐尔带着一台无线电发送器和EPIRB（紧急无线电示位标）。她会给公园管理员发送信息，以便他随时掌握我们的确切位置。

险峻的峭壁耸立在左侧，我们沿着崖壁底部蜿蜒前行。狂风猛烈地拍打着桉树。前方又出现了一个急转弯，周围突然安静下来；随着道路再次蜿蜒，大风的咆哮比之前更加狂野了。达尔齐尔告诉我，对于华丽琴鸟来说，今年是艰难的一年；气候异常温暖，高强度火灾频频发生。虽然这里的生态系统已经很好地适应了火灾，但大规模的一次性火灾发生得越来越频繁了。就在今年初春，达尔齐尔搬到温马利镇后，一场由干燥热风引发的大火席卷了该地区，几乎吞没了她的房子。她担心，华丽琴鸟正面临着气候变化，尤其是在其繁殖期间发生的极度高温和火灾事件的挑战。为了在大火中存活下来，琴鸟只能躲进袋熊洞或跑到水中。当地流传着这样的故事：人们在身上披了一张湿毯子，躲到小溪中避开大火；过了一会儿，他们发现自己的身边多了一只花里胡哨的鸟。

一只岩刺莺（*Origma solitaria*）从地上一跃而起，跳过马路，仿佛在挑战地心引力。湿润的硬叶林安然生长于峭壁之下——桉树、相思树、山龙眼和木麻黄（Casuarinaceae）组成深深浅浅的绿色，在地面上

铺了一层如地毯般的落叶。林中还有建兰（*Cymbidium ensifolium*）的 71
倩影，这是一种经常遭到盗采的珍稀植物。达尔齐尔说："这个地区的建兰是安全的，几乎没有人会到这里来。"一只褐刺嘴莺叫了起来，紧接着是一只黄喉丝刺莺（*Neosericornis citreogularis*）和一只漂亮的金啸鹟（*Pachycephala pectoralis*）。后者拥有甜美的嗓音，唱着活泼轻快的曲调。这些小鸟都是华丽琴鸟模仿的对象。

达尔齐尔对鸟类的拟声非常着迷。她说："鸟类的模仿能力令人叹为观止。只有六七克重的褐刺嘴莺可以模仿比它大10倍的鸟类的鸣叫。"乌干达的红顶歌鹏（*Cossypha natalensis*）能模仿40种鸟类的鸣唱，并将其融合在自己的高速二重唱中。湿地苇莺（*Acrocephalus palustris*）没有自己的鸣唱，但能把多达200种不同鸟类的鸣唱元素拼凑成自己的唱段；它的模仿对象来自其非洲越冬地和欧洲繁殖地。湿地苇莺把四处"偷"来的元素重新排列组合，创造出一首集大成的幻想曲；人们能从它们的鸣唱中分析出每个个体的大致地理分布。

我们还不知道，究竟有多少种鸟类具备模仿声音的能力。一个关于鸟类拟声的数据库中列出了43个科的339种鸣禽。这种现象在其他类群中很少见。笼养鹦鹉常因模仿人类声音的能力而备受赞赏；但除了非洲灰鹦鹉（*Psittacus erithacus*）外，野生鹦鹉拟声的情况相当少见。有时，拟声现象只会零星地出现在某一个体的唱段当中；而有些鸟类的所有鸣声几乎都来自模仿，例如湿地苇莺雄鸟和绿篱莺（*Hippolais icterina*）。在最好的鸟类模仿大师中，有相当一部分生活在澳大利亚——可能多达60种，包括园丁鸟、澳洲啄花鸟（*Dicaeum hirundinaceum*）、灰胸绣眼鸟、绿背黄鹂（*Oriolus sagittatus*）、刺莺和刺嘴莺。其中，有14种鸟类被早期的博物学家形容为"模仿大师"，例如黑背钟鹊。正如一位鸟类学家所写的那样，黑背钟鹊"模仿并改编它们喜欢的各种声音，将拟声与自己的叫声融合在一起，创造出别样的艺术效果，令组合唱段具有鲜明的个性”。安德鲁·斯基欧奇曾录制过一段黑背钟鹊的叫声，它听起来跟马的嘶鸣别无二致。

72 在北美，灰嘲鸫 (*Dumetella carolinensis*)、黑嘲鸫 (*Melanoptila glabrirostris*)、小嘲鸫 (*Mimus polyglottos*) 和褐弯嘴嘲鸫 (*Toxostoma rufum*) 都是颇具实力的模仿者，据说褐弯嘴嘲鸫能发出2 000种不同的鸣唱。欧洲的紫翅椋鸟 (*Sturnus vulgaris*) 能够模仿多种鸟类，甚至还学会了汽车警报、手机铃声和狗叫等。冠蓝鸦具有模仿猛禽的绝技——我经常被红尾鵟 (*Buteo jamaicensis*) 的呼号声吸引，抬头望向天空，试图寻找它盘旋的身影；然而那只是附近灌木丛里的冠蓝鸦发出的叫声。

不过，达尔齐尔认为华丽琴鸟的模仿能力是无可比拟的。它们拥有自己的叫声：狗叫或敲斧头一样的铛铛声，踩着节奏的嘀嗒、咯咯和砰砰声，一路小跑般的马蹄声，还有轻柔甜美的叽叽喳喳声，带着机械音色的呼呼声，以及古怪迷人的拨弦声。它们也能发出独有的高强度警报，那是一种高亢、刺耳的尖叫声。然而，模仿才是琴鸟的拿手绝技，并在其鸣唱曲目中占据了主导地位。达尔齐尔解释道，雄鸟和雌鸟都能够拟声，但不同性别喜欢不同的模仿对象。雌鸟更倾向于模仿猛禽，例如领雀鹰和灰鹰 (*Accipiter novaehollandiae*)；而雄鸟更喜欢模仿领地性十足的矿吸蜜鸟，尤其是它们的围攻鸣叫。达尔齐尔说，雄鸟转换声音的速度非常快，“前两秒还是绿啸冠鸫的声音，后两秒就变成了红玫瑰鹦鹉的叫声，紧接着又模仿了三秒钟的灰鵙鹟”。在这里，“最受欢迎的唱段”来自笑翠鸟、绿啸冠鸫、黑凤头鹦鹉、金啸鹟和缎蓝园丁鸟 (*Ptilonorhynchus violaceus*)，而这些鸟类本身也是出色的模仿者。

达尔齐尔说：“华丽琴鸟是模仿‘模仿者’的模仿者。它的拟声对象也都是同类群中的模仿翘楚。对于研究人员来说，在该地区进行鸟类多样性调查是非常复杂的工作。有时，他们听到的特定鸟叫可能只是来自模仿者的拟声。”这让我想起了安德鲁，连他这样的专业人员也会将华丽琴鸟和黑凤头鹦鹉的叫声搞混。

它们的拟声足以骗过被模仿的鸟类吗？

根据达尔齐尔的研究，这个问题的答案是肯定的。比如，尽管琴
鸟对“原唱”做了加速和删减，但灰鸣鹟还是经常被“自己的”美妙歌 73
声所迷惑。罗布·马格拉思将琴鸟模仿的灰鸣鹟鸣唱称为“《读者文摘》改编版”。

华丽琴鸟甚至可以在同一时间模仿几种叫声——绿啸冠鸫的二重唱，以及一群鹦鹉的喧闹声。达尔齐尔曾经录下一只琴鸟模仿一整群笑翠鸟“合唱”的声音。

人们普遍认为，鸟类经常模仿人类产生的噪声。大卫·爱登堡的电视节目又加深了这一认识，节目中的琴鸟能够逼真地模仿电锯、火灾警报、相机的马达驱动声，令人印象深刻。然而，达尔齐尔表示，野生鸟类模仿人类噪声或引入物种的现象是极为罕见的。不过，有些报告中也提到，琴鸟会模仿一些随机的自然声音，例如青蛙和考拉(*Phascolarctos cinereus*)的叫声、澳洲野狗(*Canis familiaris*)的嚎叫，以及凤头鹦鹉撕碎木头的声音。根据达尔齐尔的记录，琴鸟也会模仿鸟类飞过林下植被时发出的振翅声。在她的研究区域内，有一只雌性琴鸟喜欢发出“吱吱、吱吱”的叫声；那是我们在白天听到过的树干在大风中摩擦的声音。

琴鸟的发声器官——鸣管的肌肉数量较少，但它拥有宽广的音域。大多数鸣禽拥有4对鸣肌，而琴鸟只有3对。通常情况下，鸣禽的

鸣肌数量越多，产生的声音也就越复杂。但琴鸟和鹦鹉都是例外，它们能够运用简化的鸣管，娴熟地发出各种声音。

人们曾以为模仿是一种不需要动脑的行为。“鹦鹉学舌”正是这一认知的体现，我们常用这个词来形容不理解原意的机械性重复。现在，我们已经意识到了模仿行为的复杂性。

模仿一段鸣唱或鸣叫需要进行一系列的鸣声学习——聆听、记忆、回想和练习——通过反复的训练，熟练掌握模仿内容，并对自身的
74 发音错误进行纠正，直到模仿的效果与原声完全一致。学习其他物种的叫声是一项非常困难的工作，需要灵活的大脑来记忆不熟悉的内容，也需要相应的身体训练来精确拟声。在拟声的过程中，一些鸟类在鸣管中运用了与被模仿者同样复杂的肌肉控制机制。2008年，杜克大学的研究人员发现，与灵长类一样，沼泽带鹀在发声训练的时候运用了镜像神经元。当一只鸟在模仿另一只鸟的鸣唱时，它的神经活动模式几乎与对方完全相同。因此，模仿是一种思维联通的过程。

这一切都需要精密而高超的神经功能——良好的听力、记忆力和完美的肌肉控制能力。所以，华丽琴鸟出色的模仿技能也是其非凡智力的体现。事实上，在比较了不同鸟类的脑容量和体型后，科学家发现华丽琴鸟与鸦科鸟类一样，具有很大的相对脑容量。雏鸟发育缓慢，处在孵化期和亲鸟照料下的时间相对较长；这与较高的认知能力也有一定的关系。

鸟类是如何学会模仿的？这个问题在很大程度上仍是个谜。有些模仿者似乎能直接向周围的鸟类学习。不久前，尚在爱丁堡大学的劳拉·凯利对斑大亭鸟（*Chlamydera maculata*）的学习能力进行了研究。斑大亭鸟是一种极具天赋的拟声鸟类，通常能发出10多种鸟类的

鸣叫，甚至还能模仿树枝、电线和打雷的声音。雄鸟们的筑巢间隔至少为1千米；所以，当它们待在自己的求偶亭时，同种个体不太可能听到彼此的声音。不过，斑大亭鸟会定期造访邻居的家，以窃取装饰物或摧毁他人的求偶亭。在这些不定时发生的造访中，它们会学习彼此的鸣声吗？凯利在昆士兰州的一个国家公园内调查斑大亭鸟对啸鸢（*Haliastur sphenurus*）和斑噪钟鹊的拟声。她发现，斑大亭鸟在拟声中 75
表现出了明显的个体差异，这表明它们并不是模仿相邻同种个体的鸣叫，而是直接向对方的模仿对象学习。

另一方面，小嘲鸫的拟声似乎来源于其他的模仿者。不久前，生物学家戴夫·甘蒙进行了一项实验——向小嘲鸫播放8种陌生鸟类的鸣叫。6个月后，没有一只小嘲鸫学会新的叫声。

为什么小嘲鸫会模仿某些鸟类，例如卡罗苇鹪鹩、美洲凤头山雀、冠蓝鸦、主红雀，而不模仿另一些鸟类，例如哀鸽（*Zenaida macroura*）、棕顶雀鹀（*Spizella passerina*）呢？这个问题可能有助于我们解释华丽琴鸟的选择性模仿。小嘲鸫只模仿那些与自身具有相似节奏和音高的鸣唱。或许，生理条件令它无法完全复制其他鸟类的某些鸣声特征，例如从鸣管的一侧平稳、协调地切换到另一侧，或者在音符频率之间跳跃。这一事实可能也适用于华丽琴鸟。

达尔齐尔认为，年幼的雄性琴鸟与小嘲鸫一样，从年长的成年雄鸟身上习得大部分拟声，而非直接向模仿对象学习。她说："它们的拟声似乎跟该地区的其他雄性差不多。一个琴鸟种群内部的鸣声变化较少，而不同种群间的差异较大。"生活在同一片区域的雄性琴鸟会模仿相同的鸟鸣组合，甚至是相同的异声组合；这一现象很好地体现了社会性学习和文化传播。换句话说，它们的模仿行为并不是与周遭事物在同一时间发生的，而是在个体间传递。她说："举例来说，这片雨林中的一群雄性琴鸟从白喉短嘴旋木雀的鸣唱中模仿了前几个音符，即一串急促的‘哔、哔、哔’声，然后选取红玫瑰鹦鹉沙哑的‘嘣、嘣’声作为结尾。”对于琴鸟拟声的社会性扩散现象，一个广为人知的故事中包含了相关的佐证。1934年到1949年之间，图隆基和沃伯顿[*]附近的20只华丽琴鸟被人们引入塔斯马尼亚州[**]的岛屿上。多年来，
76 这批琴鸟一直在模仿原栖息地的鸟叫声。据说，来到塔斯马尼亚30年后，它们的后代还能模仿岛上从未出现过的鸟类，例如随莺和绿啸冠鸫。拟声的相关知识从上一代传到了下一代；对达尔齐尔来说，这就是文化传播的有力证据。事实上，她觉得华丽琴鸟就像鸣声的档案管理员——鸟类版的安德鲁·斯基欧奇。

在一片能够避风的区域，达尔齐尔把兰德酷路泽停在了一个特殊的位置。她将这个位置称作华丽琴鸟的“热点”。一年前，她曾在这里安装摄像机，以监控琴鸟的繁殖活动。我们穿过厚厚的蕨丛，开始寻找它们的鸟巢。达尔齐尔警告我，千万不要碰蜘蛛。要是被这里的强壮毒疣蛛（*Atrax robustus*）咬上一口，可能会导致大量唾液分泌、出汗、肌肉痉挛、高血压、心率升高、心脏病发作，并在15分钟内死亡。

还好，现在的天气对于蛇来说已经太冷了，但我们还是要系上绑腿。茂密的蕨类植物掩盖住散落一地的枝干和石块，平添了爬坡的危险。长满刺的菝葜（*Smilax*）撕扯着我们的牛仔裤和毛衣。我们还发现了一堆黑尾袋鼠的粪便。达尔齐尔说：“这些袋鼠能够凭借一对大脚丫在这片土地上导航，真是难以置信。”我们周围的所有植物都长着

---

* 沃伯顿是澳大利亚维多利亚州的一个小镇。——译注

** 塔斯马尼亚州位于澳大利亚大陆东南方向，是该国唯一的岛州。——译注

尖锐的结构，以保护自己不被动物吃掉。达尔齐尔很想知道，雄性琴鸟是如何在尾羽不被撕碎的情况下穿过菝葜丛的。每年的繁殖季一结束，雄性琴鸟就会立刻开始换羽；它们以某种方式将优雅、华丽的新尾羽保养得完好无损，并一直维持到第二年的6月。

在山坡上的一棵桫椤下，我们发现了一个筑于巨石上的琴鸟巢。达尔齐尔松了一口气——她的摄像机毫发无损地安置在附近。这个庞大的鸟巢呈圆形，内部构造就像一只篮子，由桫椤的细根紧密编织而成。

达尔齐尔让我抬头看看。鸟巢上方几乎是完全昏暗的；对于雌鸟来说，这能更好地避免雏鸟被来自空中的捕食者攻击，这些捕食者包括苍鹰、雀鹰和楔尾雕（*Aquila audax*），以及各种钟鹊。鸟巢面向下坡，便于琴鸟通过跳跃和向下飞扑来逃跑。它们的飞行能力很差，但 77
它们能以每小时25英里的速度奔跑，并利用翅膀提高自己的速度。一只雌鸟在一个繁殖季里只产一枚卵，孵化期长达2个月，创造了鸣禽孵化时长的世界纪录。雌鸟必须独自抚养后代；为了捍卫领地和食物，雌鸟之间会发生激烈的争斗。

在离巢不远的一片桫椤中间，我们发现了一块直径约为3英尺的空地。柔软的土壤表面微微隆起，发出奇怪的光。达尔齐尔告诉我，这是雄性琴鸟用于炫耀的典型场所。建造这样的土堆需要辛勤的劳动——雄鸟用强壮的腿来清空这片区域，把小石块和树枝踢到一边，把蕨类植物扯出来并拖走。“一只雄性琴鸟会在其领地范围内建造十几个土堆，”达尔齐尔说，“但它会偏好其中某几个。土堆通常在树冠较为稀疏的高处，光线能够穿透树荫，叫声也能传播得更远。”

达尔齐尔让我再抬头看看。透过林窗，我看到了一缕阳光。

她假设，雄鸟选择在树冠的空隙下进行炫耀，是因为穿透林层的阳光能在最大限度上提高其白色尾羽的亮度。另外，琴鸟对光线的敏感度可能比人类更高，她怀疑明亮耀眼的炫光对它们来说具有更强的刺激。选取一个好的炫耀位置是通往成功的重要一步。因此，雄性琴鸟为了捍卫土堆而与其他雄性打斗。到了繁殖季，它将站在这个土堆上尽情地歌唱。

在薄雾迷蒙的寂静冬日，雄性琴鸟从黎明前半小时就开始鸣唱。它们一唱就是好几个小时，日复一日地向躲藏在密林中的潜在配偶炫耀自己的拟声技巧，直到引得雌鸟现身。如果雌鸟表现出兴趣，它将有幸欣赏到世界上最古怪的求偶表演之一。达尔齐尔和她的同事在自然栖息地中录制了12段求偶表演。由于华丽琴鸟习性隐蔽，加上雨林生境光线昏暗，能拍到这么多求偶片段实属不易。

片段中展示了求偶表演的细节：雄鸟站在土堆上，翘起银色的尾部，慢慢地转过身，剧烈地抖动尾羽，并同时爆发出一阵鸣唱和拟声。
78 它拍打着翅膀，在土堆边跳来跳去，唱着各式各样的曲调，向雌鸟展示自己丰富的“歌单”。达尔齐尔说，它只会跟随四种类型的鸣唱起舞，每一种鸣唱搭配不同的舞步。“雄性琴鸟会自行搭配鸣唱与舞步，所以每一段不同的鸣唱都有独特的编舞。”这就像人们跟着华尔兹音乐跳华尔兹舞，跟着萨尔萨音乐跳萨尔萨舞一样。她还说道：“其中一类唱段是古怪的嗡嗡声‘哔、哔、哔’，听起来就像激光枪或20世纪80年代的电子游戏，这时的雄性琴鸟会踩着节拍跳侧步；而唱起相对安静的‘卜铃叽——卜铃叽——卜铃叽’声时，它会收起尾羽、拍打翅膀，用力地跳跃或上下摆头。”

到了最后，雄性琴鸟有时会做出一些奇特的举动——突然中断自己的歌舞表演，开始模仿一系列的告警声。

鸟类拟声的原因至今还是个未解之谜。它们为什么要如此费心劳力地模仿其他鸟类呢？听着华丽琴鸟的悠扬歌声，我们可能会设想：鸣唱能够表达旺盛的生命力和高昂的情绪，或许鸟类的模仿只是出于对美好的追求和对自我的挑战。

但达尔齐尔怀疑还有其他的原因。

在她的研究区域内，有一只雄性琴鸟赢得了许多配偶。她亲切地将这只雄鸟称为“蓝三”，并毫无保留地赞美它的鸣唱。“蓝三会以嘹亮的歌喉进行炫技式的模仿。它的炫耀是一场真正令人震撼的、自然流畅的即兴表演。对于华丽琴鸟来说，有充分的证据表明雄性的拟声是性选择的结果。”向密林中的雌鸟展示拟声技巧是雄鸟炫耀自己的一种方式，它仿佛在说：“看！我是多么机灵！我是那么多才多艺！我的拟声多么完美！我的声音多么有力！我非常聪明（拟声的准确性表明我拥有一个优秀的大脑）！我可以一天唱好几个小时！”正如达尔齐尔指出的那样，雌性琴鸟独自负责所有的育儿工作——筑巢、孵卵和养育雏鸟，以及保卫自己的觅食领地。它唯一需要的只是雄鸟的精子。挑剔的雌鸟会通过各方面的条件来评估潜在的配偶，例如鲜亮的羽毛，有力的舞蹈，响亮、复杂、华丽的歌声；后者还包括拟声的多样 79
性和准确性，以及叫声的承载能力。这些特征都可以作为择偶的可靠指标——它的学习能力、它的力量和活力、它的基因，还有它的成长环境。达尔齐尔表示：“对于雌鸟来说，与善于拟声的雄鸟交配可能是一件好事。这样，它的后代也能利用高超的模仿技巧来保卫巢穴或者吸引配偶。”一只雌鸟可能会花上好几个月来聆听雄鸟们的鸣唱，最终选定心仪的配偶。只有表现最好的个体才有资格将基因遗传下去。因此，一种聪明且善于表演的鸟类将会变得更加聪明、更加擅长模仿和舞蹈，也能长出更绚丽的尾羽。

这一规则也同样适用于其他的拟声鸟类，例如园丁鸟。完美的模仿技能在缎蓝园丁鸟眼中显得超级性感。对于一只雌鸟来说，雄鸟的外貌、求偶亭中装饰物的数量都比不上模仿技能来得有吸引力。能够准确模仿多种声音的雄性园丁鸟可以赢得更多的交配机会。除了拟声唱段的长度和准确性，发音难度也能体现雄鸟的水平高低。在不会模仿的鸣禽当中，雌鸟最看重的技能是所谓的“性感音节”，即一种高水平的颤音——运用两侧鸣管，同时发出和谐、悦耳的鸣声。

在华丽琴鸟当中，雄性的模仿技巧会随着时间的推移而提高；因此，拟声的准确性似乎与年龄相关。这或许也是雄鸟向潜在配偶发出的信号：“我的生存经验更丰富。”

鸟类不仅能通过拟声来吸引异性。越来越多的研究表明，它们会为了自身的利益，利用适当的鸣叫与鸣唱来欺骗和操控他人，例如，偷取一顿免费的午餐。

非洲南部的叉尾卷尾 (*Dicrurus adsimilis*) 是目前最典型的案例。这是一种带有光泽的黑色小鸟，长着红色的眼睛、钩状的喙和分叉的尾巴。开普敦大学的行为生态学家汤姆·弗劳尔对64只叉尾卷尾进行了总计847个小时的跟踪调查。他发现，这些“偷盗寄生者”利用拟
80 声作为欺骗的手段，从各个物种那里窃取食物。叉尾卷尾能够发出数十种告警声，除了自己的6种外，还有来自其他鸟类和哺乳动物的45种拟声，包括獴和胡狼的。对于四处觅食的狐獴 (*Suricata suricatta*) 和斑鸫鹛来说，叉尾卷尾就像是一位忠实的哨兵；它总是栖息在高处，用真诚的告警声来提示危险的存在。但它也会为了偷窃而模仿特定对象的告警声。当斑鸫鹛或狐獴觅食归来，叉尾卷尾利用拟声发出错误的危险警报。惊恐的受害者慌忙丢下口中的食物，四散躲避；始作俑者立刻乘虚而入，飞扑过去叼走它们丢下的蟋蟀或甲虫，趁机美餐一顿。

值得注意的是，如果斑鶇鹛和狐獴识破了这套把戏，不再轻易受惊，那么叉尾卷尾还能使出另一种罕见的欺骗技巧来应对：从“警报歌单”中切换不同的告警声。这样，它们的目标就不会轻易察觉了。叉尾卷尾还能做得更绝——留意自己欺骗过的斑鶇鹛个体，并在下次欺骗同一只个体的时候变换不同的叫声。

有报道称，除了模仿红尾鵟之外，冠蓝鸦还可以模仿其他猛禽，导致受到惊吓的拟八哥（*Quiscalus*）和其他鸟类扔下食物逃跑。于是，冠蓝鸦就能获得一顿免费的午餐。即便是雏鸟也能通过模仿其他雏鸟来获得更多的食物。一些杜鹃和其他寄生鸟类把卵产在别的鸟类的巢中，而寄生的雏鸟会模仿寄主雏鸟的乞食鸣叫，以诱得更多食物。一只大杜鹃（*Cuculus canorus*）雏鸟可以模仿一整窝苇莺（*Acrocephalus*）雏鸟的叫声。因此，被寄生的亲鸟不得不格外努力地觅食，以满足这个体型过大、嗷嗷待哺的“继子”。

鸟类也会模仿其他动物的叫声来欺骗捕食者，从而逃脱被捕食的命运。当筑巢于洞穴中的某些鸟类在受到天敌侵扰时，刚出壳的雏鸟和正在孵卵的亲鸟都会发出像蛇一样的嘶嘶声。蚁䴕（*Jynx torquilla*）是原产于非洲、欧洲和亚洲的小型啄木鸟，通体褐色。它们在漆黑的巢穴中左右扭动，发出嘶嘶的叫声来模仿蛇。若是在孵卵时受到侵扰，卡罗山雀会模仿铜头蝮（*Agkistrodon contortrix*）的声音。为了防止掠食性松鼠的袭击，北扑翅䴕（*Colaptes auratus*）会发出蜂群般的嗡
嗡声。 81

不过，小小的褐刺嘴莺才是个中翘楚。这种鸟看似平淡无奇，浑身都是单调的褐色。它甚至被澳大利亚鸟盟评为“最乏味的鸟”第二名。第一名是山刺嘴莺——褐刺嘴莺的胸口上好歹还有些装饰性的浅色斑点，而山刺嘴莺什么也没有。布拉尼·伊吉奇对褐刺嘴莺进行

了大范围的研究。他认为，这种鸟类虽然在视觉上并不显眼，却具有很强的存在感。褐刺嘴莺的独特鸣唱可以传播很远的距离，而且“具有超凡的魅力”。伊吉奇把它们称为“原版愤怒的小鸟”，因为“它们总是处于紧张、激动的状态，尤其是在保护巢穴的时候。但它们也确实是非常有趣的生物”。有一次，伊吉奇要给褐刺嘴莺的雏鸟做环志，必须暂时将它们从巢中拿出来。归巢的亲鸟撞见了正在做环志的伊吉奇。他回忆道：“亲鸟们显然对我感到非常非常愤怒，不停地在旁边大喊大叫。其中一只亲鸟的嘴里还叼着一只几乎有它身子一半大的毛毛虫。尽管嘴里的虫子一直在扑腾，它依然试图冲我大叫。那场面实在是太滑稽了，我不能……我不得不停下了手头的工作。”

斑噪钟鹊是最具威胁性的头号敌人，常捕捉褐刺嘴莺的雏鸟或刚会飞的幼鸟来喂养自己的后代。伊吉奇说：“它们简直就是小型鸟类眼中的‘黑武士’。”你如果也见过这种鸟类，大概就会明白其中的原因了。斑噪钟鹊体型硕大，长着漆黑的羽毛，看起来十分凶悍。它们具有高超的智慧，也是贪婪成性的掠食者。为了抚育自己的一窝雏鸟，一对斑噪钟鹊成鸟要袭击约40窝小鸟，捕捉4.5磅重的猎物。“它们非常聪明，能够观察鸟巢周围的活动，记住确切的巢址，”伊吉奇说，“事实上，在研究褐刺嘴莺的时候，我们都担心斑噪钟鹊会根据我们的活动来找到猎物的巢址。”

斑噪钟鹊的体型是褐刺嘴莺的40倍，所以这些小鸟根本无法凭借体力打倒“黑武士”。但它们有一个秘密武器——“狼来了”。确切地
82 说，那是“鹰来了”。伊吉奇发现，当斑噪钟鹊攻击鸟巢时，褐刺嘴莺会发出多种告警声，模仿当地鸟类的“警报大合唱”，营造出一种猛禽当空的恐怖氛围。那是一种连斑噪钟鹊都害怕的猛禽——褐鹰。这些小鸟不模仿褐鹰本身的叫声（这种做法的效率反而要低一些，因为

褐鹰在捕猎的时候不会鸣叫)；相反，它们模仿的是由褐鹰出现而引发的一阵空中警报，包括警惕性最高的哨兵——黄翅澳蜜鸟的叫声。听到警报的斑噪钟鹊会立刻逃离，或者停下来扫视天空。不管怎样，“假警报”足以分散敌人的注意力，让褐刺嘴莺雏鸟有足够的时间爬出鸟巢，躲进周围浓密的植被中。

鸟类也能通过“剽窃”鸣声来击退对手或竞争者。为了争夺食物资源，王吸蜜鸟 (*Anthochaera phrygia*) 会模仿大型食蜜鸟 (如垂蜜鸟和吮蜜鸟) 的叫声，从而吓退与其竞争的个体。在美国，当洞穴中的穴小鸮受到侵扰时，它们会像被激怒的响尾蛇一样发出“咯咯”声，以防止加利福尼亚地松鼠 (*Otospermophilus beecheyi*) 或其他竞争者侵占它们的巢穴。几年前，一位研究人员提出，小嘲鸫能够模仿许多不同物种的叫声来保卫领地，制造出一种该地区挤满了竞争者和捕食者的假象。雌性华丽琴鸟也是如此。它们会选择性地模仿某些猛禽的叫声，伪造天敌的存在，从而减少其他竞争对手对其领地的觊觎。

在特立尼达岛，林栖的小隐蜂鸟 (*Phaethornis longuemareus*) 能够利用拟声来获得竞争优势。那是一个极为残忍的案例——当行为生态学家朱利安·卡普尔在岛上进行研究时，他发现鸟类的欺骗性模仿行为达到了一个登峰造极的地步。

鸟类的鸣声模仿可能会催生出地域性的方言。通过鸣声的地理差异，生活在同一地区的个体能够相互识别，将“外来人员”与“本地土著”区分开来 (与红嘴奎利亚雀的“亲敌效应”相似)。雄性小隐蜂鸟就采用了这样的策略。到了繁殖季，森林中的小隐蜂鸟来到求偶场 (茂密灌木丛内的公共区域) 进行炫耀。为了赢得伴侣，大约有5到50 83
只个体在求偶场中鸣唱或表演。小隐蜂鸟的鸣唱是一串5到8个音节的尖细叫声，持续时间只有1秒钟，但会在觅食间隙的1个小时内不断重复。在求偶场中，它们不遗余力地从早上7点一直唱到黄昏，一天内就能把鸣唱重复12 000遍。小隐蜂鸟的鸣唱具有高度多样性，带有很多区域性方言；哪怕是在同一个求偶场，不同个体之间的鸣唱也存在差异。

“那真是太疯狂了，”卡普尔说，“一个寻常的求偶场就跟一幢普通的房子差不多大。从一头走到另一头只需要2分钟的时间。但在一个求偶场内，你能听到许多不同的方言，就像客厅里的人都讲法语，而厨房里的人却讲着斯瓦希里语。在这样的空间尺度上出现方言实在是太奇怪了。”

为了理解小隐蜂鸟为什么会出现这样的“微地理尺度”方言，卡普尔研究了它们的鸣唱及其变化，以及雄鸟间的竞争对鸣唱的影响。在繁殖期间，求偶场中的雄鸟停栖在一根细长的树枝上，一边鸣唱，一边摆动着末端发白的小尾巴；这是它们守卫领地的特殊动作。大部分雄鸟在不到一年的时间里占据着自己鸣唱的栖处和领地；不过，有些幸运的个体能够占据领地达7年之久。如果你是一只年轻的雄鸟，那么，赢得领地绝非易事。年轻的小隐蜂鸟利用模仿天赋来冒充现有的领地主人，以求在求偶场中占有一席之地。卡普尔解释道：“首先，它们会站在求偶场边缘静静聆听。然后，它们偷偷摸摸地四处打探，偷听不同个体的鸣唱，最终选中一只本地的个体——就让我们叫它‘弗雷德’吧——仔细聆听和学习弗雷德的鸣唱。接着，它们会回到森林里独自练习。一开始，它们的模仿听起来十分糟糕，又粗劣又刺耳。在最初的几个星期里，你根本就听不出它们在模仿什么。”但年轻的雄鸟不断训练，经过几个星期的努力，它们的拟声就熟练了许多。“当年轻的雄鸟准备回来争夺求偶场的地盘时，它的鸣唱听起来跟弗雷德十分相似，至少也是弗雷德邻居的水准了。因此，我能够确切地知道它

会去求偶场的哪一块区域。” 84

令人毛骨悚然的部分在于，卡普尔怀疑，为了篡夺已经被占领的地盘，新来的模仿者会攻击并杀死原主人，以取代它的位置——如果模仿者没有在这个过程中被杀死的话。这还只是一种假设，有待观察。不过，卡普尔见过持续一周或更长时间的野蛮打斗，这些雄鸟试图用特化的尖喙刺死对方。如果年轻的模仿者赢得了胜利，“此后，求偶场中的其他个体都可能会把它当作‘弗雷德’来对待；‘本地土著’也会放任它成为领地的合法主人。其他的领地主人不会知道其中的区别，因为它的模仿水平已经足以蒙混过关了”。

没有证据表明华丽琴鸟会为了自己的利益而欺骗其他物种。至于小隐蜂鸟，它们则试图欺骗自己的同类。最近，达尔齐尔和她的同事贾斯廷·韦尔贝根在观察一对华丽琴鸟的交配过程时有了一个惊人的发现。其中有两次交配过程是两人亲眼看见的，其余几次都被摄像机记录了下来。

“雄性琴鸟的拟声并非都是一样的，”达尔齐尔说，“它在求偶炫耀中具有不同的阶段和功能。”事实证明，它包括具有双重目的的单一结局。

她说：“很显然，进入繁殖状态后，大多数雄性琴鸟的拟声出现在其停栖的时候。这种现象被称为‘吟唱’(recital song)，因为它们是在站着不动的时候鸣唱的。”接下来，它们才开始在土堆上进行完整的歌舞表演。

但是，到了表演的最后，雄鸟们有时会做出一些奇怪的举动。当雌鸟蜷伏到土堆上，雄鸟突然从模仿鸣唱转变为模仿告警声。达尔齐尔说：“这些告警声并不是随机的。它们只模仿那些生活在地面的鸟

类（褐刺嘴莺、白眉丝刺莺、黄喉丝刺莺、绿啸冠鸫）在应对来自地面的
85 天敌时发出的告警声，例如蛇、猫或其他具有威胁性的哺乳动物。”雄鸟们模仿的不仅仅是一只鸟，而是许多不同鸟类同时发出警报的声音，就像褐刺嘴莺一样。达尔齐尔解释道：“雄鸟把各种元素组合在一起，营造出许多鸟类同时告警的假象，听起来忽远忽近。这样的拟声效果就仿佛是林中有一条蛇出现，不同鸟类的围攻警报响成了一片。”

但雄性琴鸟的周围并没有蛇，为什么它要在交配过程中做出这样的行为呢？

达尔齐尔和韦尔贝根想出了一个理论。雄性交配的时间越长，受精成功的概率就越高。为了让雌鸟待在自己的土堆上，雄鸟运用精湛的模仿技术，通过一连串的假警报，令惊恐的雌鸟一动不动，或主动留在雄鸟的炫耀场所。有些雄蛾也会这么做，它们在交配时模仿食蛾蝙蝠用超声波进行回声定位时的声音，令雌蛾无法动弹，从而提高受精的成功率。无论是琴鸟还是蛾子，雄性都对雌性布下了“感官陷阱”，通过模仿警报的声音来利用它们的恐惧反应。而雌性无法针对这种欺骗手段进化出相应的抵抗能力，因为忽视围攻警报的后果可能是致命的。通过这种方式，雄性琴鸟运用模仿天赋设置了一个鸣声骗局，误导配偶，对它说谎，操控它的生理反应。于是，当雄鸟完成交配时，雌鸟会恐惧地蜷伏在土堆上。

达尔齐尔说：“这与我们从小听到大的故事截然不同。从前，我们都以为模仿水平是健康和智力的可靠指标。”确实，这与华丽琴鸟的
86 “鸣禽之母”形象大相径庭。

工 作

第四章

食物的香气

几年前，我在日本北海道北部的森林里感受着黄昏的寒冷。研究人员把刚刚宰杀好的鱼摆到桌上，等待一只饥饿的鸟儿从黑暗的丛林深处飞出。起初，森林笼罩在一片寂静之中。随后，我们听见雄鸟发出低沉而洪亮的“嘣、嘣”声；几秒钟后，雌鸟以轻柔的“嘣”声回应。这种简单的二重唱来自濒危物种毛腿渔鸮（*Bubo blakistoni*）。它是地球上最大的猫头鹰，重达10磅，近3英尺高，翼展有6英尺，体型是美洲雕鸮的3倍。它是一个非常神秘的物种，也是黄昏时分的捕猎大师。

毛腿渔鸮通常不会到人工饭桌上享用晚餐。它必须为食物而劳作——耐心地站在河岸边，长时间保持一个姿势，用金色的双眼注视着冰冷的涟漪。当发现一条鱼的背或鳍露出浅水时，它以双腿前伸的姿势跳入水中，用锋利得可以打开罐头的爪子抓住猎物。乔纳森·斯拉特研究毛腿渔鸮已有15年之久，并在野生动物保护协会负责管理该物种的研究项目。他说，在鱼类洄游的秋天，毛腿渔鸮抓到的巨型鲑鱼大到几乎无法携带。有人曾见过一只渔鸮试图抓起一只不断挣扎 89
的大鱼。它向河岸望去，发现了一截树根；于是，它用一只爪子抓住树根，一只爪子抓着鱼，将树根作为绳子，把自己和鱼都拖到了岸上。

适用于人类的规则也适用于鸟类：它们的身体、精神状态都与食物密切相关。健康的饮食能够带来美丽鲜亮的羽毛、发育良好的神经系统和优秀的记忆力。这也就意味着个体具有更强的性吸引力、更高的发声学习和表演水平，并能更好地掌握觅食地的信息。雀形目亲鸟用大量的蜘蛛来喂养雏鸟，因为蜘蛛是氨基酸牛磺酸的丰富来源，被公认为大脑正常生长和发育的必要物质。而毛腿渔鸮则源源不断地捕捉鱼类、青蛙和七鳃鳗来喂养自己的后代。

和人类一样，鸟类也会为了一顿美餐而竭尽全力。它们能够挖出看不见的食物、撬开外壳、舍弃有毒或难吃的部分，并用特制的工具把食物从隐蔽的地方弄出来。它们也学会了处理大量的空间信息、记住食物的位置、操纵猎物，甚至通过特殊的感官来探测食物。

有些鸟类会捕捉难度极高的猎物。短趾雕（*Circaetus gallicus*）是非洲南部的一种猛禽，以爬行动物为食；它的名字听起来就像是希腊神话中的杂交物种。*当短趾雕在高空中发现猎物时，它立刻俯冲，用锋利的爪子抓住下方的蛇；紧接着，它带着不断扭动、挣扎的蛇再次飞上高空。短趾雕一边飞，一边击碎或扯下蛇的头部，将剩下的蛇身整条吞下。它的表亲褐短趾雕（*Circaetus cinereus*）同样敏捷和凶悍，并能够吃下毒蛇，例如长达9英尺的黑曼巴蛇（*Dendroaspis polylepis*）和眼镜蛇。

我从来没见过短趾雕抓到盘绕的猎物，但曾见过一只大蓝鹭（*Ardea herodias*）和一条大水蛇缠斗了将近30分钟；最终，大蓝鹭获得了胜利。

斯拉特的同事谢尔盖·苏尔马赫在毛腿渔鸮的巢边安装了一台

---

* 短趾雕的英文名为Short-toed Snake Eagle，直译为中文是“短趾蛇雕”。——译注

摄像机。这个巢位于一棵大树的树洞中。某一天，摄像机拍到一只成鸟为胖胖的雏鸟带回了一条太平洋七鳃鳗（*Entosphenus tridentatus*）。录像显示，雏鸟绕着鸟巢转了一整夜，不断发出乞食的叫声。成鸟回来时，嘴里叼着一条2英尺长、反复扑腾的七鳃鳗。斯拉特说：“雏鸟急 90
切地挪过身来，叼过食物。”随后，成鸟飞走了。接下来几分钟的画面都是雏鸟和挣扎的七鳃鳗对抗的过程。“七鳃鳗疯狂地甩动尾巴，拍打雏鸟的脸，”斯拉特说，“而雏鸟就像棘轮一样试图将其掐住。最后，年幼的猫头鹰终于吞下了食物。它安静地待了一段时间。后来，成鸟又带着一条活生生的七鳃鳗回到巢边，雏鸟后退了一小步。”

呆头伯劳（*Lanius ludovicianus*）以其流氓般的杀戮方式闻名。为了应对体型较大的猎物，例如老鼠、青蛙和鸟类，它会把食物串在小树枝或带刺的铁丝上，以备下次食用。有一次，呆头伯劳从背后袭击了一只主红雀，猎物尖叫着挣扎，却没能摆脱钳制。不到一分钟，伯劳抓着笨重的主红雀飞了起来；不过，猎物的重量令它无法高飞，只能将其拖行一小段距离。迭戈·苏斯泰塔和他的同事在2018年进行了一项研究，题为骇人的《来吧宝贝，让我扭断你的脖子》，并在其中详细地描绘了呆头伯劳的谋杀式袭击——它们用锋利的喙不断攻击受害者的头部或脖子，然后咬住其后颈，快速、猛烈地甩头，直到猎物的脖子被扭断、脊髓受损和瘫痪。其他捕食者，例如走鹃（*Geococcyx*）、蜥蜴、蛇和一些哺乳动物也会用这样的方式来摇晃猎物，但只有伯劳和鳄鱼会“扭断你的脖子”。

在匈牙利东北部，由于缺乏常规的食物来源，某个大山雀种群将目标转向了冬眠于大型石洞中的蝙蝠。大山雀们飞扑进洞；过了10分钟到15分钟，它们叼着蝙蝠落到附近的树上，从头部开始食用这些小型哺乳动物。这些袖珍的小鸟竟然是如此凶猛的捕猎者，并能在面对资源短缺的挑战时迅速转变食物的种类，着实令人震惊。不过，需求确实是创造之母。

一些鸟类还学会了解剖猎物，令一些原本有剧毒的动物也变得可供食用。有一次，我在布里斯班的郊区看到一只黑喉钟鹊在吃一只致命的海蟾蜍 (*Rhinella marina*)。这中间包含了怎样的信息呢？
91 这种新大陆的蟾蜍于1935年被引入澳大利亚，并迅速地从约克角半岛扩散到了悉尼和达尔文[*]以西的地区，给本地的捕食者带来了死亡。在短短几十年的时间里，黑喉钟鹊和其他一些聪明的物种——澳洲鸦 (*Corvus orru*)、黑鸢 (*Milvus migrans*)、斑噪钟鹊和澳洲白鹮 (*Threskiornis molucca*) ——就发现了避开蟾蜍有毒部位 (头部后侧的腺体和皮肤) 的技巧。不得不说，这种蟾蜍还是值得一搏的。它们的技巧是将蟾蜍翻过身来，从腹部向内食用。澳洲白鹮只吃它们的腿部，而黑鸢只吃舌头。

新西兰的啄羊鹦鹉能吃100多种不同的植物，其中包括一些根、茎、叶和种子都含有剧毒的种类，只有果肉可食，而啄羊鹦鹉已经学会了如何将其取出。

在吃掉蓝桉尺蛾 (*Mnesampela privata*) 的幼虫之前，鵙雀鹟 (*Falcunculus frontatus*) 会剔除它们的消化器官。这是因为这种蛾类幼虫以桉树为食，其消化道中包含了一种有毒的脂质。

秃鹫在吃臭鼬的时候也会扔掉肛门腺。

由于各种各样的原因，人们总以为秃鹫比伯劳更残忍。

我所住的街区与沃勒猪行只隔一条铁路，那里是一个古老的牲畜

* 达尔文是澳大利亚北领地的首府，位于帝汶海。——译注

拍卖场。由于地势较低，暴雨时不时地把猪圈弄得泥泞不堪，而猪就在泥浆里头打滚。20世纪40年代和50年代是牲畜市场的黄金时期。当我在90年代搬到这里的时候，周围已经是一片萧索了。偶尔会有卡车轰隆隆地驶过，车上载满了瞪着铜铃大眼的奶牛。不过，一群美洲鹫的到来令这片街区再次活跃了起来。美洲鹫们盘旋着穿过马路，笨拙地停在屋顶上；它们的头部陷入弯曲的肩膀之中，看起来弯腰驼背。到了今天，它们依然在牲畜拍卖场附近争夺地盘，就像理查德·尼克松组建的最高法院一样。黑头美洲鹫（*Coragyps atratus*）和红头美洲鹫（*Cathartes aura*）的集群到来仿佛是敲响了丧礼的鸣钟。在了解了它 92
们的粗鄙行径之后，眼前的画面显得更加悲惨：在炎热的天气里，它们冲自己的腿上排尿，以便给身体降温；受到袭击时，它们会呕出胃里的所有内容物。最可怕的是，它们会把无毛、丑陋的头部伸进尸体的伤口中，取食软组织、眼球、嘴巴和肛门。我稍微走近了一些；美洲鹫们漫不经心地缓慢抬头，拍打着翅膀起飞，重重地落在另一个屋顶上。

美洲鹫受到了许多恶评：掠夺腐肉的黑暗使者、疾病的传播者和品位极差的食客，专门吃被车撞死的动物，挑拣尸体的骨头、烂肉和皮肤。这也是我在成长过程中被灌输的印象。1835年，查尔斯·达尔文搭乘"小猎犬号"时发现了一只红头美洲鹫；他的看法也与其他人一样。他将其称为一种"恶心的鸟"，认为它们的秃头"生来就在腐败中沉沦"。

如今，我们渐渐明白，红头美洲鹫背负了太多无端的指责。事实上，那些没有任何装饰的裸露头皮是非常卫生的——不会被血淋淋的食物粘住。美洲鹫喜欢腐败烂肉的说法也是一个谎言。其实，它们更喜欢新鲜的肉，并且在生态环境中起着至关重要的服务作用，却被人们严重低估。美洲鹫能够对死去的生物进行快速、有效的清理和循环利用。

美洲鹫是大自然的清洁工。它们成群觅食，进食迅速——每只鸟每分钟能吞下超过2磅的肉——整具尸体很快就会被吃光。美洲鹫的肠道是酸性的，足以杀死霍乱和炭疽等疾病的病原体；因此，食用染病的尸体也几乎不存在传播污染的风险。老鼠、狗、郊狼（*Canis latrans*）等食用腐尸的哺乳动物或许看起来更顺眼一些，但它们就不一定能做到阻隔感染了。

十几年前，通过印度和巴基斯坦的惨痛教训，人们深刻地了解到这类食腐鸟类的消失会带来怎样的恶果。当时，大批亚洲兀鹫死于牲畜尸体中的关节炎药物，导致了狂犬病的暴发。亚洲兀鹫减少后，许多狗也开始食用动物腐尸；后来，犬科动物数量激增，致命的疾病也开始传播。

或许，美洲鹫的行走姿势略显笨拙，但它们在飞行的时候却显得超脱而美丽。虽然拥有跟白头海雕（*Haliaeetus leucocephalus*）差不多的体型，但美洲鹫双翼上扬；从下往上看，它们的飞羽几乎都是银色
93 的。即使是在风平浪静的天气里，它们也能搭乘上升热气流，快速地盘旋到令人眩晕的高度。它们几乎是一动不动地飘浮在空中，不断地倾斜身体，寻找下方的食物。

人们一度认为，这种高空盘旋的行为是红头美洲鹫通过视觉发现食物的确凿证据。接下来，我们会发现这一说法错得离谱。但在当时，这是一个合理的假设。19世纪，伟大的博物学家和艺术家约翰·詹姆斯·奥杜邦曾宣称，他证实了红头美洲鹫只靠视觉就能在高空中寻找食物。

的确，在很长一段时间里，大多数鸟类都只被人们看作“被眼睛引领的翅膀”。觅食是一种本能，也是用眼睛寻找食物的过程——无论食物是天上飞的昆虫、地上跑的啮齿动物、新鲜的动物尸体，还是富有

营养又美味的水果、坚果和浆果。

这种对视觉的偏好并不稀奇。人是一种非常看重眼睛的生物；在谈及视觉敏锐度时，我们几乎能登上动物界的榜首。一直以来，人们对鸟类觅食的研究都集中在视觉方向。这种思路不无道理。我们以为鸟类眼中的世界也和我们一样，有光线、色彩、动作，有啮齿动物的抽搐和苍蝇在尸体边盘绕的景象。

有些鸟类确实拥有非常敏锐的视觉。尽管人类的眼神已经足够锐利，但比起楔尾雕还是望尘莫及；后者的视力是我们的3倍到4倍。就分布于视网膜上的视锥细胞而言，楔尾雕的密度大于人类；这使得它的视觉敏锐度，即感知细节和对比的能力远远优于人类。在它的眼球中央，有一个特殊的深凹——一个被视锥细胞包裹的小坑——令视野中央的物体获得额外的放大倍数，就像安装了一个长焦镜头。因此，楔尾雕能在几百英尺外敏锐地发现田里的老鼠。

鸟类的色觉也比我们强。它们能看到超乎我们想象的色彩。人类的视网膜上有三种对颜色敏感的视锥细胞——蓝色、绿色和红色。而鸟类还拥有第四种——对紫外线波长敏感的视锥细胞。因此，我们
具有“三色”视觉，而大部分日行性鸟类具有“四色”视觉。有了紫外 94
线视锥细胞，鸟类可以分辨出一些我们无法区别的色调。因此，它们能够在草地、落叶或地面等均匀背景中找出高度伪装的猎物，并探测到我们看不见的东西，比如田鼠尿液的痕迹。

不只如此，鸟类所能看到的色谱范围也是人类大脑无法处理的。玛丽·卡斯韦尔·斯托达德是普林斯顿大学的生态学和进化生物学助理教授，主要研究鸟类的色觉。她说：“光谱中的一部分颜色对人类来说不可见，但对鸟类来说是可见的。然而，问题不仅仅是这样。紫外光是鸟类所能感知的众多颜色的基本组成部分。它们体验的是另外

一种维度的颜色——我们看到的所有颜色混合数量不等的紫外线。因此，它们的视觉绝不是人类的视觉加上一点紫光，而是对色彩体验的颠覆性重塑。”

我们无法了解一种颜色对于鸟类来说到底是什么样的，但斯托达德可以用分光光度计测量一个物体或表面反射的波长。测量结果能显示物体的颜色是否反射紫外光。然后，她能利用一种与鸟类视觉相关的方法来推测该物体在鸟类眼中的形象。这是她与鸟类学家理查德·普鲁姆共同开发的一款电脑程序，名为TetraColorSpace（分色空间）。

斯托达德在一次前往佛罗里达州的家庭旅行中迷上了丽彩鹀（*Passerina ciris*），这是她最喜欢的一种鸟。她说：“丽彩鹀的背部是极为耀眼的绿色。当你把分光光度计放在它的背部时，绿光的波峰出现了；这表明绿光的波长被反射，形成了我们眼中看到的颜色。同时也有一个很高的紫外线波峰，但我们完全看不到这种颜色。对一只鸟来说，丽彩鹀的背部看起来根本不是绿色，而是‘紫外光绿’。那是一种我们完全无法想象的不同颜色。”

斯托达德解释道，这有点像黑白电视和彩色电视之间的区别。“向一个只看黑白电视的人解释彩色电视是很困难的事情，”她说，“人类色觉和鸟类色觉之间的区别大概也是如此。二者之间的差距可以用
95 量子跃迁来形容。”

2019年，瑞典隆德大学的生物学家丹-埃里克·尼尔松和他的同事们公布了一台相机拍摄的照片。这些照片旨在重现鸟类眼中的环境色彩。在特殊滤镜的帮助下，相机模拟了鸟类的全部视觉光谱。人们有了一个重大的发现：对人类来说，雨林的茂密植被看起来是一个质地均一、大致为平面的绿色斑块；而对鸟类来说，雨林是一个详尽

的三维世界，由高对比度的一片片树叶所组成。我也曾试过用这样的方式去观看，从一片绿色的植被中挑出不同的叶片。然而，人类很难区分绿色的对比——这就是我们无法在雨林中找到绿园丁鸟的原因。紫外光增加了叶面顶部和底部之间的对比度；于是，叶片的三维结构(位置和方向) 就凸显了出来。这使鸟类能够更好地在植被茂密的复杂环境中觅食。

色彩、美和现实都只存在于观察者本人的眼中。

北海道的毛腿渔鸮在浅水溪流边观察鱼类激起的涟漪，但大多数猫头鹰都是靠听觉来觅食的。

2018年，我在鸟舍与一只名叫“珀西”的乌林鸮 (*Strix nebulosa*) 待了一个小时。即便田鼠和其他啮齿动物位于2英尺深的积雪下，这种猫头鹰也能在几百英尺之外听到它们挖洞的声音。在瑞典斯德哥尔摩的斯坎森露天博物馆，一位动物园管理员用一大碗解冻的老鼠把珀西引到我的胳膊上。虽然只是在动物园的鸟舍里，与乌林鸮近距离接触的体验还是令我感到不可思议。乌林鸮鸟如其名*，体型庞大，体长3英尺，翼展5英尺，但重量不及毛腿渔鸮，羽毛占据了其体重的绝大部分。因此，它尽管看似笨重，但飞行时却犹如天鹅绒一般，悄无声息。它有一个巨型脑袋和宽而平的脸庞，像灯塔的光束一样旋转着，用明亮的黄眼睛盯着我看。它眼睛周围的一圈羽毛组成了脸盘——就像耳郭或碟式天线，将声音导向特殊而复杂的听力结构。它的耳朵 96
是不对称的，左耳口的位置比右耳口更高。这种不对称的结构使得猫头鹰能够精确地判断声源的方向，并在完全黑暗的环境中定位猎物，

---

* 乌林鸮的英文名为Great Gray Owl，意为“巨大的灰色猫头鹰”。——译注

误差在1度之内，比如仓鸮 (*Tyto alba*) 就是如此。捕猎时，猫头鹰左右转动脑袋，专注地听着周围的声响。一旦发现啮齿动物发出的沙沙声，它就立刻头朝下地俯冲过去；到了最后一刻，它将腿部向前摆动，用脚抓住猎物。

乔纳森·斯拉特说，试想一下猫头鹰的捕猎环境，以及它们所面临的自然条件，我们就能理解毛腿渔鸮对视觉的依赖和乌林鸮对听觉的依赖了。乌林鸮在平坦、安静、有积雪的地方觅食；而毛腿渔鸮通常在狭窄的河道中捕食，面对的是水流湍急、布满石块的浅滩。他说："如果毛腿渔鸮的听力异常灵敏，那这种捕猎环境绝对能把它逼疯。水流的声音太响了。要在这种环境下单独分辨猎物的声音，几乎是不可能的。其实，毛腿渔鸮也有一个脸盘，但远不及乌林鸮或仓鸮的明显。后两者听力更强，能在百分之百的黑暗中捕猎。"

长期以来，科学家认为体型小于猫头鹰的鸟类不具备有利的结构适应——它们的小脑袋无法形成足够的"声影"，很难通过听觉寻找猎物。由于耳朵靠得太近，无法产生细微的双耳时差，定位声源的工作变得格外困难。然而，过去几十年的研究表明，事实并非如此。黑背钟鹊能听见金龟子幼虫在地下挖掘甬道的细微声响。当视力受限时，旅鸫也可以通过声音来寻找蚯蚓。我们可以在田野或草坪上观察旅鸫的活动：它们小跑几步，猛然一冲，把喙深深地扎进土壤里，通常都能揪出一条蚯蚓。根据科学家的记录，旅鸫捕食蚯蚓的速度可高达每小时20条。当研究人员用白噪音掩盖所有的声音时，旅鸫的成功率就下降了。

有些鸟类利用自己发出的声音在黑暗中移动，其中包括南美洲
97 热带地区的油鸱 (*Steatornis caripensis*)。1799年，欧洲科学界首次发现了这种鸟。当时，普鲁士博物学家亚历山大·冯·洪堡跟随土著

部落的成员来到一个名为卡里佩的洞穴。这个洞穴位于委内瑞拉东北部，被当地人称为“脂肪矿”。探险队沿着一条小河来到洞口。当他们被黑暗吞没后，一阵沙哑、刺耳的尖叫和咆哮声将众人包围。这种古怪、恐怖的声音在石洞的拱顶和深处不停地回荡着。洞穴里挤了几千只俗称“小恶魔”的油鸱；它们在当地的俗名是“瓜加罗”(guácharo)，意为“悲鸣与恸哭之鸟”。洪堡的向导举起火把，火光照亮了恐怖鸣声的来源。在众人上方50英尺到60英尺处的洞顶，有数千个漏斗形的鸟巢。他们在黑暗中朝上方开了几枪，打下两只鸟。随后，洪堡查看了油鸱的身体。他写道：“‘瓜加罗’的体型与鸡差不多，嘴巴像夜鹰，步态像秃鹫，弯曲的喙周围长着如丝般的坚硬毛发。”

油鸱属于单属单种。它的常用名来自其幼鸟——幼鸟在离巢前长得胖乎乎的，重量达到亲鸟的一半。它们的油脂干净无味。为此，洪堡写道：“如此纯净的脂肪能够维持一年不腐坏。”当地的土著在几个世纪前就发现了这种鸟的存在。他们收集油鸱的脂肪，给食物调味，为火把提供燃料。但他们只猎取了洞穴前方的个体，油鸱种群才得以存活至今。

油鸱是世界上唯一以植物果实为食的夜行性鸟类。白天，包含数千只个体的大型鸟群栖息在黑暗的洞穴中，不断发出诡异的惨叫。到了晚上，油鸱安静地倾巢而出，到周围的森林中寻找棕榈树和樟树的果实；它们把整个果实囫囵吞下，再把种子反刍出来。

不妨幻想一下：居住在黝黑的洞穴深处，不见天日，月光就是你一辈子见过的最明亮的光。油鸱已经拥有在黑暗中飞行的工具：它的喙周围长着特殊的长须，能够进行触觉感知，以便通过触摸来更好地探测食物和其他必需品。在世上所有的脊椎动物中，它拥有对光线最敏感的双眼，其视网膜上的视杆细胞密度极高，每平方毫米约有100万

98 个；因此，油鸱在夜色中也能借着月光觅食。但在其栖息和筑巢的漆黑洞穴里，油鸱还需要另一种超越触觉和视觉的导航系统。

现在，我们确信某些动物能通过“发出声音—接收回音”的手段在环境中探测物体。然而，当唐纳德·格里芬和他的同学罗伯特·加兰博什在20世纪40年代的一次科学会议上首次提出这个概念时，他们几乎是在哄笑声中下台的。格里芬后来写道，一位杰出的生理学家被这场关于蝙蝠的演讲震惊了。“他抓住罗伯特的肩膀拼命摇晃，严肃地问：‘你知道自己在说什么吗？！’”

科学家们花了数年时间才完全接受了格里芬所说的回声定位概念。几十年后，一份关于夜行性油鸱的报道引起了格里芬的兴趣。他对这种奇特的生物进行了实验，并发现了一个惊人的事实：在一片漆黑的房间里，被堵住耳朵的油鸱会撞上墙壁；拔掉耳塞后，它们又能轻而易举地避开障碍物了。

蝙蝠发出的超声波频率超出了人类听力的范围，而油鸱发出的嘀嗒声是我们能够听见的。这些声音被黑暗中的物体反射，在油鸱脑中形成了一幅关于周围环境的“听觉地图”。油鸱的鸣管发出声响，每秒开合5次；这与它们飞行时每秒振翅5次的频率非常接近。丹麦生物学家西格·布林克洛夫观察到，在进出洞口时，油鸱会根据整体的照明条件来调整发声的次数。她假设，“在月光不足的情况下，它们会延长发声的时间，从而产生能量更大的信号；这样，它们就能在一定的距离内接收更为清晰的回声。通过扩大回声定位系统的范围，油鸱能在光线不利的环境中觅食”。

除了触觉灵敏的胡须、光敏度极强的眼睛和回声定位的能力，油鸱还拥有强大的嗅觉器官；这表明嗅觉在其觅食过程中可能扮演着重

要的角色。 99

鸟类通过视觉、听觉和回声定位来寻找食物。那嗅觉呢？直到20世纪中期，人们还认为鸟类是闻不见气味的，更别提用鼻子觅食了。解剖学研究表明，一些鸟类具有非常大的嗅球（大脑中负责处理气味的部分），例如红头美洲鹫和油鸱便是如此。然而，人们依然怀疑，这些嗅球真的具有探测气味的功能吗？各种不完善的、相互矛盾的观察和研究导致了人们的困惑，而且造成了一种普遍的认知：鸟类并不使用它们的嗅觉器官。

在无边无际、没有任何标志物的大海上，海鸟是否会利用气味来给猎物定位呢？这是加布里埃尔·内维特决定探究的问题。但她也面临着业内人士的质疑，正如格里芬和加兰博什当年的遭遇。对于鸟类能够闻到气味的观点，许多科学家都觉得十分荒谬。事实上，内维特表示这种教条现在仍然盛行，“翻开任何一本鸟类学教科书，你或许都能看到‘鸟类缺乏灵敏的嗅觉’这一说法”。现在，内维特是加利福尼亚大学戴维斯分校感官生态实验室的负责人。通过25年的潜心工作，她有了足够的研究成果来推翻这个谬论。

其实，内维特可以将自己的遭遇归结为约翰·詹姆斯·奥杜邦的错。大约两个世纪前，这位创作鸟类插画的伟大老人播下了质疑鸟类嗅觉的种子。在1826年的一次公开演讲中，他建议人们“抛弃根深蒂固的观念”，即红头美洲鹫通过嗅觉来寻找猎物的认知。为了佐证这一论点，奥杜邦声称自己“勤奋地进行了一系列实验”。

内维特用“有趣得令人难以置信”来形容奥杜邦所做的一系列实验。她的话中显然带着一丝讽刺意味。

首先，奥杜邦在一张鹿皮中塞满了草。他把鹿皮四脚朝天地放到

100 一片开阔空地；尽管没有什么气味，但它“看起来就像是腐烂的动物尸体”。奥杜邦非常满意地说：“一只秃鹫在田野上方的高空盘旋。发现鹿皮后，它径直飞了过去，落在几码远的地方。秃鹫慢慢靠近，啄食‘尸体’的眼睛。然而，那只是用坚硬、干燥和上了色的黏土所做的假眼。”通过这一现象，奥杜邦得出结论：鸟类的视觉能力优于嗅觉。

在第二次实验中，奥杜邦把一头死猪拖进山谷，用荆棘和藤条覆盖住它，放任其在炎热的7月里腐烂了两天。他写道：“死尸开始腐烂后，很快就发出了令人作呕的恶臭。”这一次，秃鹫们在山谷上空盘旋，但没有一只靠近这具散发恶臭的尸体。不过，尽管臭气熏天，还是有几只狗吃掉了死猪的尸体。其实，这具尸体对秃鹫来说也是奇臭无比的。事实证明，秃鹫并不喜欢腐烂的肉；它们更喜欢新鲜的尸体。奥杜邦的实验就像是给鸡尾酒会的客人们端上发臭的牡蛎，然后得出他们不喜欢海鲜的结论。

实验结果是“毋庸置疑的”，奥杜邦说，“这些鸟的嗅觉能力被过分夸大了”。

至于红头美洲鹫该如何找到隐藏的食物，追随奥杜邦的观察者们不厌其烦地补充了除嗅觉以外的各种方式。例如，通过观察苍蝇或聆听它们的嗡嗡声，通过观察食腐老鼠和地松鼠往返于尸体的活动，或者通过观察拥有灵敏嗅觉的家犬。他们推测，秃鹫脑中的大嗅球不具备发现猎物的功能，其作用可能在于探测飞行所需的气流方向和性质。

幸运的是，贝齐·班的出现粉碎了奥杜邦的理论。20世纪50年代末，班是约翰斯·霍普金斯大学的科学插画师。她的丈夫是一名兽医，曾发表过关于鸟类呼吸道疾病的文章；班解剖并描绘了多种鸟类的鼻腔，为丈夫的文章制作插图。最终，她绘制了一套完整的鸟类大脑嗅觉结构图集，用图像指出某些鸟类的嗅球具有特殊的尺寸和显著性。101 正如加布里埃尔·内维特所言："班也是一名初出茅庐的博物学家和观鸟爱好者。她想：'天哪，鸟类是有嗅觉的！'但在翻阅文献后，她发现，'天哪，很多教科书都不这么说！'"

贝齐·班写道："解剖学家经常好奇地将某些鸟类的大型嗅觉器官指出来。然而，大多数关于嗅觉器官的研习课程是在嗅觉不发达的鸟类身上进行的，比如鸽子。人们似乎已经在教科书中认定，鸟类的化学感官是非常微弱或匮乏的。"

班写了一系列的论文，深刻而详细地阐述了不同鸟类在嗅觉能力方面的解剖学证据，重点研究了大脑和外周嗅觉系统。其中一幅图显示了红头美洲鹫的嗅觉系统，其巨大的鼻甲骨结构和黑头美洲鹫形成了鲜明的对比。内维特说："除了提出某些鸟类拥有灵敏的嗅觉，贝齐还提出了另一种想法——比较亲缘物种之间的嗅觉。她从一门艺术跨越到了另一门艺术，公然向权威发起挑战：'奥杜邦，你错了。鸟类是有嗅觉的。'"

10年后，鸟类学家肯尼思·施塔格证实了班的观点。他证明，红头美洲鹫确实能闻到腐肉的味道；另外，比起腐尸，它们还是更喜欢新鲜的尸体。在一次实验中，他用报纸裹住一只刚剥皮的死獾，并把尸体藏在茂密的三齿团香木（*Larrea tridentata*）中。一只单独行动的红头美洲鹫出现了；它先是逆风盘旋，再顺风盘旋，最后在灌木丛上方低空飞行。施塔格说："对该地区进行了简短的巡视之后，这只秃鹫径直朝诱饵飞去。它用喙将被报纸包住的尸体从三齿团香木中拖了出来。"

这个实验只不过是一个开始。后来，施塔格还找出了腐肉散发的能够吸引秃鹫的特殊气体。这一发现来自他和一位外场工程师的偶

然交谈。这位工程师就职于一家石油公司；他发现红头美洲鹫具有灵
102 敏的嗅觉，并利用这种鸟来检查天然气管道的泄漏。工程师们指出，如果将乙硫醇引入泄漏的管道，红头美洲鹫就会循着气味盘旋于管道上空或落在管道附近的地面。根据秃鹫的数量和活动状况，工程师就能找出管道泄漏的位置。这种硫化物是人们为了检测泄漏而加入天然气中的；事实证明，动物在死后不久也会释放出这种化学物质。通过施塔格的实验，我们知道了红头美洲鹫会被气味所吸引，而且它们可以追踪这种气味，在茂密树冠下的落叶层中找到田鼠的尸体。

2017年，红头美洲鹫的嗅觉之谜终于被揭开。科学家们重新探讨了贝齐·班的想法，并解剖了黑头美洲鹫和红头美洲鹫的大脑，对它们进行了比较。史密森学会[*]的鸟类学家加里·格雷夫斯听说美国农业部在田纳西州的纳什维尔捕杀红头美洲鹫和黑头美洲鹫，于是，他决定对这些秃鹫尸体的大脑加以利用。研究显示，红头美洲鹫的嗅球是黑头美洲鹫的4倍大，它的二尖瓣细胞数量也是后者的2倍多。二尖瓣细胞是一种特化的神经元，负责将信息从嗅觉感受器传递到大脑中相应的转译部位，使大脑能够区分出多种不同的气味，并将气味与物体联系起来。红头美洲鹫的二尖瓣细胞数量是兔子或老鼠的3倍；因此，当腐肉散发的气体分子飘散到空气中，哪怕浓度仅为十亿分之几，它也能敏锐地探测到。

红头美洲鹫闻的究竟是哪一种味道呢？科学家还无法确定。它可能是一种单一的气味（比如乙硫醇），也可能是由数百种挥发性成分所混合成的死亡气息。每一种腐烂的组织——肌肉、皮肤、脂肪等都会释放出自己的气味。我们只知道，红头美洲鹫能够在滑翔于高空时

---

* 史密森学会是美国一系列博物馆和研究机构的集合组织，其地位大致相当于其他国家的国家博物馆系统。——译注

探测飘浮在空气中的气体分子，然后追踪气味的来源，逐渐盘旋下降，直到发现目标。

红头美洲鹫是鸟类世界中的“警犬”之一。它们能力超群，仅凭气味就能在高空中找到藏于树冠之下的食物。它们也是秃鹫中最成
功的一个物种，世界上约有1 800万只红头美洲鹫在清理着新鲜的尸 103
体。但它们并不是唯一拥有灵敏嗅觉的鸟类。

从20世纪60年代开始，生理学家伯尼斯·温策尔决定探索不同鸟类的鼻子功能。内维特说：“伯尼斯是这个领域的权威人士。在当时，她采用了与哺乳动物研究相同的先进技术来研究鸟类的嗅觉，从而闻名业界。她测试了一系列的类群，以证明鸟类的鼻子不仅在解剖学上是发达的，也是具备功能性的。她的工作在很大程度上补全了贝齐·班的解剖学研究。”

温策尔发现，她检测的每一种鸟类都能闻到气味——鸽子、鹌鹑、蜂鸟、旅鸫，甚至是家朱雀（*Haemorhous mexicanus*）和紫翅椋鸟。事实证明，到了繁殖的季节，紫翅椋鸟会利用气味来区分植物的种类，选择富含挥发性化合物的新鲜绿色植物来筑巢，例如蓍（*Achillea millefolium*）。寄生虫和病原体会随着鸟巢的反复使用而增加；而这种草本型芳香植物可以作为一种熏剂，保护雏鸟免受疾病的侵害。有趣的是，紫翅椋鸟只有在求偶和筑巢期间才能区分蓍和其他植物的气味。响蜜䴕利用气味搜寻蜂巢。在中国台湾，养蜂人会制作富含花粉的营养团，为他们的蜜蜂提供辅助食物；而当地的一种猛禽——凤头蜂鹰（*Pernis ptilorhynchus*）可以通过气味找到这些花粉团。新西兰的几维鸟是唯一一种鼻子长在喙尖而非底部的鸟类，它用鼻子挖掘地下的蠕虫、无脊椎动物和种子。海鹦（*Fratercula*）的嗅觉非常灵敏，它们仅凭气味就能找到500英里之外的群栖地。家朱雀可以通过嗅觉来发

现捕食者，甚至连鸭子也有发达的嗅觉系统。事实上，各种类型的鸟
都能利用嗅觉来导航、定位洞穴和鸟巢、在求偶期间探测化学信号、选
择配偶、躲避捕食者和寻找食物。但加布里埃尔·内维特发现，凭借嗅
104 觉称霸的红头美洲鹫在鸟类世界中只有一群真正的对手。

内维特被鸟类的嗅觉迷住了。我们是在加拿大温哥华的一场学术会议上认识的；当时有2 000名鸟类学家到场，其中许多人仍然对鸟类嗅觉抱着老教科书上的观点。内维特上台后，他们的旧思维就飞出了窗外。内维特在西雅图的华盛顿大学开始了研究鲑鱼的职业生涯，并着重于该类群的嗅觉能力——鲑鱼能够通过追踪气味回到它们出生的产卵地。不过，鸟类一直都是她的最爱。

“许多研究鸟类的同事都沉浸在野外，因为他们从小就开始观察野生鸟类了。但对于我来说，嗅觉才是鸟类的迷人之处，”她说，“我的妈妈非常喜欢鸟，家里有很多温顺的鸟类玩伴。我们养了一只鹦鹉和一只八哥，房前屋后还有很多鸡。”身边的鸟类给予了内维特许多从书本上学不到的知识，包括它们的感官和行为。“我们家的鹦鹉对食物十分挑剔，它会计较吐司的类型，以及我们在吐司上涂的是真黄油还是人造黄油。就像很多小女孩总是抱着洋娃娃一样，我常把一只宠物矮脚鸡带在身边。所以，我记得它的鸡冠底部有一股香味，颈部的羽毛闻起来就像李树或青草，有时也像桉树。那时的我对化学一无所知，但我认为它的羽毛携带了周围环境的气味；因此，我总能分辨出它去过哪里。除了耳垂，八哥的身上有一股尘土的味道。它呼出的气闻起来就像水果或狗食，这取决于它所吃的食物。与各种鸟类宠物的亲密接触令我产生了独特的见解，也是我成长过程中不可取代的特殊经历。”

现在，内维特依然养了好几种鸟，包括鸸鹋和孔雀。她说：“几年

前，我们搬到了乡下；饲养鸸鹋就是其中的一个原因。鸸鹋位于鸟类进化树的基部，并拥有很大的嗅球。因此，我想对它们进行研究，但校园里没有足够的空间。最初，它们还只是一窝幼鸟；然而，它们现在长成了人见人爱的宠物，反而不像是科学研究的对象了。”从那以后，
内维特还养了火鸡、孔雀和不同种类的家鸡。她说：“鹅为我们看家护 105
院，它们的嗅觉也十分灵敏。”

内维特的研究方向从鲑鱼转向了海鸟。海鸟被人们称为“空中之鱼”——它们在海上游荡，只有在繁殖期间才会来到陆地——这似乎是一个自然规律。但内维特的研究遭到了尖锐的质疑，她说：“没想到的是，我被毫不留情地嘲笑了。人们都说我疯了，说我的研究永远得不到资助。”尽管如此，她还是坚持了下来，把自己的天赋投入到鹱形目（又称管鼻目）海鸟中——信天翁、海燕和鹱。这些鸟的羽毛上弥漫着浓烈的麝香气味。它们之所以被称为“管鼻目”，是因为它们粗壮的上喙具有细长的管道或鼻孔结构，使它们能够在饮用海水时剔除盐分。内维特发现，它们的鼻孔还有另一个同样重要的作用。

科学家们知道，鹱形目拥有很多奇特的嗅觉器官。伯尼斯·温策尔等人所做的对比研究详细地展示了鸟类大脑的构造：嗅觉组织在海鸟大脑中占37%，而在典型的鸣禽大脑中只占3%。除此之外，某些海鸟的二尖瓣细胞数量是老鼠的2倍到6倍。

然而，在内维特出现之前，没有人深入探索过海鸟是如何利用这个精密的“管鼻”在海上追踪猎物的。这些鸟在无边无际的海上漫游，飞越遥不可及的距离，搜寻不断移动的小群猎物——磷虾、鱼类和漂浮在海面的死乌贼。对于信天翁来说，觅食一次就要飞行几千千米的路程。内维特说：“在鹱形目中，许多种类都会在飞行时遭遇黑暗、大雾或极端云层的干扰。‘大海捞针’正是它们的日常生存状态。”

它们该怎么办呢？

海鸟能通过各种有气味的化学物质找到猎物——尤其是二甲基硫（又称DMS），这是磷虾吞食浮游植物时产生的一种化合物。在过
106 去的20年里，内维特剖析了海鸟探测微量化学物质的惊人能力。

对于我们的鼻子来说，二甲基硫是大海或半扇贝壳上的牡蛎所散发的咸味和硫黄味。但对海鸟来说，那就是食物的气味。内维特说："吸引鸟类的往往不是猎物本身的气味，而是后者在进食过程中释放的气味，比如二甲基硫。"这一说法委婉地表达了捕食者对猎物的蹂躏。换句话说，"捕食者往往是邋遢的食客，而鹱形目海鸟已经适应了这一现象；它们的关注点在于物种间的捕食过程"。

对二甲基硫的敏感性也解释了海鸟食用塑料和其他垃圾的行为。塑料杂物释放出化学气体，令垃圾闻起来就像食物，为海鸟制造了一种嗅觉陷阱。

人们或许认为，海鸟沿着气味的浓度梯度向臭味集中的区域移动，通过嗅觉系统找到食物。然而，海洋上的气流并非整齐有序，而是波涛汹涌、变化无常的。食物的气味更像是香烟的烟气，在海面上盘绕、飘浮。为了与这些飘忽的气味接触，海鸟在逆风中呈"之"字形飞行。这一典型特征也能在猎犬、鱼类和其他利用嗅觉觅食的生物身上找到。

暴风海燕（*Hydrobates pelagicus*）尤其擅长这种策略。它们能在很远的距离外探测到这种化学物质，并根据风向来回追踪，不断地嗅探空气，直到锁定目标。一些更依赖于视觉信号的海鸟会跟在暴风海燕的身后觅食。海燕本身携带一种类似于鼬的气味，这能帮助它们在海上找到自己的父母或配偶。鸟类学家爱德华·豪·福布什将暴风海燕称为"奇特、怪诞的鸟类"。他表示，这种鸟的习性非常古怪，"自古

以来，水手们一直迷信地认为，这些小鸟是暴风雨和沉船的预兆”。它们在黑暗的洞穴中长大，而洞穴中最主要的感官体验就是嗅觉。因此，它们对化学信号更为敏感。海燕在洞穴内筑巢，内维特发现，尚在巢中的雏鸟就能学会识别与猎物相关的气味。这些雏鸟能够辨别出微量浓度的二甲基硫和氨（多数海洋生物的尿液副产物）——其气味敏感度比过往鸟类研究中的数据高出了100万倍。研究人员只需释放极为微量的气体分子，白腰叉尾海燕的雏鸟就会大幅度转动头部，同时发出刺耳的声音，冲着气味来源做出快速的撕咬动作。 107

当内维特第一次看到横跨海洋的二甲基硫分布图时，她注意到了一些特别的东西。这些飘忽的气体似乎覆盖了一些特定的区域，例如海洋锋、海底山和其他上升流区；那也是浮游植物和磷虾聚集的地带。不同于人类，在海鸟眼中，海洋并不是一片毫无特色的广阔水域，而是一片由旋涡状气流组成的复杂地貌。气体的分布反映了海洋地理的特征，以及可预见的浮游植物积聚的物理过程。内维特说：“我们推测，随着时间的推移，海鸟会根据经验建立一幅嗅觉地图，引导自己前往猎物的适宜分布区。”

这一研究成果让我们有了全新的世界观：海鸟是在海上追寻气味的“猎犬”。那么，地球本身又何尝不是呢？大地上方的空气就像看不见的风景，充满了难以捉摸、不断流转的微妙特征。那些比人类更善于感知的生物就在这样的风景中从容地生活着。

这里还有一段后记：我们已知美洲燕（*Petrochelidon pyrrhonota*）的群栖地就和蜂群一样，是觅食信息的集散中心。为了喂养雏鸟，亲鸟们不得不在觅食地和鸟巢间来回穿梭。那些觅食受挫的个体就会跟在成功的亲鸟身后。如今，我们也知道海鸟会彼此分享最佳的觅食地，提供并不断更新食物的位置信息，尤其是在猎物稀少或难以预测的时期。发现捕获猎物的同种个体后，鹗迅速飞往该个体捕食的方向，以缩短自己的捕猎时间。崖海鸦 (*Uria aalge*) 幼鸟停留在离巢1千米左右的海面上，等待捕鱼成功的亲鸟回来喂食。它们的食物不均匀地分布在海上，且不断移动。科学家表示，这片等待喂食的区域起到了“信息交流圈”的作用；在那里，缺乏经验的个体能够获得食物位置的相关信息。

108 不过，还有一个令人咂舌的案例：群栖于秘鲁海岸的南美鸬鹚 (*Leucocarbo bougainvillii*) 形成了一个漂浮于水上的鸟群。它们在一天中不断变换方向，以指示猎物的位置。在前往觅食地之前，每只离开群栖地的鸬鹚都会先加入“浮标”，获得指示。

这真是太不可思议了：为了觅食，鸟类创造出了一个现实版的活
109 体指南针。

第五章

趁手的工具

对于海鸟来说，食物总是分散在无边无际的大海上。但对于其他鸟类来说，食物来源也往往是不稳定、零星分布又稍纵即逝的。因此，鸟类不仅进化出了不对称的耳朵和发达的嗅觉系统，还进化出了非常聪明的策略来获取难以得到的食物、解决棘手的问题和使用工具——或许也包括人类最典型的食物工具之一。

全世界的鹭类都学会了使用诱饵。它们小心翼翼地把树叶和昆虫尸体放在水面上，以便引诱鱼类。生活在公园里的斑鱼狗（*Ceryle rudis*）、夜鹭（*Nycticorax nycticorax*）和美洲绿鹭（*Butorides virescens*）都知道，人们扔给鸭子和鹅的面包也会引来小鱼。它们叼起地上的面包屑，将其扔到水面，如老僧入定般耐心地等待猎物上钩。当小鱼游过来咬面包屑时，它们猛扑而下，将又长又尖的喙扎入水中，捉住猎物。

有些鸟类会把包裹在贝壳或其他坚硬外壳里的食物扔在马路上，利用汽车将其碾碎。海鸥扔下蛤蜊，乌鸦和渡鸦则投下坚果。最引人瞩目的要属胡兀鹫（*Gypaetus barbatus*）；这是一种跟红头美洲鹫一样的食腐鸟类，但它们吃的是骨头而不是肉。小块的骨头被它们直接吞下；大块的股骨和尺骨则被带到空中，从几百英尺的高度摔到突出的岩石上，从而在冲击力的作用下裂开，露出鲜美的骨髓。每只胡兀鹫

111 都有最喜欢的“备餐”地点，它被称为“骨瓮”。传说中，这种体型巨大而又美丽的猛禽杀死了古希腊悲剧诗人埃斯库罗斯。胡兀鹫误以为他的光头是一块石头，将一只乌龟砸在了他头上。

在新南威尔士州的一条小溪边，人们看到白翅澳鸦在泥地里埋头苦干，挖掘几英寸深的泥下的贻贝，然后用一只空的贻贝壳作为工具，撬开另一只较为坚硬的贻贝。它们令空贝壳的尖端朝下，不断击打闭合的贻贝，直到其裂开为止。在夏威夷群岛的西北边，有人曾见过太平洋杓鹬（*Numenius tahitiensis*）用锋利的珊瑚碎片敲击信天翁的大型鸟卵。在厚厚的壳上敲出一个洞后，它们将长喙伸入其中吸食蛋液。在堪培拉的植物园，两名护林员曾看到几只杂色澳䴓（*Daphoenositta chrysoptera*）叼着小树枝，将其伸进桉树的树洞里，将里头的小虫子拨出来。褐头䴓（*Sitta pusilla*）也有类似的行为；它们利用长叶松（*Pinus palustris*）的树皮来撬开松动的树皮鳞屑，以吃掉下面的食物。得克萨斯州南部的观鸟者发现，绿蓝鸦（*Cyanocorax luxuosus*）在干燥的灌木丛中利用小树枝来取食树皮缝隙里的昆虫。

有些鸟类甚至会自己制作工具；这种行为在动物界非常罕见。加拉帕戈斯群岛的拟䴕树雀（*Camarhynchus pallidus*）就是其中之一。它们会选择并加工不同长度的仙人掌刺，将其戳入树洞中，把自身够不到的昆虫扯出来。有时，它们还会带着最喜欢的小刺在不同的树之间觅食。戈氏凤头鹦鹉能在实验室中极为聪明地发明和操作工具，但到目前为止，同样的行为还未在野外发现过。不过，戈氏凤头鹦鹉的家乡——印度尼西亚的塔宁巴尔群岛即将建成一个新的研究所，这或许能为该物种的行为研究带来新的进展。已经野外灭绝的夏威夷乌鸦（*Corvus hawaiiensis*）能在圈养条件下灵巧地使用工具。它们熟练地用木棍挑出洞里的食物；如果木棍不够趁手，它们还能对其进行加工。

科学家们怀疑，夏威夷乌鸦也曾在野外熟练地使用工具。

我曾在《鸟类的天赋》一书中提到过，鸟类中最著名的工具使用者是新喀鸦（*Corvus moneduloides*）。这种乌鸦能够自行制造并保存高度复杂的工具。除了人类之外，它是唯一一种会制造和使用钩子的生 112
物。新喀鸦利用一根末端带有钩子的小棍，取食树洞、植被缝隙和角落里的昆虫幼体或其他无脊椎动物。它们还能用露兜树（*Pandanus*）的叶子制作非常精致的钩状工具。露兜树的叶子边缘具有细小的倒钩，新喀鸦就利用这些倒钩来挑出昆虫。制作这些工具需要很多复杂的步骤。它们有条不紊地对叶子进行切割和裁剪，然后将精心制作好的部分从叶子上分离出来。这一现象表明，在新喀鸦真正动手制作之前，它们的脑海中就已经有工具的设计图了。

2018年，新喀鸦向我们展示了鸟类也可以通过结合2种或2种以上的元素来创造工具——这种技能目前只在人类和类人猿身上出现过。在这项实验中，研究人员在新喀里多尼亚的野外捕捉了8只新喀鸦，并把它们带到了牛津大学的一个研究所。他们给新喀鸦提供了一个陌生的机关盒；盒子底部有一个狭窄的开口槽，里头是一个装着食物的小容器。研究人员给了新喀鸦一根长长的木棍。它们很快就把木棍插进盒子的凹槽中，把食物从盒子侧面的窗口推了出去。然后，研究人员又给了新喀鸦一些较短的木棍，令其无法够到盒子里的食物。这些棍子有些是中空的，有些是实心的，并且直径不同；因此，新喀鸦可以把它们拼装在一起。

在没有任何训练和指导的前提下，4只新喀鸦在5分钟内就拼接出长度适宜的组合木棍，取出了机关盒里的食物。新喀鸦用3到4个元件组成了一个新的工具——这是人们首次发现非人类动物也能利用2种以上的元素来制造复合工具。这确实是一个了不起的成就。孩子们至少要到5岁才能制作这种多部件的工具。

新喀鸦使用工具的能力再次推翻了我们对鸟类智力极限的假设。研究人员于2019年发现，在使用工具解决问题时，这些鸟能够提前规划数个步骤，就像象棋选手一样。实验表明，在看不见工具的时候，新
113 喀鸦也可以记住它们的类型和位置，同时计划一系列的使用过程。“预先计划”是精神层面的反复试验，也是人类预见能力的一个关键组成部分——在开始执行之前就完成了心理规划的能力。

为什么说使用工具这一能力是非常重要的呢？因为它在动物界是独一无二的，正如鸟类学家亚历山大·斯库奇所说：“正是这种稀缺性凸显了它的教育意义。这是鸟类在日常活动中解决问题或寻求生存之道的重要证据。”

有人说，在学会使用火作为烹饪工具后，我们才成为真正的人类。据说，这种做法将人类大脑的处理能力提高了2倍。那么，鸟类也有类似的觅食工具吗？

我曾经搭乘一架直升机盘旋于俄克拉何马州上空，俯视着下方的草原保护区。大自然保护协会的土地管理员有意焚烧大片草原，以保护地球上面积最大的高草草原群落。在一片枯死的植被和东北强风的帮助下，草原燃烧得飞快。空气几乎因热气而沸腾。草原上的草——高须芒草（*Andropogon gerardi*）、柳枝稷（*Panicum virgatum*）和蓝刚草（*Sorghastrum nutans*）——在周期性的春季焚烧中茁壮成长。

很显然，远处的猛禽发现了草原上方的烟雾，立刻循着火光飞来。当时的场面惊心动魄。许多昆虫、小型地栖鸟类、蛇和老鼠都被浓烟与火焰驱赶出来。贪婪而凶猛的斯氏鵟（*Buteo swainsoni*）和红尾鵟在大火上空盘旋翱翔，不时地俯冲到火线前方捕捉猎物。为获悉被火

灾吸引的猛禽数量，研究人员统计了25场发生于高草草原的大火，发现了9个不同种类的500多只猛禽——是该地区没有发生火灾时的7倍。

猛禽在火灾中捕猎的现象出现于世界各地，包括澳大利亚、加纳、巴西、巴拿马、洪都拉斯和巴布亚新几内亚的草原与热带稀树草原。它们在大火中轻而易举地捕捉四处逃窜的猎物。人们甚至为此创造 114
了一个新的词语——火灾肉食性。大火就像一台搅拌机，将各种生物赶出灌木丛。在南非的热带稀树草原，黄爪隼（*Falco naumanni*）和暗棕鵟（*Buteo rufofuscus*）在野火周围盘旋，捕食被火焰灼伤、驱赶或烧死的小型哺乳动物和爬行动物。在得克萨斯州的草原上，人们可以看到迁徙经过的密西西比灰鸢（*Ictinia mississippiensis*）尽情享用着被夏季火灾驱赶而出的虫群。

利用已经开始燃烧的大火是一回事，而自己纵火就是另外一回事了。但在澳大利亚北部，至少有三种猛禽会做出这样的行为。与世上的其他猛禽一样，黑鸢、褐隼（*Falco berigora*）和啸鸢在发生丛林大火的区域捕猎；它们被统称为“火鹰”。不过，曾有目击者发现这三种鸟做出了一些不同寻常的举动：飞进熊熊燃烧的大火中，叼起阴燃的树枝，然后把它们扔到没有起火的灌丛和草地上，将火灾蔓延到新的区域，这大概是为了赶出更多的猎物。

用燃烧的树枝来蔓延火灾确实是一种颇具意义的觅食策略。野火会引来许多猛禽，而逃出大火的猎物是有限的，从而引发了激烈的竞争。因此，到别的地方点燃一场新的大火或许能获得更多食物，毕竟它是第一只到达现场的捕食者。如果这种觅食行为真的存在，那么人类与其他动物之间的鸿沟就又少了一条。一直以来，我们都认为火的传播是把人类与其他生物区分开来的一条明显分界线。马克·邦塔是一名地理学家和民族鸟类学家，他表示："这一现象触及了人类神话的核心：是什么将人类从大自然中分离出来？是什么让我们变成高级动物？我们将火视为只有人类才能使用的天赐之物。"

关于澳大利亚的黑鸢、啸鸢和褐隼传播大火的行为，目前还没有明确的图像证据。但是，这种行为在北领地、西澳大利亚州和昆士兰州北部的土著居民中是广为人知的，也为具有悠久历史的传统土著
115 文化提供了佐证。30年前，澳大利亚鸟类学家兼律师鲍勃·戈斯福德搬到北领地。当他读到瓦普尔丹娅·菲利普·罗伯茨在20世纪60年代出版的书籍《我是澳大利亚土著》时，其中一段叙述激发了他的好奇心：

"我曾见过一只鹰用爪子抓起一根冒着烟的树枝，将其扔到半英里外的一片干草丛中。然后，它和它的同伴们一起等待着受到惊吓、被火烧伤的啮齿动物和爬行动物疯狂逃窜。当这片区域被烧完后，它们又会到新的地方重复这种行为。我们将这种火称为'贾鲁兰'(Jarulan)。"

瓦普尔丹娅的描述令戈斯福德深深着迷。他也曾在大火中见过这种鸟——黑鸢与啸鸢在火焰中俯冲和滑翔，在灼热的上升气流中飞舞。在北领地，丛林火灾往往是迅猛且快速蔓延的，尤其是在旱季的后期。这里的山上长满了鬣刺、水牛草(*Cenchrus ciliaris*)、香茅(*Cymbopogon*)和小花桉(*Eucalyptus racemosa*)；偶尔会有一棵高大的桉树，或者林下长满了三芒草(*Aristida*)的桉树林。到处都是野火的燃料。戈斯福德说："一场持久的大型火灾会引来数千只黑鸢。黑鸢和啸鸢都会直接冲向火势最旺的地方，离灼热的火焰中心只有若干厘米远。我目不转睛地看着这些猛禽在大火中觅食——一大群小鸟、昆虫、蜥蜴和蛇从大火的底部逃出来，而猛禽继续跟在它们身后穷追

不舍。”

从2010年开始，戈斯福德和邦塔展开联合工作，探究澳大利亚的鸟类是否真的会引发火灾。邦塔最感兴趣的事莫过于探索热带稀树草原和其他曾被烧毁的环境；如今，这些地方已经适应了火灾的发生。那么，世界上存在如此大面积的“嗜火”地貌，其中有哪些潜在的因果联系呢？光凭雷击这一点是不足以说明问题的。一直以来，地理学家和其他学者都认为人类是“嗜火”地貌产生和持续存在的主要原因。不过，在这些环境的进化过程中，鸟类是否也扮演了某种角色呢？

在消防员内森·弗格森和博物学家迪克·欧森的帮助下，戈斯福 116
德和邦塔开始收集相关的目击报告，尤其是黑鸢和褐隼用燃枝纵火的现象。由于丛林中经常发生野火，居住在这里的原住民、非土著消防员和护林员都提供了大量描述。戈斯福德收集了20份行为报告；这些记录来自12位富有火灾经验的牧场主和消防员，以及2位学者。

弗格森在北领地与丛林大火搏斗了几十年，他说自己曾见过十几次猛禽纵火的行为。2018年，在戈斯福德和邦塔的访谈中，他回忆了第一次看到这种现象时的场景——那是2001年，他正试图阻止大火蔓延至达尔文郊区的一座无线电发射台。他的消防队刚刚完成“阻断性燃烧”(back-burn off) 的指令，认为该地区的火势已经受到控制，周边地区的安全得以保证。

弗格森讲道：“天空中出现了密密麻麻的黑鸢。我们看着这些猛禽突然俯冲下来；等到回过神时，我们的身后已经起火了。所有的条件都是刚刚好——炎热的天气、呼啸的风，空气干燥得就像巫婆的手掌。大火犹如火箭般猛然升腾了起来。”

在澳大利亚西部的一条河流西岸，一位养牛场和农场的经理描述了某天下午在河流东岸发生的丛林大火。他说，那是一场大规模的火

灾，强劲的东风把大火引向了河边。当时，他正在寻找被大风吹过河
117 的火星，以便及早扑灭零星的小火。他回忆道：“当大火在对面的东岸燃烧时，我突然注意到有几只黑鸢从火焰背后俯冲下来，抓着冒烟的小树枝飞到我身边，并把树枝扔在了岸边的水牛草丛里。”很快，河流西岸也燃起了许多小火，超出了他的控制范围；火势开始蔓延。“一旦大火肆虐……这些黑鸢（数百只）就犹如狂欢般地开始捕食。”

并不是所有在澳大利亚的大火中觅食的鸟类都知道如何引起火灾。有一次，迪克·欧森正在阻止野火越过公路；他看见25只啸鸢在快要熄灭的火焰边缘觅食。其中，只有2只啸鸢抓起冒烟的树枝，把它们扔到了路边还未起火的地方，点燃了公路对面的草丛。欧森说，他扑灭了这2只啸鸢引发的7场小火。邦塔表示，这种行为似乎只在特定的条件下才会发生，“而且可能只有特定的个体或群体才知道何时与如何纵火”。

怀疑论者认为纵火行为仅仅是偶然的。更有可能的是，这些猛禽只是在捕食猎物的时候不小心抓住了着火的树枝。

现场的观察者则对此表示怀疑。黑鸢选择性地抓起了燃烧的树枝，并将它们转移到尚未起火的地方——河流、公路或消防员搭建的人工障碍物的另一头。弗格森说：“这些猛禽对周围发生的一切了如指掌，并且胸怀谋略。它们知道自己在做什么。”

一些反对者提出，世界上其他任何地方都没有关于猛禽蓄意纵火的报道。但戈斯福德说，或许，只是人们还没有注意到这种行为罢了。也可能是没有人试着询问其他地区的居民是否见过这种现象。再或许，只有澳大利亚的猛禽学会了这种技巧，并通过社会学习把它在本地的种群中传播开来。

研究表明，鸟类可以在群体中挑选新颖的觅食策略，并使其在社 118
交网络中传播，最终把这些新方法变成固定的行为模式。20世纪20年代，不列颠群岛首次记录了这种文化学习的典型案例：一群大山雀发现，只要撕开人们留在台阶上的牛奶瓶的箔盖，就能轻松地享用到凝结在瓶口的鲜美乳脂。它们不愧是一种善于解决问题的鸟类。这一策略始于斯韦思林镇上的大山雀，但很快就大范围地传播开来。不久以后，整个英国的大山雀都盯上了人类家门口的牛奶瓶。

科学家在2014年和2015年进行了几项创新型实验，旨在重现大山雀"开奶瓶"的场景，以证实鸟类中存在新行为的文化传播现象。认知生态学家露西·阿普林在两个野生大山雀种群中分别训练了几只"演示个体"，让它们运用两种不同的方式来解开同一个装有食物的机关盒。当阿普林对野外个体进行测试时，她发现这两个种群的绝大多数个体都从少数"演示个体"那里学到了打开机关的具体方法。

在阿根廷，瓦尔德斯半岛的黑背鸥（*Larus dominicanus*）发现了一种觅食的新方法，并让它在当地种群中传播。20世纪70年代，它们开始以南露脊鲸（*Eubalaena australis*）背部的皮肤和鲸油为食——这对鲸鱼来说是一件可怕的事情，但它们的皮肤和鲸油显然是黑背鸥的重要食物来源。在接下来的30年里，航测照片显示黑背鸥袭击鲸鱼的次数急剧攀升：背部有损伤的鲸鱼从2%增加到了99%，表明这种新的觅食行为已经在整个黑背鸥种群中被学习和传播了。

在向其他个体学习的过程中，鸟类能够快速获得有关觅食策略的可靠信息，无须进行反复的试错。

邦塔曾听闻一个古老的传说——在佛罗里达州、得克萨斯州和尼加拉瓜，巨隼也能让火灾蔓延。如果这个传闻是真实的，那么巨隼种群中或许也曾经存在一种后天习得的技能，但它已经失传数代了。

邦塔说："作为一种习得行为，其包含的知识很容易在鸟类种群中消
119 失。"他还指出，鸟类在野外使用工具的案例也是花了很长时间才得以验证的。为了证实和理解"纵火"这样的罕见行为，研究人员需要在艰难的环境中长时间跟踪"火灾肉食性"的鸟群。正如邦塔所说，"珍·古道尔和戴安·弗西都与自己的研究对象在一起生活了很长时间。她们从中发现了前所未有的行为现象，改变了人们对猿类社会的认知"。此外，他还表示，"许多已经被科学界认可的工具使用行为还没有影像记录。一些具有资历的鸟类观察者也只是单纯地注意到这些行为，然后将其发表"。

鸟类学和火灾生态学领域的一些怀疑论者已经改变了自己的看法，但许多科学家依然持保守态度。"'人类才能使用火'的观念深深根植于西方人的头脑之中，"邦塔说，"这种偏见令人们难以认真看待澳大利亚土著在4万多年来累积的自然知识。北领地和澳大利亚北部其他地区的各个族群都坚持认为，鸟类的纵火行为是真实存在的。"

目前，戈斯福德和邦塔正在探究"纵火"行为和环境条件之间的关系。他们怀疑，由于雨季的天然火灾较少，鸟类的纵火行为更有可能发生。这表明，鸟类在澳大利亚日益频繁和严重的丛林大火中可能并没有起到推波助澜的作用。邦塔说："如果草丛十分茂密、没有发生火灾或者发生火灾的区域很小，鸟类可能会点燃新的火灾或将已有的火灾蔓延开来。它们甚至还会利用厨房的灶火，比如抓着余烬丢到附近的田野上——我们手头就有几份相关的报告，这种现象在当地是众所周知的。"

如果传播火灾的行为真实存在，那它或许可以证明这些猛禽具备高度复杂的认知水平——它们能够准确把握两个步骤的顺序和因果

关系：首先，丢下阴燃的树枝会点燃一个新的区域；其次，由此产生的
火灾能将猎物驱赶出来。此外，如果黑鸢和褐隼学会了通过操控火来 120
捕猎，那它们将是我们所知的第一种以火为工具的非人类动物，足以推翻一些陈旧的、根深蒂固的“正统思想”——人类是唯一能够传播火焰的生物，对火的掌控在很大程度上令人类成了征服自然的高等动物。但邦塔表示，这一现象也为我们提供了逆向的思路，“人类、鸟类和火很可能是在某种互惠关系中协同进化而来的——或许人类使用火的想法最初也是源于对鸟类行为的观察。澳大利亚和世界其他地区的土著居民中流传着大量与火有关的神话故事；这些传说告诉我们，鸟类才是最早的‘引火者’”。

我很喜欢这个想法：一只飞鸟抓着燃烧的树枝，焚毁了普罗米修
斯式的关于人类独特性和生态主宰地位的古老观点。 121

第六章

跟随蚂蚁的脚步

哥斯达黎加的热带雨林是另一个奇妙的世界。在这里，有些聪明的新热带鸟类发现了另一种寻找猎物的有效工具。它或许不如火焰耀眼，但具有相似的效果，并且需要同样的智谋。不同于对某一种元素的把握，这种觅食手段利用的是另一种动物的行为。

你经常会先听到一种声音。它就像是雨滴落在干枯落叶上时发出的噼里啪啦声。有时，它像苍蝇发出的高频率嗡鸣，以及嘈杂喧闹的叽叽喳喳声、呼噜声、咆哮声、嘶嘶声、唠叨声和尖叫声。

过了一会儿，你才明白这一切混乱噪声的来源。成千上万的行军蚁在森林的地面上密密麻麻地挤成扇形，宛如沸腾了一般。当危险接近时，这种声音变得越发吵闹。“你可以听到那些小型动物逃跑的声音——慌乱的蟑螂、螽斯、蟋蟀、蝎子和体型较大的昆虫纷纷跑着、跳着或者飞出来，躲避行军蚁的攻击，”生物学家肖恩·奥唐奈说，“就像是逃离野火的动物们。”

这种蚂蚁名为鬼针游蚁（*Eciton burchellii*），是哥斯达黎加新热带 123
森林中的“迷你雄狮”。它们长着有力的钳颚，是凶猛的食肉动物；其所过之处的节肢动物都会被杀个片甲不留。它们正从一个被称为“营地”(bivouac)的大型临时巢穴中涌出。这种巢穴由蚂蚁本身的躯体和四肢相互连接而成，为蚁后和幼虫创造了一个巨大、可迅速移动、能调节温度的栖身之地。

鬼针游蚁涌出营地，迅速占领丛林的地面，覆盖了每一个角落和缝隙。它们野蛮而无情，爬到树上攻击胡蜂的蜂巢，制服并肢解大型昆虫，叮咬、蜇伤蛇和其他脊椎动物，甚至压倒了毒性最强的蝎子。在这种“出征”行动中，鬼针游蚁每天要吃掉多达3万具尸体；这些尸体被排成辫子形状的工蚁搬回营地，成为6万到12万只幼虫的盘中餐。

“为了保持营地的完整性，蚁群只会派遣小部分工蚁外出觅食，”奥唐奈说，“不过，行军蚁的出征也可以是非常壮观的。源源不断的工蚁组成了一条15英尺到30英尺宽的‘地毯’，以每小时约15码的速度穿过森林。”

新热带鸟类循着鬼针游蚁的行军路线而来，不断发出叽叽喳喳的鸣叫。随着行军蚁的前进，一大群昆虫试图飞起、逃跑、跳跃到附近的灌丛中，或者爬上小树的枝干；这些惊慌失措、抖如筛糠的昆虫为鸟类奉上了一场盛宴。

为了满足日常的觅食需求，大量不同种类的鸟儿都参与到鬼针游蚁的出征行动中——在某个特定地区的记录中高达100种。其中，一些生活在雨林的鸟类高度依赖这种觅食方式，并善于发现和跟踪蚂蚁。于是，它们也由此得名，例如眼斑蚁鸟、双色蚁鸟(*Gymnopithys bicolor*)和点斑蚁鸟(*Hylophylax naevioides*)。除此之外，还有一些特定种类的䴕雀，如纯褐䴕雀(*Dendrocincla fuliginosa*)和北斑䴕雀(*Dendrocolaptes sanctithomae*)；它们和蚁鸟的大部分或全部食物都来自鬼针游蚁的行军。许多奉行机会主义的鸟类也经常出没于行军蚁的觅食活动中，其中包括许多其他种类的居留型蚁鸟，如栗背蚁鸥

(*Thamnophilus palliatus*)，还有䳍(*Tinamus*)、唐纳雀(*Chlorospingus*)和翠鴗。偶然出现的候鸟也不例外；温带森林中常见的鹛、鸫、莺和莺雀(*Vireo*)同样不会放过这样的大好机会，例如黄腹地莺(*Geothlypis formosa*)、加拿大威森莺(*Cardellina canadensis*)和斯氏夜鸫(*Catharus ustulatus*)。 124

这些鸟类都不会傻到去吃鬼针游蚁本身；相反，它们看中的是这些蚂蚁的劳动成果。当各种隐藏于暗处的小型猎物被蚂蚁驱赶出来后，它们立刻俯冲而下，一口叼走猎物。这是偷盗寄生现象的经典案例——通过偷窃，一种动物从另一种动物捕捉、收集或准备的食物中获益。

另一些进行偷盗寄生的鸟类也会窃取其他物种捕捉或惊起的猎物。例如，叉尾卷尾发出“假警报”，从狐獴和斑鸫鹛嘴里抢走食物。在哥斯达黎加的同一片森林中，双齿鹰(*Harpagus bidentatus*)常常紧随松鼠猴(*Saimiri*)，捕捉被猴子们惊起的昆虫和小型脊椎动物。澳大利亚和新几内亚的蓝翠鸟(*Ceyx azureus*)拥有华丽的外表，高贵的蓝色头部闪耀着紫罗兰的光泽。它们常选择与鸭嘴兽为邻；一旦水中的鱼类、甲壳动物和青蛙被这些哺乳动物的觅食活动所惊扰，它们立刻猛扑下来，抓住猎物，再飞回枝头。在将猎物从头部吞下之前，蓝翠鸟会将其重重地摔在栖木之上。

单从被掠夺的猎物的数量来看，跟随蚂蚁的鸟类几乎难逢敌手。这些鸟类每天都会从鬼针游蚁的工作成果中偷取200只左右的大型猎物，大约占蚂蚁日均捕获量的三分之一。而蚂蚁总是急切地去追捕螽斯、蟑螂、蜘蛛和蝎子。事实上，它们也试图抵抗鸟类的掠夺行为，保护自己的食物；于是，体格强壮、社会地位较高的兵蚁将大型猎物拖出鸟类的视野，藏在落叶层底下或者觅食路线沿途的食物储藏点。

鸟类很少直接从蚁群里偷取食物，但这并不是出于对自身安全的考虑。这种蚂蚁不同于非洲的近亲，它们没有如刀片般锋利的钩状大颚，无法切开皮肤和肌肉。根据奥唐奈的说法，非洲的矛蚁（*Dorylus*）可以攻击、杀死和吃掉大型脊椎动物，比如牛和羚羊，甚至是婴儿或喝醉的、睡着的成年人。他表示，“矛蚁拥有大量的工蚁来完成这项工作”。E. O. 威尔逊的一栋房子位于莫桑比克的戈龙戈萨国家公园内。由于害虫滋生，他定期让矛蚁入内清理，“我只需走开一会儿，找个地
125 方喝一杯冷饮”。几个小时后，矛蚁大军扫荡而过，屠杀并带走了屋子里的所有动物，然后“你就可以回家了——一个为你打扫得彻彻底底、干干净净的家”。

尽管新世界——哥斯达黎加的行军蚁没有非洲行军蚁那样削铁如泥的锋利武器，但它们依然是非常凶猛的捕食者，同样能完成威尔逊口中的“房屋清理”工作。鬼针游蚁能够席卷森林附近的低地村庄，将房屋中的节肢动物一扫而光——蟑螂、蜘蛛和胡蜂都难逃它们的魔掌。它们还能蜇伤猎物，其毒液对于鸟类来说是致命的。行军蚁的毒液中含有蛋白水解酶，可以消化节肢动物，使其肢体分离，便于工蚁将尸块带回营地。“对于我们来说，鬼针游蚁的叮咬只会让人感到刺痛和不愉快，”奥唐奈说，“但对只有几克重的小鸟来说，这可能是致命的。”研究眼斑蚁鸟的生态学家约赫尔·查韦斯–坎波斯曾目睹这样的情况：厚厚的蜘蛛网缠住了一只亚成蚁鸟，这只小鸟在被三只工蚁叮咬面部后死亡。

人们或许会以为，热带雨林中的昆虫多不胜数，为什么鸟类还要采取这种以身犯险的觅食策略呢？事实上，它们的冒险是值得的。生活在热带森林的鸟类偏爱体大多汁的螽斯、蟑螂和其他身型壮硕的昆虫，但这些昆虫往往难以捕捉。昆虫的移动速度较快，多在夜间活动，

而夜晚通常是鸟类睡觉的时间。鬼针游蚁的活动开启了美食的盛宴。一只眼斑蚁鸟能在蚂蚁觅食的几个小时内捕捉到50只美味的昆虫或节肢动物。若是单打独斗，想要获得同样丰盛的晚餐，它需要在热带森林中多花一倍以上的时间。

跟随鬼针游蚁绝不是一件容易的事情。直到最近，科学家才发现这是一项多么困难和复杂的工作，它需要极为精细的智力技能——学习、记忆、分享信息，甚至可能包括对未来的规划能力。

半个多世纪以前，人们就已经知道了热带鸟类和它们所追踪的蚂蚁之间的关系。但就在过去的10年里，研究这些鸟类的学者们才发现了这种觅食手段的一些微妙奇特之处。过去的观点认为，鸟类追踪 126
蚂蚁的觅食行为是简单的群体间竞争。如今，学者们对鸟类和蚂蚁之间的关系进行了分析，否定陈旧的观点，并提出了全新的思路——鸟类如何“解读”蚂蚁的活动模式，以及这个过程涉及了哪些智力技能。事实证明，蚁鸟表现得并不像是为了一块三明治而争吵不休的海鸥，而更像是追踪马鹿（*Cervus canadensis*）的狡猾狼群。不同于爬行动物，它们的复杂记忆力与大象有着更多的共同点。就像蜜蜂和美洲燕一样，蚁鸟也可以作为其他鸟类的觅食信息中心。

奥唐奈惊叹道：“这种觅食活动是多么令人兴奋、错综复杂，并且美不胜收。”通常来说，“美”这个词指的是我们所能看到的东西，比如彩虹出现的场景或华丽的羽毛。但奥唐奈指的并不是那种美。他说的是一种无形的魅力——这种魅力只存在于生物之间的隐秘交流，以及鸟类在解读蚂蚁的行为模式时蕴藏的奥秘当中。

作为德雷塞尔大学的生物学家，奥唐奈在哥斯达黎加待了11年的时间。从2005年到2016年，他对70多次行军蚁觅食及参与其中的鸟类进行了观察，试图了解它们之间的相互作用。“每一次出征都是不同的，”他说，“在观察过程中，我对鬼针游蚁的觅食模式有了一定的了解。但如果让我再去一趟哥斯达黎加，再花上几个星期观察蚁群，我又能看到一些从未见过的现象。一切都是那么美丽优雅、行云流水；各项因素进行着复杂的相互作用，充斥着许多我们无法理解的细节。”

其中一次特殊的出征行动给奥唐奈留下了极为深刻的印象。据一位记者所述，奥唐奈是“毒牙俱乐部”的成员。这是一个由生物学家组成的私人小组——他们都是曾被毒蛇咬过的幸存者。

故事发生在10多年前。当时的奥唐奈和一群学生在拉塞瓦尔研究站的低地雨林中追踪一群鬼针游蚁。这是哥斯达黎加东北部的一个小型保护区；据奥唐奈说，同行研究员将此地誉为“猛兽后花园”。他们追踪的蚁群正好在一条主干道旁边的树上建立了营地。在低地
127 环境中，鬼针游蚁经常栖息在树洞里，有时在树干顶部。这个蚁群离地约30英尺。突然间，它们倾巢而出，爬下树干，进入了森林中。

奥唐奈说：“追踪行军蚁时，你要沿着细长的蚁群，找到出征行动的‘前线’。蚁群在这里呈扇形散开，变成一大团密密麻麻的黑点，在林下冲锋陷阵；浑水摸鱼的鸟儿们也会立刻赶到这里。”当时，他和他的学生沿着蚁群的觅食路线穿过森林，试图寻找行动的前线。然而，他们走到了一个寸步难行的位置。“鬼针游蚁喜欢的地方往往不是人类所喜欢的，”奥唐奈解释道，“它们会奔向最肮脏、最难走的地方，比如由许多倒木和枝干形成的林中豁口，那里总是乱糟糟、脏兮兮的，并且常有蛇出没。”

奥唐奈不想让他的学生们困在豁口里，便自己走进去查看蚁群是否会从另一侧出来。果然，他发现鬼针游蚁呈扇形扩散，一大群蚁鸟也加入了战斗前线。

他回忆道："我举起望远镜观察。然后，砰！我的天哪！那就像一个带钉子的大锤狠狠地砸进了我左脚的脚后跟。"奥唐奈剥下了他的厚橡胶靴和袜子，看到了一个鲜血淋漓的伤口——却没有看到咬伤他的蝎子或子弹近猛蚁（*Paraponera clavata*）。"那种疼痛简直要令我发疯。我曾被很多东西咬过，有些伤口确实会疼。但这一次的疼痛实在令人难以承受。"

很快，情况恶化了。奥唐奈开始产生幻觉，变得踉踉跄跄，意识时有时无。"我想抓住点什么来支撑身体，试图把注意力集中在面前的那一棵树上，但它看起来似乎是五六棵。我看到的不是双重的幻影，而是六重。"虽然他坚持走回了研究站，伤口却被误诊为蝎子或蜘蛛的叮咬，仅仅用药膏做了简单的处理。12个小时过后，奥唐奈的尿液已经变成了浓稠的黑血；这下子，他相信自己快死了。最后，他被送往医院。拿到他的验血报告后，医生什么也没说，只是一把将奥唐奈抓到了大厅的病床上，往他胳膊上的静脉注射抗蛇毒血清。奥唐奈说："后来，他们告诉我，等待血液凝固的过程无比漫长。"换句话说，他的血液中已经没有凝血因子了，医生担心会引起脑出血和脑损伤的并发症。
在注射了10瓶抗蛇毒血清后，奥唐奈的状况终于有了显著的改善。然 128
而，他还是不知道自己究竟是被什么东西咬伤的，直到他出院回家，妻子问起了左脚靴子的去向。妻子捡起靴子，将其卷起来，发现了一个被咬穿的小洞和另一个尚未穿透的小坑——那正是毒蛇用两颗獠牙留下的标记。奥唐奈说："还好只有一颗毒牙穿过了靴子。这救了我的命。"这条蛇很可能是巨蝮（*Lachesis*）。奥唐奈是幸运的，巨蝮袭击人类的致死率约为50%。

"巨蝮是夜行性的捕食者，一般不在白天活动。或许那条蛇只是藏在落叶堆里自顾自地休息，"奥唐奈说，"然而，蚂蚁大军浩浩荡荡地冲了过来，从它身上踩过，并且蜇它、咬它。这条倒霉的巨蝮大概是被蚂蚁惹恼了，正愁无处泄愤，而我正好撞在了枪口上。”多年来，奥唐奈都不敢再走进拉塞瓦尔研究站的那个林中豁口。对他而言，那条蛇依然盘踞在那里，至少它的灵魂还没有散去。他的身体对这个地方产生了非常强烈的本能反应。“每当漫步在林间的小路上，我总感觉身旁有邪恶的毒蛇在游走。这种感觉虽然完全是迷信，但非常真实。”

这一经历似乎并没有减少奥唐奈对蚁群和鸟类的热情。“行军蚁的出征行动令人振奋不已，”他说道，“而且比我们想象的要微妙和复杂得多。”首先，不同于以往的观点，这一现象可能不是竞争和排斥的温床。传统观点认为，蚁群的出征是一项充满对抗性的活动，而鸟类也混在其中，野蛮地争夺资源。据推测，眼斑蚁鸟和其他专化的蚁鸟都喜欢把蚁群留在自己的领地内，以免其他鸟来争夺自己的猎物。埃德温·O. 威利斯曾在20世纪60年代和70年代写过关于蚁鸟的文章。他表示，眼斑蚁鸟会选择最好的觅食点作为栖息地，然后用“响亮的喙击声和像射箭一般的鼓翅声”来驱赶其他小型鸟类。因此，一旦眼斑蚁鸟靠近，许多竞争者就会离开。

129 奥唐奈并不这么看。他认为，参与行军蚁出征的鸟类之间与其说是竞争关系，不如说是一种共存和共享资源的关系，它们甚至有意或无意地促进了彼此的参与度。他说：“周围有其他个体的存在或许是一个优势，因为这意味着它们拥有更多耳目来警惕捕食者。每一次出征行动通常都能带来丰富的食物。因此，其他个体的参与并不会提高太多成本，反而有利于更多积极的互动。”

如果你曾见过两只棕煌蜂鸟在花蜜喂食器前对峙，一群海鸥为了一根炸薯条而争斗，或者两只椋鸟为了任意资源而大打出手，你就会明白鸟类世界里充斥着暗流汹涌的激烈竞争。人们对于生存斗争的普遍理解，是为赢得有限的资源而战斗到底。正如查尔斯·狄更斯笔下的人物诺迪·鲍芬所言，一个人只能"击垮别人或被别人击垮"。

但鸟类世界中也有很多合作觅食的例子。十几只或更多的鹈鹕会在水中排成一行或半圆形，同步彼此的动作，迫使鱼群集中到较浅的水域；这样，鹈鹕们就能轻而易举地从一侧捞起猎物。海鸥、燕鸥、鲣鸟和鸬鹚在混群时也有类似的行为。随着群体规模的扩大，它们的捕食成功率也会提高。渡鸦常成对捕食，在海鸟的繁殖群中一前一后地协作，就像混迹于沙滩上的扒手一样：一只渡鸦飞向正在孵卵的成鸟，转移它的注意力；另一只渡鸦俯冲下来，将失去庇护的鸟卵或雏鸟抓走。新墨西哥州的栗翅鹰（*Parabuteo unicinctus*）以家庭为单位捕猎，最多可达6只个体，仿佛是长着翅膀的狼群；它们会撕碎体型较大、无法单独带走的猎物，比如兔子。这种由多个群体成员共同捕捉和分享大型猎物的合作狩猎只在少数哺乳类食肉动物中出现过，例如狼、黑猩猩、海豚和狮子。

"当我观察整个觅食过程的互动时，鸟类之间并不存在相互排斥的行为。"奥唐奈说。每只个体都能获得足够的食物。"鬼针游蚁的出征行动声势浩大，惊飞了许许多多的猎物，任何一只鸟或一个家族都无法真正地独享这顿大餐。所有的个体都能吃得心满意足。"

另外，不同种类的鸟将鬼针游蚁的觅食区域划分成了水平地面和 130
垂直层面，仿佛形成了好几个"公会"，即利用不同生态位的多个小团体。它们分别占据不同的空间，运用不同的策略。在低地森林中，黑顶蚁鸫（*Pittasoma michleri*）和棕腹鸡鹃（*Neomorphus geoffroyi*）不会靠近行军蚁的战斗前线，而是在远处的地面上觅食。纯褐翯雀和灰头唐纳雀（*Eucometis penicillata*）之类的鸟会利用蚁群上方的树干。眼斑蚁鸟、双色蚁鸟和点斑蚁鸟则直接停在蚁群头顶的植被上，被人们称为“栖者”。奥唐奈说：“栖者俯瞰整个蚁群。一旦出现了什么好东西，它们会立刻猛扑上去将猎物抓住，然后迅速飞回原先的栖处进食。每一次出手都是精准打击。”

在中美洲，最具优势的栖者要属眼斑蚁鸟。约赫尔·查韦斯-坎波斯观察了超过200次的蚁鸟互动，并对该物种进行了详细的研究。眼斑蚁鸟是一种迷人的中型鸟类，身上长满了引人注目的鳞片状羽毛，晕染着淡淡的金色，搭配亮蓝色的面部皮肤。它们往往占据着最佳的觅食点——位于战斗前线的地面植被。它们是与生俱来的专家，似乎每一处身体结构都是为了和蚁群共存而设计的。粗壮有力的腿和弯曲的趾令眼斑蚁鸟能够牢牢抓住垂直于地面的茎和细枝，并在瞬息间完美落地。它们在栖木之间跳来跳去，寻找被蚁群惊起的猎物。对于眼斑蚁鸟来说，小型蜥蜴和2英寸长的蟑螂都算是大小适中、鲜美多汁的最佳食物。

还有一些个体直接在蚁群当中行走。“这实在是不可思议。”奥唐奈说。如果这些鸟被鬼针游蚁咬了，后果将不堪设想。“它们不会在战局的外围闲逛，更不会逃跑。相反地，它们活跃于蚁群中心，游刃有余地避开大部分攻击。”而且，正如约赫尔·查韦斯-坎波斯指出的那样，要把蚂蚁的毒液注入它们的肌肉可并不容易，毕竟鸟类的脚上长满了鳞片。被蜘蛛网缠住的亚成蚁鸟之所以会死于鬼针游蚁的毒液，是因为蚂蚁直接叮咬了没有被羽毛覆盖的面部皮肤。他说：“在自
131 然条件下，眼斑蚁鸟可以在蚂蚁抵达脸部之前就将其从羽毛和腿上甩掉。”它们也会对偶然发生的叮咬或刺激做出反应——跺脚、抖腿、用嘴啄，或者把身上的蚂蚁扔到空中。埃德温·O. 威利斯将这种滑稽的动作形容为“来回跳脚、不断抖动，就像在滚烫的煤块上跳舞一样”。

鬼针游蚁的出征或许能给鸟类带来一顿饱餐，但寻找蚁群是一件颇为棘手的事。它们随机分布在森林的各个角落，悄无声息地隐藏于茂密的林下植被当中。偶然发现蚁群的概率很小，哪怕是几百英尺外的蚁群都很难被发现。

另外，出征行动是不定时发生的。因此，蚁鸟不能指望每天都有定时定点的晚饭。在鬼针游蚁抚育后代的过程中，蚁群的觅食频率在高峰和低谷之间交替变化。这完全取决于幼虫的发育阶段。在为期2周的生长阶段中，幼虫的胃口非常大，必须不断地进食。因此，蚁群不得不在日出时就外出觅食，进行整整7个小时的高强度战斗。这就是鬼针游蚁出征的高峰期。到了晚上，它们会把营地搬到新的位置，比如树根或板根上；于是它们每天清早都可以扫荡一片新的区域。随后，幼虫化蛹和蚁后产卵都无须进食；蚁群进入了一个潜伏期，不再频繁地外出觅食。蚂蚁在同一个营地停留3个星期，通常栖息在树洞中。此时，它们只会零星地、短暂地集群外出。

这种循环反复的过程令鸟类难以在几天内追踪到蚂蚁的觅食活动。不过，蚁鸟已经跟随蚂蚁很长时间了。在长达500万年到600万年的博弈中，它们已经掌握了蚂蚁的活动规律。在出征的高峰期，蚁鸟可以通过树根或板根上的营地来判断蚂蚁的位置和活动；到了隐于暗处的潜伏期，它们便预测蚂蚁的活动。此外，包括眼斑蚁鸟和双色蚁鸟在内的20多种蚁鸟都已经进化出了在空间与时间上追踪蚁群并 132
预判其活动周期的能力。生物学家莫妮卡·斯沃茨首次描述了这种非凡的能力。她在哥斯达黎加的低地森林中收集了大量观察数据，并将这种行为称作“营地巡查”。

为了了解这些蚁鸟的具体行为，约赫尔·查韦斯-坎波斯在拉塞瓦尔研究站跟踪带有无线电标记的个体，从它们离开自己的栖息地开始，每隔10分钟就要标出它们的位置。他藏在离蚁巢约20英尺远的角落里进行“营地监视”，从日出一直守到日落。经过700多个小时的追踪，他发现蚁鸟会在一天内造访多个蚁群，以便掌握不同的营地位置、觅食区域和蚂蚁的行踪。

暮色还萦绕在丛林之中，但夜晚已经悄然降临了。享受完一天的美食后，一只眼斑蚁鸟跟随着鬼针游蚁的行进路线，回到了它们的营地。它四处张望，查看该地点的情况，并把这些信息记在脑子里。如果蚂蚁正处于搬迁营地的过程中，蚁鸟也会跟着大部队从旧营地来到新营地。奥唐奈说：“从某种意义上讲，蚁鸟要等到蚂蚁休息后才能回到自己的栖息地。这和研究人员的工作难道不是一样的吗？”

第二天一早，这只眼斑蚁鸟直接飞往蚂蚁的营地，停在附近的栖木上。有时候，它离蚁群只有几英寸远。为了判断蚂蚁的活动，它紧紧地盯着营地和周围的地面。如果蚁群倾巢而出，眼斑蚁鸟立刻紧随其后，到它们的作战前线觅食；如果这个蚁群没有任何动作，蚁鸟将转移到另一个营地，查看另一群蚂蚁的觅食情况。

这听起来似乎很简单。但正如研究人员所了解的那样，对营地随时保持警惕并非易事。奥唐奈说：“鬼针游蚁会做出一些鬼祟的举动。当你确认了蚁群的营地位置，放心地回到住所后，第二天早上的情况可能会让你大失所望——它们根本就不在那里。天黑以后，刚刚迁移到新营地的蚁群还可能会再度迁移。”如果眼斑蚁鸟找不到前一晚搬
133 走的蚁群，它就会沿着之前的觅食路线搜索蚂蚁的新巢或出征地点。

有时，这些寻寻觅觅的蚁鸟会不断回去查看废弃营地，并连续重复多日。奥唐奈解释道：“这就像是一种无法抹去的记忆。我曾见过一些‘铁杆粉丝’般的眼斑蚁鸟，它们义无反顾地一次又一次回到空

无一物的旧营地。它们依然习惯性地做出一整套动作：靠近营地，打量四周，向里窥探，仿佛那里还有蚁群一样。它们停栖在一旁，看起来十分孤独。有时候，观察动物会让我情不自禁地想，或许它们也在表达和人类一样的情感——'失望'。"

事实上，重新造访旧营地并对其进行彻底搜索是非常合理的。约赫尔·查韦斯-坎波斯说，探查这些不再活跃的营地是很有必要的；或许蚁群根本没有搬走，只是进入了潜伏阶段。而且，蚂蚁是非常善于隐蔽的动物，仔细搜索并不为过。它们有时会把营地建在岩石下、空心的木头或活树的板根中。在高海拔地区，它们甚至会深入无法察觉的地下小洞。奥唐奈说："我们常被这种情况所蒙骗。在某次查看营地后，我想：'哦，它们搬走了。'等到再次靠近观察时，几只工蚁的身影才让我意识到营地被搬进了洞穴的深处，再也看不见了。假设鸟类也会犯同样的错误，那么仔细检查营地就不是徒劳无益的做法了。这是因为，从表面上看，没有明显的迹象能证明蚁群真的离开了原来的营地。"所以，偶尔的回报或许能解释蚁鸟的"怀旧情结"。

但奥唐奈想知道，这种思维惯性是否与他想起上一次吃巧克力的地方相似。"也许，逗留在这个蚁群曾待过的地方，蚁鸟也能从中获得深深的满足感，即一种对美好体验的回忆。这种现象在认知系统中并不少见。"其中也包括人类。

不久前，我在一条乡道上开了很长时间的车，中途停在一家便利店门口，试图找点食物充饥。一时冲动下，我买了一袋M&M's（玛氏）花生巧克力豆。自从大学毕业后，我就再也没有吃过这种糖果，算起来已经有40多年了。我一边开着车，一边把糖果塞进嘴里，仿佛又回到了大学图书馆四楼的小隔间。在那里，我经常抱着一大袋巧克力豆熬通宵。我几乎闻到了书本的霉味，看到了明亮的小台灯，摸到了小 134

隔间里的硬木桌椅——花生巧克力豆陪伴我度过了一个又一个疲劳的夜晚。

食物不仅能唤起我们对其本身的记忆，也能让人联想到过往的时间和地点。这种记忆的联想是有原因的。一次收获颇丰的觅食行动对于生存来说是至关重要的，具有很高的价值；因此，大脑会将这部分记忆置于优先地位，并将其储存在关键区域。这个过程可能涉及多巴胺（引起快感、参与犒赏机制的重要化学物质）和海马体（人类和鸟类储存长期记忆的关键大脑区域）。

经过艰苦的研究，约赫尔·查韦斯-坎波斯证实，眼斑蚁鸟能记住多个蚁群的营地及其觅食状态。至少，它们一直都在记忆蚂蚁的位置。与此同时，觅食行动开始与否也是检查的重点；如果行动开始，它们还必须探查出征的方向。然而，它们所做的可能远远不止这些。

查韦斯-坎波斯还注意到了另一件事：一只眼斑蚁鸟倾向于在雨林中的各个蚁群营地间直线移动；它尽管没有去过目的地，却表现出了胸有成竹的果断。每当离开一个营地前，这只鸟都会大声鸣唱。查韦斯-坎波斯表示，这可能是传递给配偶的“离开的信号”。另一只出现在现场并偷听了信号的眼斑蚁鸟也会离开，静静地穿过雨林，直奔新的营地。每只鸟之间的行动只相隔几秒钟，它们在森林中形成了一列移动的纵队，就像在城市里散步的幼儿园小朋友一样有秩序。没有哪只蚁鸟会游荡到不同方向，它们都从一个地点沿直线奔赴下一个地点，就好像群体中有一只或多只个体已经知道了确切的方位。

事实证明，情况确实如此。在一个案例中，群体里的一只眼斑蚁鸟果断奔向了一个新的蚁群；然而，这只鸟并没有在前一天晚上查看
135 过这个蚁群。当这群蚂蚁连夜把巢搬到了100米开外的新营地时，群

体中的其他眼斑蚁鸟就已经发现它了。在点与点之间的三次飞行中，群体里的所有个体都直接飞往了新的位置，并在10秒内同步到达。

查韦斯–坎波斯说：“这表明眼斑蚁鸟不会为了寻找蚁群而四处游荡。它们都非常清楚自己的方向，或者每个群体中至少有一名成员知道蚁群的新位置。只要跟在知情成员身后，眼斑蚁鸟就能找到先前未曾探查过的蚁群。”

换句话说，进行“营地巡查”的个体可以分享信息，将食物的位置传达给其他个体。这一行为不仅令几种专化的蚁鸟获益，也能让其他前来觅食的鸟类获益。在一次录音回放的鸣声实验中，查韦斯–坎波斯发现，食性特化的蚁鸟（如眼斑蚁鸟和双色蚁鸟）的叫声也能吸引食性泛化的鸟类。这表明，其他蚁鸟可以利用这些“专业人士”的叫声来定位蚁群，而无须自己费力寻找。就像崖海鸦和美洲燕一样，不起眼的蚁鸟群体也能充当一个移动的食物信息和情报中心。

这与奥唐奈的观点不谋而合：蚁鸟的觅食系统未必有人们想象的那样凶残，它们并不需要争个你死我活。奥唐奈说：“事实上，蚁鸟间的关系可能是相互协助。在蚁群迁移到新位置后的第一天，食性特化的蚁鸟往往会单独参加它们的出征行动。但到了第二天，不同的鸟儿完全混在了一起，泛化和特化的种类一同在蚁群周围觅食，而特化的蚁鸟也并没有驱赶其他种类。所以，这是一种合作吗？是有意的行为吗？我们不得而知。但我认为，这至少是一种共生现象。”

当深谙此道的眼斑蚁鸟不在场时，会有怎样的情况发生呢？巴拿马的巴罗科罗拉多岛为普林斯顿大学的珍妮·塔其顿及其同事提供了一场得天独厚的天然实验。1969年的极端干旱令这座岛上的眼斑蚁鸟彻底消失了。在接下来的几十年里，体型较小、曾居于次要地位的 136
点斑蚁鸟继承了眼斑蚁鸟的衣钵，种群密度翻了1倍以上。它们转变了对鬼针游蚁的利用方式。过去，点斑蚁鸟是倾向于机会主义的觅食者，只在蚁群经过其领地时才会加入觅食行动；现在，它们把大部分时间都花在了蚁群身上，并与其他鸟类互动，就像从前的眼斑蚁鸟一样。这一现象把鸟类的行为灵活性体现得淋漓尽致。

奥唐奈相信，除了信息共享和行为灵活性，这些跟随蚂蚁的鸟类或许还有更令人惊叹的能力——精神上的时空之旅。这是一种在大脑中穿越到过去，回忆某些事件的细节——何事、何时、何地——并利用这些记忆对未来的行动进行规划的能力。如果这是真的，那么蚁鸟与几种灵长类动物共同对传统观点提出了挑战。我们一直都认为，精神上的时空之旅是人类独有的能力。

或许，我们应该停下来思考一下这种能力的本质。

当我们回顾近期人类做出的一些努力——引入葛藤来控制水土流失，利用海蟾蜍消灭害虫，在应对气候变化的决策中百般犹豫——在利用过去、规划未来这一方面，我们这个物种显得十分笨拙。但至少大多数人拥有一定的能力。这种能力不是与生俱来的；3岁到5岁的儿童才能记住过去的事件细节，并设想未来可能发生的情况。

心理学家迈克尔·科波利斯和托马斯·苏登多夫认为，人类在思想上沿时间线游走的能力可能是由250万年前的祖先进化来的。当时，全球变冷，干燥的气候把非洲南部和东部的林地变成了开阔的草原。他们写道："这些变化削弱了原始人类的防御，把人们更多地暴露在剑齿虎、狮子和鬣狗等猛兽的攻击下，也令其不得不与食肉动物竞
137 争。然而，在同样的条件下竞争并不是解决之道。"原始人类需要开拓一个新的"认知领域"，将过去发生的特定事件准确地记录下来（给"谁对谁做了什么、何时、何地、为什么"之类的信息编码），并利用这些

习得的信息对未来做出规划。该理论认为，在精神上进行时间之旅的能力为人类的思维和想象力插上了翅膀，它甚至比拇指相对性和语言天赋更重要。现在，人们认为这种能力是定义智人（*Homo sapiens*）的决定性特征。

直到最近，科学家们还认为人类是唯一能进行“过去—未来式”思考的生物，其他动物只能生存在永恒的当下；它们不会在自己的脑海中回到过去，因为这种做法是没有必要的。20世纪90年代，妮古拉·克莱顿对西丛鸦（*Aphelocoma californica*）进行了一项富有创意的实验，改变了传统观点。克莱顿和她的同事发现，西丛鸦具有一种强大的能力，可以记住过去发生的事情，并利用这些信息来计划下一步的行动。它们能回忆起自己储藏食物的地方和确切位置，以及储藏的内容和时间。因此，它们可以先找出容易变质的食物，比如新鲜水果、昆虫和蠕虫；而坚果和种子一类的食物则留待日后食用。

在《爱丽丝漫游仙境》一书中，白皇后对爱丽丝说：“只能向后看的记忆是糟糕的。”事实证明，西丛鸦的记忆能力也能运用于未来。

该物种存在个体间相互偷窃的行为。克莱顿和她的同事发现，当西丛鸦知道自己被其他个体监视后，它们会将储藏好的食物转移到另一个地方，这样做想必是为了防盗。但是，只有那些曾经偷过别人食物的个体才会这么做。西丛鸦运用了自己偷窃的记忆，将其与未来可能遭遇偷窃的情况联系在一起，然后通过时间线思考来修正自己的行为，转移储备，以防止食物被其他个体偷走。

另一些贮藏食物的鸟类也是记忆方面的艺术家。事实上，它们别
无选择。如果你是一只提前储存食物，以备不时之需的鸟儿，当你想 138
找回自己的食物时，最佳的策略是什么？你可以试着找遍所有可能藏东西的地方——就像我们在外套口袋里翻找多余的零钱，或满屋

子找盛放硬币的碟子。不过，这种随机搜索的效率很低，无法满足真正的食物需求——正如翻口袋也没办法找到足够的现金一样。最好的办法还是回想一下自己到底把钱放哪儿了。蓝头鸦（*Gymnorhinus cyanocephalus*）、黑顶山雀和北美星鸦（*Nucifraga columbiana*）都是具有类似行为的鸟类，能够记住数千个贮藏点的空间位置。尽管土壤、岩石或积雪改变了周围的景观，但它们依然可以在几个月后极为精准地找回食物。（事实上，北美星鸦在埋藏种子后会把地面整平，以消除储存食物的痕迹。）

科学家们猜测，这些鸟类在储藏食物时创造了特定的视觉记忆，将贮藏点与一系列视觉和空间线索联系在一起，尤其是某些显眼地标，比如附近的树木、树桩和岩石，远处的山峰和山脉。然而，一只鸟的大脑只有一颗坚果那么大，它居然能对大量的特定地点保持长时间的记忆，实在是令人难以置信。

蜂鸟在觅食时展现的空间记忆和计时技巧同样令人震撼。如果你也是一只蜂鸟，你就会发现悬停振翅是一个多么耗费体力的动作，而获取身体所需的能量又是一件多么不容易的事。为了获得足够的花蜜，蜂鸟每天要造访数百朵花。当蜂鸟吸干花蜜后，花朵需要一定的时间来补充花蜜。因此，你不能在那些空空荡荡的花朵上浪费体力。过早地造访同一朵花，它仍然是空的；等得太久，宝贵的食物可能会被竞争者捷足先登。你必须在开满花的田野上记住自己采食过的那一朵花，并精确计算出重访的时间，就像一场规模宏大的专注力游戏。

显然，这是蜂鸟的拿手好戏。野外研究表明，这些袖珍的鸟儿不
139 仅能记住一朵花的空间位置，还能记住采食的时间、花蜜的质量和含量（每朵花的蔗糖浓度不同），以及补满花蜜的速度。爱丁堡大学的休·希利和一组研究人员共同制作了一批加糖水的假花。他们把假花

分成两组，将补满糖水的间隔时间分别设置为10分钟和20分钟。果然，蜂鸟很快就摸清了其中的规律。

出乎意料的是，蜂鸟并不是通过颜色或外观来定位花朵的。希利的团队打乱了假花的位置，却发现蜂鸟把记忆牢牢地固定在原先的位置上。在他们的观察中，一只雄性蜂鸟朝着先前吸食花蜜的位置飞去。当快要抵达那个位置时，它停了下来——之前的花朵不见了。研究人员写道："它又靠近了一些，悬停在空中，旋转着身体打量周围的景象。那里似乎没有花朵的踪影了。几秒钟后，它飞往别处寻找食物了，完全没注意到原来的花朵还在草地上。这朵花的外观与之前一模一样，只不过向旁边移动了1米。"

蜂鸟如何回忆每一朵花的具体位置呢？这在很大程度上还是一个谜。不过，研究人员怀疑它们采用了一种名为"视野匹配"的手段。蜂鸟以花朵的视角来观察周围的环境，并将看到的图像记在脑中——可能是一两个标志性物体的快照，也可能是光线、颜色和运动的全景图——随后将这些图像作为参考，与当前的视野相比较，最终找到记忆中的位置。

蜂鸟把对记忆力的运用提升到了艺术的境界。这一点对它们的生存来说至关重要，也可能会影响交配成功率。研究证明，至少在一种蜂鸟当中，记住花蜜的质量、花朵的位置、采食和重访的时间，是获得主导地位和成功交配的关键所在；记住这些信息的能力甚至比它们的体型或武器更重要。

与蚁鸟一样，西长尾隐蜂鸟（*Phaethornis longirostris*）也常见于哥斯达黎加的热带雨林中。就蜂鸟而言，西长尾隐蜂鸟的体型很大，约 140
为红喉北蜂鸟（*Archilochus colubris*）的2倍；它们长着又长又弯的喙，可以从蝎尾蕉（*Heliconia*）的花朵中吸食花蜜。与特立尼达岛上狡猾的小隐蜂鸟一样，雄性西长尾隐蜂鸟也在林下植被中建立求偶场，每天进行长达8个小时的鸣唱和炫耀。在为期8个月的繁殖季里，它们日复一日地高负荷运作。这是一项非常艰巨的任务，只有身体状况极好的雄鸟才能维持下去。占据优势地位的雄鸟常为了表演的位置而争斗，有时还会用锋利的、尖锐的喙相互攻击。

雌鸟只会在一天内光顾求偶场一次；因此，雄鸟必须天天到场，在整个漫长的繁殖季里做好随时交配的准备。如果它们流连于甜美的花蜜，求偶场中的一席之地很有可能被其他竞争者抢走。所以，它们必须在令人眼花缭乱的田野中找到富含花蜜的花朵，以便快速地往返于觅食地和求偶场之间。研究蜂鸟的马塞洛·阿拉亚–萨拉斯表示，犯一次错误的代价可能是很小的；但若在240天中不断犯错，其累积的代价将会导致一只蜂鸟面临能量不足的困境，从而降低交配成功率。

取得并保卫求偶领地的能力是繁殖成功的关键因素。为了探究蜂鸟的空间记忆与这种能力之间是否存在某种联系，阿拉亚–萨拉斯和他的同事进行了一项实验。他们在求偶场附近布置了一些喂食器，以测试雄性西长尾隐蜂鸟对空间位置的记忆程度，结果发现，在实验中获得最高分的雄鸟也是求偶场中地位最高的个体。就守护领地而言，对食物位置的出色记忆打败了所有身体上的优势——较大的体型、喙尖的尺寸，甚至是飞行能力。

在哥斯达黎加的蒙特韦尔德区，肖恩·奥唐奈与同事科琳娜·洛根对蚁鸟进行了大量的观察和记录。肖恩·奥唐奈怀疑，这些巡查营地的蚁鸟与储存食物的鸟类、蜂鸟面临着类似的挑战——它们拥有相
141 似的思维能力。蚁鸟必须记住蚂蚁营地的位置，以便在第二天清早回到那里（情景记忆的内容和地点），并记住哪个蚁群处于出征觅食的高

峰期（时间）。它们也必须在蚂蚁觅食前抵达既定的位置（更多的时间点）。显然，如果一只蚁鸟能追踪多个蚁群的位置，记住每一个蚁群所处的行为阶段，那它一定有更多的生存优势。

此外，蚁鸟所表现出的行为迹象可能是某种计划的信号。当饱餐了一天的蚁鸟在夜晚巡查蚂蚁的营地时，它的目的并不是进食，而是探查位置、收集信息。只有到第二天早上，它才会回到这里，等待蚂蚁倾巢而出。在新一轮的出征中，它再一次获得了数不清的美食。换句话说，蚁鸟的夜间巡查并不是对当下的状态（满足）做出反应，而是对未来的需求（早餐）做出规划。这表明它们正在设想将来发生的事件："趁现在把营地位置搞清楚；到了明天，我就又能饱餐一顿了。"

人类的复杂思维可以在过去和未来中遨游，储存食物的西丛鸦和巡查营地的蚁鸟似乎相形见绌。不过，谁知道呢？对玛德琳蛋糕的味觉回忆令法国文豪普鲁斯特写出了长篇文学巨著《追忆似水年华》，而从鬼针游蚁嘴下抢来的一只肥美蟋蟀可能就是蚁鸟眼中的玛德琳蛋糕。树根深处的废弃蚁巢、暴露在鹰隼眼下的一小片林地——这些地方都给蚁鸟带来强烈的回忆冲击。对于肖恩·奥唐奈来说，这就像他最喜欢的甜品店，或是毒蛇出没的林间豁口一样——萦绕着甜蜜和恐惧的回忆。

查韦斯–坎波斯表示，气味可能也起到了一定的作用。但这仅仅是一种假设。在拉塞瓦尔研究站工作时，他注意到，营地在被废弃后的几天内都散发着鬼针游蚁的味道；他甚至能通过气味来判断蚁群的位置。也许，就像海燕利用嗅觉在海上搜寻猎物一样，蚁鸟也进化出了追踪蚁群气味的能力。 142

玩耍

第七章

玩耍的鸟儿

马蒂亚斯·奥斯瓦特曾在瑞典南部见过这样的景象——田野里的麦浪不断翻涌，一对渡鸦在高空中振翅飞翔。它们时而上升，时而下降，时而俯冲。突然间，一只鸟收起了翅膀，笔直地向下坠落。他说："它就像一只中弹的鸭子。然后，砰！就在快要撞到地面时，它将翅膀猛地伸了出来，再次起飞。"还有一次，奥斯瓦特看到一只在地上昂首阔步的渡鸦。忽然间，它侧身倒下了。"当我第一次看到这一幕时，我心想：'它怎么无缘无故地摔倒在地上了？一定是有某种神经系统疾病吧。'"

他遇见的这只渡鸦并没有麻痹或中风，它只是在玩耍。它是鸟类世界里的游戏大师。以严肃和智慧著称的渡鸦竟然会做出这种古怪、愚蠢、漫无目的的行为，这让隆德大学的认知动物学家奥斯瓦特感到十分惊讶。他决定对这一非比寻常的行为进行研究。

埃德加·爱伦·坡认为渡鸦是"冷酷、丑陋、阴森、憔悴、不祥的往昔之鸟"。多数人很难将它与玩耍、嬉戏联系在一起。披着黑色斗篷、叫声凄厉的渡鸦确实更具有凶险和死亡的气质。用于形容一群渡鸦的量词是"unkindness"（无情），这种表达方式由来已久。渡鸦的群体里充斥着冲突和战斗。当这些鸟年纪尚小的时候，它们可以和谐地生 145

活在一起。一旦配对完毕，它们的领地意识和攻击性就变得极强，它们甚至会自相残杀。渡鸦还是臭名昭著的凶残猎手，背负着“黑海盗”的恶名。它们打劫其他鸟类的巢穴，啄瞎新生羊羔的眼睛。鸟类学家爱德华·豪·福布什将其描述为“不择手段且贪得无厌”的动物，它们可以迅速利用“任何可食用的东西，无论是活着的还是死亡的；它们能够捕捉、杀戮、残害或捡拾，其食物包括腐肉、内脏、垃圾、污泥、鸟类、哺乳动物、爬行动物和鱼类”。

我所见的第一只渡鸦是阴郁而冷漠的。我不敢期待它会做出什么玩耍的动作，就像不期待最高法院的法官从椅子上蹦到大堂中央跳霹雳舞一样。

然而，它们确实会玩耍。事实上，在世上所有嬉戏喧闹和寻欢作乐的动物中，渡鸦是最顽皮的——与类人猿、海豚和鹦鹉并列。奥斯瓦特表示，北半球的狩猎采集者早就知道了这一点。创世神话中的一只渡鸦创造了人类，仅仅是因为它想要个玩伴。

玩耍占用了渡鸦，尤其是年幼个体的大量时间。让我列举渡鸦的两个游戏：抓着小树枝飞行，在空中反复地抛出和接住树枝；靠一只脚将自己倒挂，另一只脚抓着食物或小玩具，一会儿把玩具传到嘴里，一会儿又传回脚上。人们还曾观察到，一只笼养的渡鸦往空中一遍又一遍地扔橡皮球，然后再躺到地上接住它。阿瑟·克利夫兰·本特在《生活史：北美的鸦、乌鸦与山雀》一书中写道，有人曾见过十几只渡鸦随着翻滚的鹅卵石和剥落的土块从高高的河岸上滑下来，同时嘶哑地呱呱大叫，显然乐在其中。“渡鸦的叫声在1英里之外都能听到。我们循着声音划到岸边，停下船，津津有味地观看这场游乐活动。附近的树上还站了许多渡鸦，它们用尖叫声为游戏喝彩，或在其他个体玩累的时候轮番上阵。”

德克·范·沃伦是加利福尼亚大学戴维斯分校的野生动物生态学家。他曾在圣克鲁斯岛上目睹渡鸦表演炫酷的特技飞行，就像喷气式飞机的飞行员一样。一只鸟在飞行时沿着身体的纵轴摆动，先左后右，连续进行了19次。另一项操作是“殷麦曼翻转”；这一动作得名于第一次世界大战的机动飞行，其目的在于复位飞行器，以备再次攻击。从下往上看，飞行员驾驶着飞机绕过敌机，在飞机快要失速时，将飞机“甩”了360度。范·沃伦写道，渡鸦“翻身朝上，向内急转半圈，最后以相反的方向垂直飞行”。另一只胆大包天的渡鸦做出了犹如奥运会花样滑冰选手般行云流水的表演：翻转六个半圈，再转两个整圈，最后重复着连转两圈。 146

作为地球上最贪玩的动物之一，渡鸦充满了神秘感。奥斯瓦特表示，对于任何动物来说，玩耍都是一种奇怪的行为，“选择不玩耍的理由有很多”。鸟类的各项活动都需要能量，包括生长和发育；而玩耍就是一件非常耗能的事情。而且，它本身也是有风险的。“如果你生活在野外，所有伙伴都沉浸在玩乐之中，就没有人会注意潜在的威胁了。鸟类的世界往往危机四伏；对于捕食者来说，玩耍的个体尤为显眼。”往好里说，玩耍是一种奢侈的放纵；往坏里说，它就是彻头彻尾的以身犯险。“在野外，玩耍一定非常重要，”奥斯瓦特说，“否则，它们为什么要将自己置于无端的危险之中呢？那可是一个潜伏着老鹰、猫头鹰和狼的世界。在错误的时刻分心可能就意味着生命的终结。”

渡鸦为什么要玩耍？嬉闹究竟有什么好处呢？它们是因为聪明而玩耍，还是因为玩耍而聪明？

奥斯瓦特在瑞典南部的农场和鸟舍里待了10年，研究渡鸦及其认知，并探索其中的种种问题。当他主动提出要带我参观鸟舍时，我

欣然接受了这个机会。在一个春日，奥斯瓦特来到古老的隆德小镇接
147 我。这座古镇建立于维京时代，是隆德大学的所在地。花园里开满了蓝色的西伯利亚垂瑰花（*Scilla siberica*）；在瑞典语里，这种花的名字意为“俄罗斯的蓝色星星”。清晨的空气十分温暖，但强劲的风不断刮过狭窄的鹅卵石街道。这里充斥着瑞典南部的典型建筑风格，也是渡鸦进行空中表演的地方。在镇上，渡鸦在狂风中打闹，呱呱大叫，有时嘴里还叼着小树枝。在大学校园周围，树顶上堆满了秃鼻乌鸦的巨型鸟巢。

奥斯瓦特尝试过用秃鼻乌鸦做实验。他说：“它们很聪明，但长大后就变得难以相处。哪怕认得你，它们也不会与人类互动。”奇怪的是，秃鼻乌鸦似乎很喜欢大学校园。“隆德大学、牛津大学和剑桥大学里都有秃鼻乌鸦的身影。出于某些原因，你还能在乌普萨拉大学看到它们。那是另一座历史悠久的瑞典大学，其位置比这种鸟的自然分布区要更靠北。我想，秃鼻乌鸦一定属于学院派。”

我说：“但它们难以相处。”

他回答道：“是的，这不就和许多学者一样吗？”

另一方面，利用渡鸦来进行科学研究却是很容易的。奥斯瓦特说：“它们具有强烈的好奇心，并且十分投入。一旦发现有趣的任务，它们甚至会排着队来参加。研究渡鸦是一项有趣的工作，常常让我发笑。不过，它们也跟莎士比亚笔下的人物一样矛盾和难缠。”渡鸦是高智商的鸟类，但其滑稽的动作总显得很愚蠢。它们拥有严格且刻板的社会等级制度，常常各自结盟、互相殴打，通过冲突和争斗来维护社会地位。不过，渡鸦群体还是会在成年前一起嬉闹玩耍的。它们喜欢摆弄那些在它们看来非常可怕的东西——至少是在玩腻之前。

奥斯瓦特讲道：“比如，你在鸟舍里放了一把椅子。前两周，渡鸦

可能只是站在一旁看着它。某一瞬间，它们突然冲上前去，在5分钟之内把椅子彻底肢解。你永远不知道什么东西会吓到它们。我有时会想：‘哦，如果把这个新的实验设备带进去，它们一定会吓坏的。’结果，它们根本无动于衷。而之后的某一天，我像往常一样走进鸟舍，它们却疯狂地乱飞乱叫。这实在是令人百思不得其解，直到我意识到， 148
‘哦，原来是我戴了一副新的手套’。渡鸦的大脑构造与哺乳动物相差甚远，它们的行为常常令人难以理解。”几年前，研究渡鸦的专家贝恩德·海因里希发表了一篇题为《为什么渡鸦会害怕自己的食物?》的文章。他在文中推测，作为吃腐肉的动物，渡鸦必须确保猎物已经彻底死亡；因此，它们会在行动前做好仔细的检查。对于新鲜和陌生的事物，渡鸦总抱有非常强烈的恐惧，这就是所谓的“恐新症”。这样一来，它们的贪玩天性也就显得愈发离奇了。

随后，我们离开隆德，驱车20英里，前往位于斯科讷省的小村庄布伦斯洛夫。车子驶入乡村，连绵起伏的田野上零星点缀着一些古老的农场。奥斯瓦特出生于隆德，并在那里上大学。现在，他和妻子海伦娜住在一间有150年历史的农舍里，饲养了许多动物，其中包括美洲鸵(*Rhea*)和鹅——这两类鸟属于古颚总目(Palaeognathae)，是现存的最原始的鸟类。

当我们抵达时，三只美洲鸵正在房子边的露天围栏中嬉戏。它们在沙地上玩耍，一会儿用嘴戳，一会儿用爪子挠。美洲鸵的自然分布区在南美洲；为了模拟那里的潘帕斯草原，奥斯瓦特特意带回了这些沙子。它们是鸵鸟和鸸鹋的远亲，只能在地面活动。瓜拉尼人将其称为“大蜘蛛”。

在我访问期间，厨房里还住着三只美丽的凤头鹅(*Eudromia*

elegans）。它们来自阿根廷西部，是古颚总目中唯一会飞的种类。不过，凤头鹎的奇妙之处在于它们的鸟卵——石灰绿色的卵壳犹如上了釉般光滑透亮，令人移不开双眼。这是鸟类世界中最闪亮、最惹眼的卵。奥斯瓦特想在凤头鹎身上做实验，以考察古颚总目的认知机制——抑制作用、工作记忆、学习能力和客体永久性[*]。但是，这种鸟相当容易受惊，无法进行训练。“只要人类靠得太近，凤头鹎就会惊慌失措，四散乱窜，”奥斯瓦特说，“它们甚至会害怕自己的饭碗。”然而，这
149 里也住着一只缅因猫，它经常趴在厨房的桌子上紧盯着凤头鹎。还有一只自以为是猫的猎狗，总站在附近的另一张桌子上。这只狗名为“猎人”；作为冠军猎犬，它能以每小时40英里的速度追赶一头鹿。但它在鸟群中似乎没有造成任何威胁，甚至会用舌头清理渡鸦幼鸟的脸。有一次，它为奥斯瓦特带回了一对小鸽子。“它张开嘴，里头有一对鸽子的雏鸟，”奥斯瓦特回忆道，“这对雏鸟连羽毛都还没有长出来，却毫发无伤。”不过，缅因猫可是真正的杀手，凤头鹎自然会感到有些紧张（不过奥斯瓦特坚持认为，即使是在开阔的户外鸟舍，它们也会同样紧张不安）。

作为一名认知动物学家，奥斯瓦特首先关注的是类人猿。他在2008年发表了一篇研究论文，有力地证明了非人类动物也可以提前做出计划。这一研究广受赞誉，奥斯瓦特也从此声名远播。这篇具有突破性的论文也是一份有些滑稽的行为报告。在瑞典的一座动物园，一只名为圣蒂诺的雄性黑猩猩做出了某些具有规划性的举动。就像我们在第三章中提到的那样，它把收集到的石块和其他投掷物分别藏在几个不同的地方，等心情不好的时候就把它们拿出来攻击游客。

---

* 客体永久性指的是个体理解物体是作为独立实体而存在的。即使个体不能知觉到物体的存在，它们仍然是存在的。——译注

后来，奥斯瓦特转而研究渡鸦。在某种程度上，类人猿与人类太像了，让他感到“有些无聊”。他说：“作为一名科学家，我可能不该这么说。但有时候，渡鸦似乎更加聪明，至少在某些领域是这样的。”

近年来，有不少学者将渡鸦的智力水平作为研究对象。奥斯瓦特和他的博士生卡塔尔茨娜·博布罗维奇在2019年进行了一项实验——摆出一排不同的物品，要求受试者在快速浏览后立刻选出其中的某一样。结果显示，渡鸦所用的时间只有人类的一半。显然，渡鸦对于视觉信息的认知速度比我们更快。与哺乳动物相比，它们的视觉系统能在单位时间内接收更多信息。在更复杂的挑战中，这种较快的视觉感知速度可能也会影响认知过程的整体速度。奥斯瓦特表示：“渡鸦在很多项目上都做得比猿类更好。这不由得让人震撼，毕竟鸟类是由恐龙进化来的。另外，与渡鸦互动是一种非常奇妙的体验，全 150
然不同于其他鸟类。比起秃鼻乌鸦或寒鸦（*Coloeus monedula*），它更像是一条小狗。”

在漫长的3.2亿年里，鸦科和猿类分别经历了不同的进化过程。但就复杂的认知能力而言，它们又惊人地相似。这令奥斯瓦特想到了一些有趣的问题。鸟类和灵长类的能力是独立进化而来的吗？或许它们的能力都来自数亿年前的同一个祖先？他在家中饲养了美洲鸵和鹅，在离农场一小时车程的地方饲养短吻鳄（*Alligator*），目的就是研究鸟类谱系的深层进化史，并将其与爬行动物进行比较。他认为，短吻鳄是高智商的爬行动物，“好奇心强，乐于探索，且易于相处。一旦足够熟悉，它们就不会用力咬你。但如果它们想发火而你的动作又不够快的话，你的靴子就会被它们轻轻地啃上一口”。鳄鱼在动物神经系统的进化研究中扮演着重要的角色。它们与现生鸟类的亲缘关系最接近，并和鸟类、哺乳动物有着共同的祖先。奥斯瓦特说：“我希望，进化论的观点能够帮助我们理解鸟类的复杂认知和玩耍行为。”

奥斯瓦特从进化的角度研究了灵长类动物、秃鼻乌鸦和其他鸦科鸟类。但他对渡鸦情有独钟。2018年，他和妻子海伦娜开始搭建一所宽敞的鸟舍，其中包括一间带有大玻璃窗的封闭型观察室。奥斯瓦特可以透过玻璃观察渡鸦，而渡鸦也可以观察他。然后，这对夫妇抚养了一群刚刚出壳的渡鸦雏鸟。在鸟舍完工前的几个星期里，他们的卧室里有12只渡鸦幼鸟。奥斯瓦特回忆道：“这些小鸟从清晨5点就开始乞食了。通过喂食，我们和它们之间形成了强烈的感情纽带。”现在，这群渡鸦几乎放下了戒心，可以舒服地坐在他们的胳膊或肩膀上。为了赢得渡鸦的信任，奥斯瓦特的研究生们还遭受了一番戏弄。“渡鸦经常考验他们。有一次，一位刚到鸟舍的博士后研究员被渡鸦狠狠地
151 啄了脑袋，流了不少血。但只要你能证明自己的地位，它们会非常乐意与你共事。”

目前，鸟舍里专门饲养着6只“冷酷、丑陋”的渡鸦：西登和朱诺夫妇、里卡德和“没有”夫妇，以及雌鸟托斯塔和恩布拉。奥斯瓦特说：“这都是一些可笑的名字。‘西登’在瑞典语里是‘丝绸’的意思；不过，它可是占统治地位的雄鸟，性子一点儿也不温柔。当我们第一次把西登送到这里来的时候，它的脚上系着一条小丝带，我就拿丝绸给它起名了。”那“没有”呢？“当时，我们根据实验方案来给雏鸟命名，它是唯一没有识别环的个体。于是我们就写了个‘没有’。”这里还有第七只渡鸦，但那是一只野生的雌鸟。奥斯瓦特说：“它并不知道自己是野生的，所以经常在附近游荡。实验开始时，我们打开鸟舍，它就会飞进来参加。实验结束后，它又大摇大摆地走出去了。申请研究基金时，我很难在实验伦理的部分解释这个情况：它是野生的，但它的参与又是完全自愿的。”

多年来，奥斯瓦特做了许多出色的工作，其中有一项研究似乎把渡鸦归到了类人猿和西丛鸦这一独特的群体中。这些动物能够利用过去的经验对未来做出规划。奥斯瓦特与研究生卡恩·卡巴达依教会了5只渡鸦使用一种特殊工具——一块具有特定重量和形状的石头。它们可以利用这块石头来打开一个装有美食的机关盒。尽管渡鸦并非生来就会使用工具，但它们有很强的学习能力，只需要一节课就能抓住窍门。奥斯瓦特表示：“作为一种不使用工具的鸟类，它们只要观察一次就能学会，真是了不起。”随后，实验人员收走了机关盒，拿出一大堆物品让渡鸦选择。在这些物品中，只有一件是可以打开机关盒的工具。在机关盒还会再次出现的前提下，渡鸦都选择了那件最有用的工具。17个小时后，即便实验人员能够马上提供少量食物，它们仍然坚持原来的选择，拒绝了“次等食物”的诱惑。它们选择了那件特殊的工具并将其存放起来，以便日后能获得更多、更美味的食物。

实验人员还教渡鸦使用这件工具兑换筹码。所谓的筹码就是一 152
些瓶盖，它们能给渡鸦带来更好的回报。在以物易物的测试中，渡鸦的表现胜过了猿类和人类儿童。

在两项测试中，渡鸦表现出的自我控制力、推理能力和对未来的灵活的规划能力都与类人猿相当。

它们实在是太聪明了，偶尔还能把实验人员打败。在这项实验中，奥斯瓦特遇到了一只令人感到棘手的雌鸟。它发明出一种完全不同的方式，用随手捡来的树皮碎片打开了机关。后来，他只能把这只渡鸦排除在实验之外。

鸟舍的地板上散落着各种各样的玩具——木棍、骨头、皮球、靴子、干草堆、洗澡用的浴盆，以及可以晃动的栖木；渡鸦会把栖木当作摇摆的平衡木或秋千。渡鸦还经常用一只脚把自己倒挂在树枝上，张开翅膀，然后再换另一只脚。奥斯瓦特说："据我所知，这个游戏的关键在于，不到必要时刻，绝不张开翅膀。它们还有另外一种玩法——用喙咬着树枝，把自己倒挂起来，脚上抓着一个玩具，然后同时松开喙和脚，试图在空中再次接住玩具。它们从来没有成功过，但总是乐此不疲。"在一旁围观的渡鸦也可能会突然加入游戏。

对于任何动物来说，玩耍都不是一种易于界定的行为。我们常寻找那些与人类儿童相近的玩乐行为，如小猫和毛线球扭打，小牛犊欢蹦乱跳，小狗拍打毛绒玩具。但在亲缘关系较远的物种中，这种行为就显得愈发神秘了。奥斯瓦特说："渡鸦的嬉闹是显而易见的，因为它们玩耍的方式与人类很相似。但在其他物种身上，我们可能会错过一些难以和玩耍联系在一起的行为。或许，一旦观察到某些形式极端的状况，我们就能明白它们的玩乐方式了。不过，对其下定义是非常困难的。"

153 事实上，玩耍往往是通过否定和排除来定义的：它是没有目的的行为，没有明显的适应功能，无法提高动物的生存和繁殖机会——至少没有任何明显的作用。

为了形成更加积极的定义准则，识别不同物种的玩耍行为，不久前，田纳西大学诺克斯维尔分校的进化心理学家戈登·布格哈特提出了五个判断标准。首先，尽管玩耍可能与其他情境下的某些有益行为相似，但它不具备任何功能。例如，小狗拍打毛绒玩具，就和狼撕扯猎物一样，但它通常不会吃掉玩具（不过，我的狗是斗牛犬和拉布拉多的混血后代，它真的会吃掉玩具）。玩耍是夸张、笨拙、重复的——正如圣克鲁斯岛上渡鸦做出的过多浮夸的特技飞行——而且通常是没有必要的行为。玩耍也是自发、自愿、愉快、有意识、有回报的行为。只有动物获得了足够的食物，处于没有压力的健康状态时，它们才会玩耍。布格哈特总结道："不同于适应性行为，玩耍是重复且不具有功能性的……并在动物处于放松、无刺激或低压力环境下的时候进行。"换句话说，这是一种非必要行为，但绝不是无聊之举。

布格哈特承认，这种简略的描述并不能完全覆盖玩耍的行为特征，但它能识别动物的某些行为，以及之前那些被人们忽视或排除的状况。

几十年来，甚至是几个世纪以来，博物学家们都心知肚明：动物是会玩耍的。但人们认为这种活动仅限于哺乳动物，比如人类、马、黑猩猩、猫和狗、水獭、海豚。至于野生鸟类，或者任何野生的非哺乳动物，也可以奢侈地追求基本需求之外的乐趣和消遣——这种想法几乎让人不敢相信。而近年来，布格哈特和其他学者发现，动物世界里出现了各种令人意想不到的玩耍行为。章鱼会玩乐高积木，会通过喷墨汁来扔皮球。湾鳄（*Crocodylus porosus*）会击打悬挂的小球。在华盛顿的国家动物园，巨蜥（*Varanus*）会玩扔球游戏，而科莫多巨蜥（*Varanus komodoensis*）则与饲养员拔河。据观察，科莫多巨蜥会扯出饲养员 154
口袋里的笔记本，并叼着本子四处炫耀；它们就像叼着鞋子到处跑的狗，只不过是慢镜头版的。箭毒蛙互相嬉戏打闹。就连鱼也会在水上跳来跳去，拍打皮球，用鼻子使小树枝保持平衡。布格哈特还看过圈养的鳖"打篮球"；它们用鼻子顶，用四肢拍，甚至还绕着饲养场追逐篮球。

那鸟类呢？

许多不同种类的鸟都会扔东西。彩虹蜂虎（*Merops ornatus*）、莺和鹈鹕会扔鹅卵石，美洲鸬鹚（*Phalacrocorax brasilianus*）与美洲绿鹭会把树枝、树叶、豆荚和鱼扔到空中。还有很多鸟类享受"速度与激情”的感觉。阿德利企鹅（*Pygoscelis adeliae*）踩在小块浮冰上随潮水冲浪，就像水獭在水上滑行一样。彩虹鹦鹉（*Trichoglossus moluccanus*）在树枝上荡秋千。曾有人见过安氏蜂鸟（*Calypte anna*）顺着软水管的水流滑下，然后再回到水流顶部，一遍又一遍地体验水上漂流。斑噪钟鹊用树枝拔河，还会玩鸟类版本的攻城游戏：一只个体占领很大的栖木，而其他个体要想办法将其打倒。胜者可以一直占领这棵栖木，直到它被另一只鸟打出场外。安德鲁·斯基欧奇曾见过一群白翅澳鸦在地上躺成一排，一个挨着一个，仰面朝上，双脚抬起，来回传递着一根木棍。他曾在这个特定的澳鸦群体中多次目睹这种行为，却从未在其他群体里见过。因此，他认为这是一种习得的社会型游戏。在著名的《像鹦鹉一样思考》一书中，作者艾伦·邦德和朱迪·戴蒙德写道，啄羊鹦鹉“常常在野外嬉戏打闹，扭成一团；跳到彼此的背上；翻过身，把双脚举到空中摆动；一边踩着对方的肚子上蹿下跳，一边扑扇翅膀”。

那其他的鹦鹉呢？它们既然可以在树枝上翻滚、倒挂，那在觅食的时候，为什么还要直立着从下往上吃呢？

飞到空中的海鸥会丢下蛤蚌或其他东西，然后立刻俯冲下来把它
155 接住。这种行为在强风中更为常见，这表明海鸥似乎更喜欢富有挑战性的游戏。哥斯达黎加的绿眉翠鴗（*Eumomota superciliosa*）会在食物上蹦蹦跳跳。就职于哥斯达黎加国立大学的研究员苏珊·M. 史密斯写道，如果一只绿眉翠鴗刚刚吃过东西，“在经过一小块食物的时候，它可能会选择视而不见，但随后就回过头来猛扑。有时，它会突然回头一看，兜圈追起自己的尾巴，通常要转四五圈才会停下来”。有一次，史密斯看到绿眉翠鴗朝着某个方向转了4圈，停下来看了看后，又忽然冲着另一个方向扑去了。“我曾见过5只绿眉翠鴗的9次‘追尾’

行为，没有一只鸟能成功碰到自己的尾巴。”

好吧，这种举止确实是“夸张、笨拙、重复的”。

年纪较轻的阿拉伯鸫鹛（*Argya squamiceps*）经常会玩各种游戏——摔跤、斗鸡（两只鸫鹛迎面相撞，试图让对方失去平衡）、拔河和攻城游戏——有时一天要玩好几个小时。

鸟类喜欢玩耍。奥斯瓦特说，并非所有种类都像之前列举的典型案例那样，以很高的频率或复杂的形式玩耍。“但如果让我下注的话，我敢打赌，绝大多数鸟类都会玩耍。毕竟我亲眼见过美洲鸵和鸸鹋嬉戏——这可是人们认定的‘原始’物种。”即使是不太喜欢玩耍的鸟类偶尔也会变得活泼。乔·赫托对佛罗里达州低洼林地中的火鸡（*Meleagris gallopavo*）非常熟悉，他对火鸡的描述也给我留下了深刻的印象：“年幼的火鸡总是一脸严肃，对任何活动都抱着谨慎的态度。但随着身体的生长和发育，它们开始扩大自己的活动范围，也表现出一些精力充沛的行为，如同玩耍一般——在翅膀的辅助下进行自发、短暂的跳跃，自顾自地躲来躲去，仿佛面前存在着一个假想敌。”

科学家总结出三种主要的玩耍类型，每一种都是渡鸦喜欢的。第一种是仅用身体移动来进行的运动型游戏——跑、跳、踢和旋转。从企鹅到蜂鸟，世界上的鸟类共分为27个目，其中约有一半会玩这种游戏。第二种是玩具型游戏，即反复摆弄“没有意义”的物品——捡 156
起、投掷、丢下、撕扯树叶、树枝、石头和其他物品，或在这些东西上蹦跳——这是鸥、猛禽、猫头鹰、啄木鸟、鸣禽和鹦鹉会做的事。第三种是社会型游戏。根据目前的研究，啄木鸟、鸣禽和鹦鹉能够做这种最罕见和最复杂的游戏。它们在安全的空间内与其他个体嬉戏——摔跤、追逐、模拟格斗。这种混乱的扭打之所以能被称为“游戏”，是因为它有一套必须遵守的基本原则：公平竞争，点到为止，轮流参与。后者是最重要的一点，也是一项基本的社交技能。有时候，动物会把不同的玩耍类型结合起来，研究员塞尔吉奥·佩利斯将其称为混合型的“超级游戏”。奥斯瓦特就看过这种“超级游戏”，即渡鸦在倒挂的同时摆弄小玩意儿。

听起来，鸟类的玩耍行为似乎很常见。但事实上，在全球1万多种鸟类中，只有百分之一的种类有过玩耍的记录。奥斯瓦特怀疑，这是因为人类对大多数鸟类的研究都不够彻底。

复杂的游戏需要三个先决条件，渡鸦都能满足：第一，相对脑容量较大（即脑容量与体型之比，渡鸦就是相对脑容量最大的鸟类）；第二，个体在亚成阶段与亲鸟相处的时间较长（亚成渡鸦会与家庭成员共处5个月）；第三，能够尽可能地利用各种不同的食物资源（渡鸦正是食性泛化的多面能手）。大多数参加社会型游戏的鸟类都有一个复杂的社交系统。鸭科中存在一种名为“协同游荡”的行为，即一群鸭子漫无目的地漂浮在水上。然而，真正的社会型游戏主要存在于那些社会结构更复杂的鸟类当中，比如渡鸦和黑背钟鹊；它们的同盟是不稳定的，经常发生变化。

当我们进入鸟舍隔壁的观察室时，渡鸦都露出了警惕的神色。我们不能走进鸟舍，否则就会遭到攻击。现在已经是繁殖季了，西登和朱诺、里卡德和“没有”的巢里挤满了雏鸟。为了保护子女的安全，
157 渡鸦可以变得异常凶猛；高效的捕食技能也令它们成为出类拔萃的父母。据奥斯瓦特所述，有一回，一只雄鸟停在他手上，“它突然飞了起来，俯视地面，发现了一只老鼠。就在一瞬间，渡鸦扑过去杀死了老鼠，撕开后者的胸膛，扯出内脏，把鼠肉切成好几个小块。最终，送进雏鸟嘴里的老鼠肉还是温热的”。

我们远远看着西登把一大块马肉叼到浴盆附近。它在这里发现了一只黑色的橡胶靴，便把靴子拖过来盖在马肉上。再加上几根稻草，肉就藏好了。至少在我们看来是这样的。然而，西登的配偶朱诺立刻从鸟巢俯冲下来，抢走了藏好的马肉，带回去喂给雏鸟。

这种藏肉行为看起来就像是一场捉迷藏游戏，但它确实与食物的贮藏有关。渡鸦是贮藏食物的一把好手——但这种技能不是与生俱来的。研究表明，亚成鸟通过反复练习来学习藏匿食物的技巧。这可能是一条陡峭的学习曲线。奥斯瓦特说，一位邻居在自家饲养的马的鬃毛里发现了一大块肉。研究员拉乌尔·施温偶尔也会到奥斯瓦特的鸟舍帮忙，他补充了一些更奇怪的食物贮藏点："在清理鸟舍时，我经常弯下腰来检查水管的裂缝。突然间，我的后裤兜被塞进了一块肉；回头一看，一只渡鸦幼鸟在我屁股后面蹦来蹦去，好像在说：'看！我也能藏东西了！'"

研究表明，成年渡鸦能察觉自己在贮藏食物时是否遭到了其他个体的监视，并采取一系列手段来防止自己的食物被盗：等到竞争对手离开后再贮藏食物；在竞争对手在场时远离贮藏点；设置障碍物扰乱视线；寻找其他个体看不到的贮藏点——树后，岩石下，鸟舍的浴盆、柴堆或旧靴子里。维也纳大学的托马斯·布格尼亚尔和他的同事通过一项巧妙的实验发现，当隔壁房间里的渡鸦发出声音时，实验个体会立刻做出反应，保卫自己藏好的食物。但这种情况只会发生在房间之间的窥视孔被打开的时候。这表明渡鸦不仅是"行为解读者"，还 158
能从另一只个体的角度思考问题，记住其他个体看得到或看不到的东西——一些科学家认为这是复杂认知能力的关键组成部分，即所谓的心智理论。

一只渡鸦雏鸟每天要吃掉1.5磅的肉。奥斯瓦特说："在去年的4

月到7月，光是这两窝雏鸟就吃掉了一整匹马。我简直不敢想象它们在野外是如何生存的。当雏鸟还小的时候，雄鸟必须负责喂养配偶、子女和它自己。”难怪繁殖季的渡鸦成鸟不太喜欢玩耍。

但就在几周前，奥斯瓦特饲养的6只渡鸦还在雪地里嬉闹。他回忆道：“它们非常喜欢雪，玩法也十分经典——从雪堆上滑下去，爬上来，再滑下去；有时它们的脚上还会抓一根小棍子。你可以朝它们扔雪球；而它们会排成一排，用尽全力向上跳，试图接住雪球。有时，一只渡鸦会在经过另一只个体时伸出腿拉扯对方。遭遇偷袭的个体也会抓住袭击者的腿，结果两只渡鸦都失去平衡，摔倒在雪地里。砰！两只互相缠着腿的大黑鸟在雪白的地面打滚，脚上可能还抓着什么玩具。那场面看起来真是太滑稽了。”

渡鸦也喜欢洗澡——但不是为了清洁，也不是为了取暖或降温，而是为了在水里嬉戏打闹。贝恩德·海因里希设计了一系列实验，以判断鸟类洗澡的目的是清洁还是改变体温。为了弄脏实验对象，他朝它们身上喷蜂蜜和牛粪，但这对其洗澡速度没有任何影响。不管是在零下45华氏度的寒冬，还是在90华氏度的酷暑，它们的洗澡速度都没有发生变化。海因里希说：“温度并不是影响洗澡的因素。它们想洗澡的时候就洗澡，纯粹是为了好玩。”

“渡鸦在寒冬过后的第一次沐浴是非常有趣的画面。”奥斯瓦特说。渡鸦聚集到鸟舍周围的浴盆和水池边缘，一次次地潜入水中，呱
159 呱乱叫，水花四溅。

渡鸦以发明各种游戏的能力著称。奥斯瓦特说：“在不同的渡鸦饲养所，你会看到各类不同的游戏——那都是它们自己发明的。每次给它们介绍一个新的游戏，它们都能很快地掌握规则。”优秀的动物学家埃伯哈德·格温纳曾揭示了候鸟体内的生物钟。在20世纪60年代，

他将注意力转向鸦科——渡鸦、乌鸦和秃鼻乌鸦的玩耍行为。渡鸦如何设计自己的新游戏？其他个体如何模仿？在最初的发明者死去后，其他个体如何将这个游戏传承多年？用格温纳的话说，这是一种游戏文化。

奥斯瓦特表示，给渡鸦一只罐子或空花瓶，它就会把头伸进去，好奇地听自己的声音。“这与人类儿童所玩的感官游戏是一样的，儿童也喜欢对着能改变嗓音的东西说话。”渡鸦的雏鸟会坐在角落里自顾自地咯咯笑。在奥斯瓦特饲养的渡鸦中，有一只雄鸟在年幼时翅膀受伤。为了避免二次损伤，这只鸟被安置在电围栏旁边的一个小型鸟舍里，而它附近就是农场的马群。当电围栏发出“咔嗒咔嗒”的声响时，马群都会向后退。渡鸦学会了模仿这种声音，以彰显自己的地位。奥斯瓦特说：“它可能意识到，‘哇，太酷了！我可以让一大堆肉移动！’这种声音成了它在自我炫耀时的招牌叫声——把羽毛抖得蓬松，让自己显得更大，发出一声短促的‘咔嗒’。”

有些鸟会反复地扔东西，聆听物品掉落的声响。在新南威尔士州，有人看到粉红凤头鹦鹉往一栋乡间别墅的金属屋顶上扔小石子。众所周知，雄性斑大亭鸟会从一大堆贝壳中叼出几片贝壳，再将其扔回去。它们每回重复两三次，显然只是为了听到贝壳发出的叮当声。在《鸟类的游戏》中，米莉森特·菲肯提到庭园林莺（*Sylvia borin*）也有类似的行为：“一只庭园林莺在无意中把石子扔进了玻璃杯里，听到清脆的叮当声。其他鸟也非常感兴趣，纷纷开始往盘子里扔石头。”

这种“声学游戏”并不属于三种正式的玩耍类型，或许它应该成为第四种。一些科学家认为，亚鸣唱（年幼鸣禽发出的轻柔、随意、接 160
近于成鸟的鸣唱）可能就是一种声学游戏。威斯康星大学的劳伦·里特斯和其他人的研究表明，对于一只鸟来说，鸣唱练习或任何年龄段的鸟类在繁殖季之外的“无目的”鸣唱，在本质上都是一种激励，其涉及的神经活动与玩耍时激活的阿片类物质通路一样。如果事实真是这样——4 500多种鸣禽在繁殖季外的鸣唱都是一种游戏形式——那么会玩耍的鸟类就远远不止百分之一了。

让我们回到野生乌鸦出现在鸟舍附近的第一年。当时，奥斯瓦特看到它正在和一只差不多年纪的赤鸢（*Milvus milvus*）玩耍。这两只鸟经常一起出去玩，它们紧挨着站在树上，偶尔做一些空中表演。有时是赤鸢先逗弄渡鸦，有时则反过来。

不同物种间的玩耍并不少见，但总是令人感到惊讶。我们可以在视频网站上找到许多有趣的短片。狗骑在小马驹身上到处跑；小猫和小鹿扭打在一起；喜鹊与小狗嬉戏；德国牧羊犬用鼻子蹭金刚鹦鹉；吉娃娃和小鸡依偎在一起；袋鼠热情地抚摸着一条狗，好像在说：“你可真是一条乖狗狗！”还有更令人震惊的组合：仓鸮和猫一起玩耍，哈士奇与北极熊打闹，甚至拥抱。

奥斯瓦特说，“动物能快速理解其他个体的玩耍行为”，即使它们是不同的物种。我们可以在人类、猿类、狗、猫和鸟的身上看到这种现象。因此，这其中必然有一个固定标志或一种特殊行为，让所有——至少是大多数的脊椎动物都能理解。有些动物在玩耍时有明显的信号，比如狗的“鞠躬”姿势（张开前腿、高抬臀部、向上摆动尾巴）、黑猩猩那结合了鬼脸和微笑的面部表情，以及狒狒弯下腰从两腿之间看出去的动作。另外，奥斯瓦特还补充了一些其他的信号，比如大跃步
161 或夸张的动作。他曾在动物园里和一只棕熊玩耍，从圈地的一头跑到另一头，并用鼻子去碰玻璃。他回忆道：“这头熊很快就掌握了游戏规则。黑猩猩上手得更快。”根据网上的视频，水族馆的企鹅会在玻璃水

箱中来回游动，和游客们玩“嘴巴碰鼻尖”的游戏。鸟类通常以立起头部、向后翻滚和侧身贴近玩伴的方式来开始一场游戏，也可能只是单纯地跳来跳去。

奥斯瓦特发现，渡鸦在羽翼未丰的时候就开始玩耍了。“我们大概可以在雏鸟出壳后的第40天开始观察它们。一旦个头高过鸟巢边缘，不论是一只还是一窝，它们都会像疯了一样地玩闹——拽、咬、啄鸟巢里的一切东西。”对于巢中的雏鸟来说，足足有三分之一的时间是用来玩耍的，这仅次于睡觉的时间，甚至比飞行训练的时间还多2倍。奥斯瓦特说：“长到亚成阶段后，它们所做的事基本上就是玩和吃。”雏鸟的娱乐情绪似乎具有传染性。当一只鸟开始玩，另一只鸟也会跟着玩。

后来，奥斯瓦特还发现，玩耍的传播性并不是所谓的行为同步，即鸟类群体在同一时间做出相同的行为。如果一只渡鸦正在玩玩具，另一只渡鸦可能会开始进行移动身体的游戏，而其他个体则玩起社会型游戏。他讲道：“具有感染力的似乎是玩乐的情绪。”积极的情绪感染也存在于其他动物，比如黑猩猩和老鼠当中。根据科学家的最新发现，渡鸦的负面情绪也会传染。在某项实验中，一只渡鸦看到同种个体由于得不到奖励或者食物不好吃而感到失望，它对食物的兴趣也会随之减弱。人们认为，无论是积极还是消极，这种情绪的感染都是移情作用的基石。

虽然我们看不见西登和朱诺的鸟巢内部，但里头的雏鸟可能正在 162
投入地玩耍——撕扯着鸟巢底部的各种小碎片，在狭小的空间里与兄弟姐妹嬉戏。这种古灵精怪的贪玩天性打破了其固有的阴郁形象。即便当时是繁殖季，名为里卡德的成年雄鸟也在一根被铁链挂着的木棍上玩耍，侧着身子来回摆动。

奥斯瓦特很好奇，世界上会玩耍的动物寥寥无几，为什么渡鸦能从中脱颖而出呢？只有少数动物有着复杂的、具有创新性的玩耍行为，例如类人猿、海豚、鹦鹉和鸦科鸟类。在动物的系统演化树上，这种游戏似乎只是零星出现，并且相距甚远。动物王国共有大约30个门，其中仅有3个门包含会玩耍的物种。而且，这3个门下也存在许多不会玩耍的分支。至于鸟类当中的头号玩家，非鹦鹉和鸦科莫属；但它们分别经历了9 200万年的进化历程，亲缘关系很远。

玩耍行为在动物界中呈不规则的跳跃式分布，尤其是那些复杂的玩耍行为。这表明它经过了多次独立进化，并在某种程度上具有重要的作用。但它的目的一直是一个谜，也是目前最难解决的问题。奥斯瓦特说："我们依然不知道其中的原因。"

传统观点认为，玩耍只有一个功能——磨炼成年后所需的重要生活技能，比如捕猎和战斗。奥斯瓦特说："人们最先想到的是，'哦，这是一种练习'。"这个想法可以追溯到100多年前的卡尔·格罗斯。他在1898年出版了一本书，名为《动物的游戏》。"通过各种游戏，小动物学会了如何应对日后的生活挑战，"格罗斯写道，"显然，游戏并非来源于生存，生存才是游戏之子。"游戏是生活斗争的训练基地。

"幼鸟的玩耍和成鸟的生存技能之间存在联系"这一观点，目前还没有得到太多实验证据的支持；但它确实不无道理。根据奥斯瓦特的观察，幼年的渡鸦几乎会摆弄每一样新鲜的东西——树枝、石头、不可食的浆果、瓶盖、小贝壳和玻璃。这种早期的玩耍可以帮助幼鸟区分安全的物品和危险的物品。而摆弄玩具似乎能促进亚成渡鸦提高贮藏食物的技能——如何更好地伪装贮藏点，如何利用障眼法，如何防
163 止食物被其他个体偷走。托马斯·布格尼亚尔和他的同事们还发现了一种藏匿玩具的行为，它也可被称为"迷惑贮藏法"。渡鸦将一些不能食用的玩具偷偷藏了起来，比如小石块、树枝和五颜六色的塑料制

品。在没有风险、不会失去宝贵食物的前提下，这种行为让它们有机会评估其他个体的偷盗水平，并将收集到的信息应用于下一次的食物贮藏。

我们不难理解，发生在早期的复杂社会型游戏可能会令日后的社会关系更加稳固。它能促进社会联结，建立社会等级，并教会动物如何以积极的方式与其他个体互动。

同样地，跳水、俯冲等运动型游戏或许是练习躲避捕食者的好方法。不过，渡鸦的高难度翻转和空中坠落有什么用处呢？如果非要说这种浮夸的行为也是生存练习，那就有点言过其实了。奥斯瓦特说："渡鸦的飞行技术非常高超，任何猛禽都奈何不了它们。它们的运动型游戏往往是为了挑战自我，并不断提高难度。这是一种为自己设置障碍的行为，许多聪明的动物身上都有类似的现象。"例如，渡鸦会用脚抓住一个东西，然后以一种非常笨拙的姿势把它放置在细长树枝的末端，试图令其保持平衡。奥斯瓦特解释道："这是典型的渡鸦游戏。它们经常会做出一些非同寻常、在任何生物相关背景下都没有意义的事。"

戈登·布格哈特表示，一些玩耍动作可能起源于某些具有特定功能的实践或练习，比如海豚的吹泡泡、黑猩猩的单脚尖旋转，以及一些猴子和猿类的闭眼奔跑。但随着时间的推移，这些行为发生了跳跃式进化，"彻底脱离了潜在的功能系统"。奥斯瓦特也同意这一观点，即某些形式的游戏可能是技能训练的副产品，但在随后的进化过程中发挥了不同的功能。他说："对于不同的动物来说，游戏的功能也可能是不同的。"或许，还有另一种可能。比如，鸦科鸟类的祖先会进行某种 164
寻找物品的娱乐活动，而这一活动最终演变成了贮藏食物的新做法。

或许，玩耍是一种应对意外状况的训练。半个世纪前，埃伯哈德·格温纳提出,游戏令渡鸦拥有非凡的行为灵活性,使它们在面对环境挑战时能发挥出更具“多样性和适应性的行为”。最近,这一观点被马克·贝科夫及其同事重新提出。他们认为,“玩耍能够增加运动的功能性,提高自身从突发状况和高压环境中恢复的能力”。因此,动物在游戏中积极地寻找和创造各种意外状况,将自己置于不利的地位或局面。通过玩耍,动物可以在一个安全的环境中尝试不同选择。

它还可以减轻压力。在一些年幼的动物中,低水平的应激激素皮质酮与大量的娱乐行为相关。没有压力的动物可能更喜欢玩耍。不过,无论是在当下还是应对未来的压力事件,这种行为或许都有助于缓解压力。例如,有些鸟类会进行格斗游戏,其中包含了真正的战斗元素,并激活了大脑中的某些神经化学通路。而这些通路与真实情境中的“战斗或逃跑”反应是一致的。通过在安全环境中创造出轻微的压力,格斗游戏可能会改变鸟类对压力的敏感性。因此,等到遇上真正的压力挑战时,它们受到的精神创伤将会减小,恢复的速度也将变得更快。

人们都想知道,玩耍到底能给渡鸦带来什么好处?而其中一个办法就是不让它们玩耍,再观察它们的后续行为。奥斯瓦特说:“这几乎是不可能实现的。我们不能限制它们的‘鸟身自由’;这样既不道德,也会造成巨大的压力。而压力又是一种非常复杂的混合因素。”

在实验室中,被剥夺了玩耍自由的老鼠无法发育出正常的大脑。科学家们将亚成个体与成年个体放在一起,令前者的玩耍冲动受到抑制,从而导致了这样的结果。而另外一组亚成老鼠同样被剥夺了玩耍
165 的行为,但可以参与其他形式的社会交流,比如相互抚摸和嗅探;结果显示,它们的前额叶皮质层也无法正常发育。因此,动物的玩耍行为或许还有另一个重要目的——大脑的健康发育。

奥斯瓦特有一个与此相关的假设。“这是一个非常不靠谱的假设。我甚至不能称其为假设，它只是一个想法。”他说。但它确实是一个有趣的想法。也许，玩耍具有促进大脑再生的功能，尤其是对于成年渡鸦而言。我们知道，神经干细胞分化出新的神经元——神经发生——出现在冬天贮藏食物的鸟类身上。这一生理过程主要发生于海马体，而海马体是大脑中负责学习、记忆和调节情绪的部分。(有证据表明，人类也有机会在海马体中产生新的神经元。)奥斯瓦特设想道：“或许，玩耍就跟睡眠一样。睡眠是科学研究中的另一个谜团，我们需要靠它来更新和巩固记忆。”

当然，关于渡鸦玩耍的原因，最合理的解释就是有趣。奥斯瓦特说：“我们科学家或许不应该这么说，但几乎每个人都会同意这一点。在严谨的论文之外，我们能感受到渡鸦玩耍的乐趣。而这种乐趣本身就是一种强有力的回报。”最近，奥斯瓦特和几位来自牛津大学、马克斯·普朗克鸟类研究所的同事共同进行了一项研究，探讨乌鸦、渡鸦和寒鸦的玩具型游戏。研究发现，在面对食物和玩具时，渡鸦通常会选择后者。奥斯瓦特说：“玩具型游戏的重要性甚至让渡鸦拒绝了食物。”

研究表明，鸟类也能像哺乳动物一样体验乐趣。在一篇名为《鸟类具有娱乐能力吗？》的文章中，认知学家、鸦科鸟类专家内森·埃默里和妮古拉·克莱顿谨慎地认为，答案是肯定的。在大多数动物中，玩耍似乎是释放多巴胺和内源性阿片类物质的强力开关；前者活跃于大脑的反馈系统，而后者对于快乐的感觉来说至关重要。虽然我们还不知道鸟类是否也有类似的生理过程，但它们确实拥有相同的、能够感知乐趣和激励的神经学基础。埃默里和克莱顿写道：“多巴胺似乎在鸟类的反馈机制中扮演着重要的角色。在一些同功的大脑区域，我们

也发现了多巴胺的存在。这表明它也控制着鸟类对激励诱导因素的
166 搜寻。”我们还知道，鸟类的社会型游戏和无目的的鸣唱行为都与大脑中内源性阿片类物质的活动紧密相关。这种物质会在控制快乐和激励的大脑区域大量生成。

奥斯瓦特表示，反馈系统是动物行为的中心。这是我们吃饭和做爱的原因，也是我们观察鸟类和研究鸟类的原因。奥斯瓦特总结道：“大部分人都没有特别的目的。科研、学习、写书——我们做这些事情的主要原因就是热爱。这与人类的探索或娱乐行为密切相关。研究鸟类、登上月球或探究任何没有实用性的领域都是毫无用处的。这只是学习基础知识的过程，对人类来说很有趣；我们可以从中学到很多
167 东西，但它实际上也只是一种玩耍罢了。”

第八章

山上的小丑

走进梅瑟利研究中心的鸟舍，我感觉自己就像是来参加热闹的家庭聚会。啄羊鹦鹉就像一群孩子一样，径直扑过来迎接我，仿佛我是在场最受欢迎的阿姨。它们摇摇摆摆地跑过来，聚在我脚边高声大叫，用嘴扯我的口袋，好像在说："你给我们带了什么礼物？你给我们带了什么礼物？"

目前，世界上有两个研究啄羊鹦鹉的实验室。一个位于新西兰，是奥克兰大学的研究员亚历克斯·泰勒在最近建立的；另一个就是我正在拜访的研究中心。该中心距离新西兰有半个地球之远，位于下奥地利州[*]的美丽乡野。这是维也纳两所大学的合作成果，30年前由认知生物学家路德维希·胡贝尔发起。如今，该项目设立在巴特弗斯劳镇[**]外的海德霍夫研究所。它包括维也纳大学的托马斯·布格尼亚尔所领导的渡鸦实验室和维也纳兽医大学的拉乌尔·施温所领导的啄羊鹦鹉实验室。施温在经理阿梅莉亚·魏因的帮助下管理着实验室。魏因主动提出带我参观鸟舍，并观看下午的鹦鹉喂食。时值4月，啄羊鹦鹉与渡鸦一样，在这个时期繁殖；但魏因告诉我，现在正是进入鸟舍与 169

* 下奥地利是奥地利面积最大的州，人口仅次于维也纳州。——译注

** 巴特弗斯劳是奥地利的城镇，位于该国东北部，由下奥地利州管辖。——译注

它们碰面的最佳时机。不过，她警告道："电话、手表、耳环等一切物品都不能带进鸟舍。"

现在我知道为什么了。充满好奇、摇摇摆摆的啄羊鹦鹉一个接一个地朝我走来。它们探索着我身体的每一寸，不停地扯我的牛仔裤、衬衫、袜子和鞋子，带着超乎寻常的好奇心检查每一件新鲜的东西，用弯曲的长喙碰碰这里、碰碰那里，就像蹒跚学步的婴孩用食指到处乱戳一样。事实上，这群鹦鹉让我想起了自己的女儿。当她们还是婴儿的时候，她们经常抓着我的头发和耳环，一边使劲地拉，一边兴奋地尖叫，然后又松开小手。突然，啄羊鹦鹉落在我的运动鞋上，开始扯我的鞋带；最终，两边的鞋带都被解开了，就连鞋带的末端都被拆散了。魏因笑了起来。我看了她一眼，发现她几乎被啄羊鹦鹉淹没了——肩膀上站着两只，头顶也有一只；后者已经非常顺手地取下了她的塑料发卡，开始用嘴剪她的头发，仿佛前世是一名理发师。还有一小群啄羊鹦鹉在啃她的鞋子。她把肩膀上的那只鸟赶了下去，说道："不！这可是我最喜欢的衬衫！"

魏因告诉我，她所有的衬衫上都有啄羊鹦鹉留下的小洞。这种鸟最喜欢的活动之一就是打洞和穿孔。它们还喜欢用力啃咬魏因的手指、耳垂和跟腱。"如果它们的喙跟其他种类的鹦鹉一样，我们的手指大概就没了。"魏因说。不过，不同于其他鹦鹉，啄羊鹦鹉的喙不是用来咬碎坚果或给种子剥皮的；它更像是一只钩子，能够更好地挖掘植物（如百合、雏菊和针茅草）的根，翻动石头和木棍，探索沿途的各种东西——垃圾筒、太阳能电池板、汽车、帐篷和鞋带。

啄羊鹦鹉是一种硕大而健壮的鹦鹉；其背部是华丽的橄榄绿色，翼下闪耀着火焰一般的橙红色。作为鸟类中最贪玩和闹腾的一种，在其位于新西兰南阿尔卑斯山脉的原产地，它们被当地人称为"山上的

小丑”。啄羊鹦鹉以巨大的脑容量和高超的智力著称，但同时也因各 170
种恶作剧和搞破坏的行为而臭名昭著。

在海德霍夫研究所的大型鸟舍中，工作人员饲养了许多啄羊鹦鹉和渡鸦，以便深入研究这两个物种的认知和玩耍行为。走进研究所，一阵奇妙的声音传了出来——那不是音乐，而是一系列兴奋、粗哑、刺耳和混乱的叫喊声。啄羊鹦鹉的鸟舍里有28只个体，一半是成鸟，一半是亚成鸟。几年前，西尼罗河病毒[*]在欧洲肆虐；这些鸟都是当时的幸存者的后代。它们都是由施温和他的同事命名的，有普鲁姆、帕普、潘凯克、可可、弗洛威、皮克、约翰、莉莉、威利，还有公认的天才科密特。自2008年加入这个实验室以来，施温一直在探索啄羊鹦鹉的标志性特点——智慧、勇敢、好奇、贪玩和不寻常的社会行为。这一系列特征令啄羊鹦鹉成为鸟类世界中独一无二的存在。

“我常说啄羊鹦鹉是怪鸟中的怪鸟，”施温说，“一般来说，鹦鹉都挺奇怪的，但啄羊鹦鹉把这种‘奇怪’上升到了一个新的层次，并表现在它们的进化、自然历史和行为当中。”它们是世界上唯一能在山区过冬的高山鹦鹉。大约在5 500万年到8 000万年前，啄羊鹦鹉、白顶啄羊鹦鹉（*Nestor meridionalis*）、诺福克啄羊鹦鹉（*Nestor productus*）和鸮鹦鹉（*Strigops habroptila*）脱离了其他鹦鹉（如虎皮鹦鹉和凤头鹦鹉）的进化路线，在古老的演化分支上形成了独立的鸮鹦鹉科（Strigopidae）。奇怪的是，啄羊鹦鹉的某些特征与隼十分相似。例如，它们在飞行时看起来更像猛禽；另外，作为一种鹦鹉，它们的鸣管相当原始。它们虽然具有复杂的发声方式，却不能像凤头鹦鹉或非洲灰鹦鹉那样模仿人类说话。不过，啄羊鹦鹉总是一副厚脸皮的模样，看到

* 西尼罗河病毒是一种热带和温带地区的病毒，主要感染鸟类，也可传染给人和其他哺乳动物。——译注

它们就仿佛看到了人类自己。我常忍不住想：它们如果能说话，那么会说些什么呢？

众所周知，渡鸦和啄羊鹦鹉是世上最贪玩的两种鸟，但它们的行为举止截然不同。施温说：“我们研究所的最初设想正是比较渡鸦和啄羊鹦鹉。它们体型相近，并来自两个被公认为最聪明的类群——鸦
171 科和鹦鹉。”这两种鸟都生活在复杂的大型社会群体中，具有灵活而泛化的觅食策略，善于解决问题。

但它们的共同之处也只有这么多了。首先，啄羊鹦鹉的群体生活较为和谐，而渡鸦具有极强的领地意识，会用战斗来维护严格的社会等级制度。其次，它们对待新鲜事物的态度也有很大的差异。正如我们所知，渡鸦会对新事物表现出紧张和不安；啄羊鹦鹉则像被糖果吸引的蚂蚁一样，怀着无穷的好奇心，丝毫没有恐惧。在触碰不熟悉的物品之前，渡鸦会花好几周的时间盯着它看；而任何新奇的东西都会立刻引来啄羊鹦鹉的探索：“嗯？这是什么？我可以用它来做什么？”

亚历克斯·泰勒说：“啄羊鹦鹉对新鲜事物的热爱让人感到有些神秘。这些鸟在亚高山带的森林和高山地区之间迁徙，那里并没有什么特别的东西。然而，它们却进化出了对新奇事物的强烈渴望。尽管非常奇怪，但这种好奇心与它们的游戏水平有着紧密的联系。”

约尔格·马森是施温的同事，在布格尼亚尔的实验室中研究渡鸦。有一种观点认为啄羊鹦鹉和渡鸦分别有“嗜新症”和“恐新症”，但马森对此不敢苟同。为此，他进行了一项非正式的测试。实验室中的渡鸦都是他亲手养大或和他一起工作过的，它们对他十分熟悉。他在鸟舍旁边坐下，渡鸦纷纷飞了过来，期盼他能带来什么好东西。马森掏出了一个自行车灯；就在开灯的一瞬间，鸟儿全都飞走了。然后，他去了啄羊鹦鹉的鸟舍。啄羊鹦鹉每天都能看到马森走过，所以也不会

对他感到陌生。当他坐下时，没有一只鸟理睬他。直到他打开自行车灯，啄羊鹦鹉立刻拥上来将他团团围住。

施温表示，在海德霍夫研究所，这种两极分化影响了不同实验室对学生的培训方法。在以任何形式与渡鸦互动之前，学生们必须在鸟舍外面站2周到3周的时间，让它们有机会了解自己。“而啄羊鹦鹉的
情况恰恰相反，”施温讲道，“我们让受训的学生与饲养员一同进入鸟 172
舍，帮忙打扫卫生。这样，啄羊鹦鹉就可以在日常活动中了解他们。一旦测试开始，我们不希望啄羊鹦鹉对其他人产生兴趣。它们应该专注于自己本该做的事情，而不是跟素不相识的陌生人玩耍。

“我认为渡鸦和啄羊鹦鹉一样大胆——但仅仅是针对它们熟知的人和事物。而啄羊鹦鹉不会放过任何一件新鲜玩意儿。所以，渡鸦和啄羊鹦鹉都会被新奇的事物所吸引；但渡鸦关注的是自己了解的东西，啄羊鹦鹉关注的是自己不了解的东西——这种差异对它们的行为产生了巨大的影响。这意味着我们在设计实验和解释行为的时候必须非常谨慎。如果一个人总是很小心，那他大脑中的某一部分会一直处于警戒状态。但啄羊鹦鹉不是这样的。”

为什么一种生活在山区的鸟类会进化出追求新鲜和不停玩耍的欲望呢？啄羊鹦鹉玩耍的原因和其他鸟类是一样的吗？

施温也走进了鸟舍。显然，他才是家庭聚会上最受欢迎的叔叔。鸟儿们围在他身边，发出响亮、高亢和长长的“咦——呀——”声；毛利人正是用这种声音来给啄羊鹦鹉起名的。[*]这是一种接触鸣叫，用于互相问候。

---

* 啄羊鹦鹉的英文名为Kea，是其鸣叫的拟声词。——译注

如果只说这种鸟会鸣叫的话，那未免也太轻巧了。它们叫得十分刺耳，喋喋不休地冲着同伴和鸟舍里外的人发出喵呜声、尖叫声、嘎吱声和震颤声。当我回放自己与施温、魏因的对话录音时，由于啄羊鹦鹉的叫声实在太大，我几乎无法分辨出人的声音。

施温研究啄羊鹦鹉的时间长达12年。其间，他在新西兰南阿尔卑斯山脉的原生栖息地待了4年多，以便对它们进行调查。“如果你想知
173 道新西兰的山有多绿，”施温指着一只正在摆弄运动鞋的啄羊鹦鹉，说道，“就是这样的绿色。当我用双筒望远镜观察从森林上空飞过的啄羊鹦鹉时，它们降落在灌丛里，就不见了。这真是不可思议，它们的羽毛和环境完美地融合在一起。”

啄羊鹦鹉具有很强的伪装色，但在行为上却无法帮助自己避免捕食者的侵害。相反，它们没有任何的警惕心理。它们的行为就像一个明晃晃的箭头，将其硕大的绿色身体暴露在外。这种大胆的行为之所以存在，是因为啄羊鹦鹉在原生栖息地中几乎没有天敌。那里生活着两种大型猛禽——沼泽鹞（*Circus approximans*）和新西兰隼（*Falco novaeseelandiae*）。施温说：“按体重来换算，新西兰隼是世界上最具攻击性的猛禽之一。”不过，没有人见过新西兰隼或沼泽鹞捕杀啄羊鹦鹉。他指出：“事实上，新西兰隼的体重只有啄羊鹦鹉的一半，前者还经常遭到后者的骚扰。这帮鹦鹉常常朝着它们俯冲过去，同时发出玩闹般的叫声，仿佛在说：‘来吧！一起玩吧！’”

不过，从前可不是这样的。据记载，艾尔斯鹞（*Circus teauteensis*）拥有长达8英尺的翼展，而哈斯特鹰（*Hieraaetus moorei*）是有史以来最大和最重的食肉鸟类；这两种巨型猛禽曾统治着这座岛屿。它们一度是最凶猛的捕食者，但后来都灭绝了。或许，啄羊鹦鹉就是在这两种猛禽的捕食压力下进化出伪装色的。

当施温在2.5磅重的单人帐篷里睡觉时，他第一次见到了野生的啄羊鹦鹉。他回忆道：“那顶帐篷小得可怜——对我来说刚好够大，我的脸和帐篷顶部之间几乎只有1英寸的距离。”为了让空气流通，他在睡觉前把拉链往下拉了几英寸。黎明前，他被头顶的一个声音惊醒；睁开双眼，他发现一只啄羊鹦鹉从拉链的开口处探了进来，用好奇的双眼直勾勾地盯着他。“我不知道我俩当中到底谁更害怕。”

这是一段人鸟之恋的开端。施温是第一个以野生啄羊鹦鹉为课题的博士。2年来，他记录了它们的各种叫声，并将其分为7组。其 174
中，表达“你好”的接触鸣叫尖锐而刺耳，能在有风的条件下进行长距离传播；还有一种轻柔的哨音，微弱得几乎听不到，但能对其他个体产生特殊的影响（施温将其称为“安慰鸣叫”）。梅瑟利研究中心里的一些啄羊鹦鹉会对施温发出这种哨音，但它在野外是极其罕见的。在施温录制的近25 000段叫声中，只有24段是这种哨音。他认为，这种声音是一只鸟与另一只鸟之间的私人交流，仿佛在说：“我需要安慰。”他拍摄的一段视频显示，有一只雄鸟站在长椅上，然后一只雌鸟飞了过来，停在雄鸟身旁，试图帮它整理羽毛，但被一脚踢开了。雌鸟往后退了一步，发出轻柔的哨声。听见声音的雄鸟立刻低下头，允许雌鸟过来帮它整理羽毛。“鸟舍里有一些难以驯服的粗暴个体，经常凶狠地到处乱咬，”施温说，“不过，当其他个体发出哨音后，它们马上就变得非常温和。”施温怀疑，这种声音实际上是鸟类内部情绪状态的外化。

当施温在一个调查样点录音时，一只啄羊鹦鹉偷走了他的笔；而这个样点是游客的观景台。于是，施温跟着这只鸟走到灌木丛，发现叶子底下藏着许多从游客那里偷来的“宝物”——两只奶嘴、四副眼镜、汽车的天线和橡胶绝缘材料，以及他的钢笔。就在同一个位置，一位不走运的苏格兰游客丢了一沓现金，一只啄羊鹦鹉从汽车仪表板前把钱偷走了。施温说，这件事妙就妙在当时新西兰已经把纸币都换成不会损坏的塑料钞票了。“塑料钞票是撕不坏的。所以，在山区的某个地方，有1 200新西兰元正垫在全世界最无法无天的啄羊鹦鹉的巢里呢。”

这种鸟非常喜欢恶作剧，也是声名狼藉的破坏者。在新西兰南阿尔卑斯山脉的露营地，啄羊鹦鹉常钻到停车场的汽车下面，偷走发动机软管，或者在房车的顶部咬出几个洞。在一次野外调查中，施温需要查看周围的环境，便租了一辆车。他告诉我：“我知道保险公司可以全额赔偿，但租车公司的人大概都惊呆了——当我回去的时候，车子
175 几乎快被撕成碎片了。”他给我看了一张照片。“这是那辆车的天线。啄羊鹦鹉花了3分钟就把它拆下来了。不是咬断的，也不是拔出来的，而是像人类一样拧下来的。”

与渡鸦和非洲灰鹦鹉一样，啄羊鹦鹉的脑容量相对于体型来说是很大的，并且脑部密集地分布着大量神经元。施温说：“它们几乎在行为的每个方面都表现出高超的智力水平。”位于奥地利的鸟舍有一座小木屋，里面安装了一台触摸屏电脑；研究人员运用这一设备来研究啄羊鹦鹉的认知能力，例如完成需要类比推理的任务的能力。如果啄羊鹦鹉按下屏幕上的正确答案，它们就会得到奖励。魏因说：“啄羊鹦鹉都在小屋外排队等候，因为它们很喜欢用触摸屏。”在硕士课题中，魏因考察了啄羊鹦鹉对图像内容的识别，并判断它们能否将在触摸屏上学到的图像投射到真实的物体上，反之亦然。她把任务的规则教给了啄羊鹦鹉：选择图片A能获得奖励，选择图片B则得不到奖励。“它们学得非常快，一下子就把触摸屏上的图像应用在真实物体上了，就像在第二次模拟考中全都考了100分一样。”

啄羊鹦鹉也非常擅长互相学习。在一项任务中，工作人员在一段

小管的内壁涂上了黄油——这是啄羊鹦鹉最喜欢的食物。这段小管被套在一根长长的立杆底部。为了吃到黄油，啄羊鹦鹉必须将小管从杆子上抽出来；这需要它们在叼着小管向上推的同时爬到杆子顶部。尽管从未见过这种装置，啄羊鹦鹉只要尝试几次就能完成任务。不过，当一只个体看过其他个体的表现后，它就会效仿有效的策略，从而一次成功。

科密特是梅瑟利研究中心里的“精神领袖”。每交给它一项任务，它都会以一种相当粗暴和喧闹的方式在几秒内解决——这是典型的啄羊鹦鹉风格。周围的其他个体常看着它，模仿它的动作。不久前，一组科学家为科密特和其他几只啄羊鹦鹉带来了新的机关：一只有机玻璃盒中装有盛放食物的小平台，只有将棒状的工具插入开口，
并将其推向食物的方向，这只盒子才能打开。对于啄羊鹦鹉来说，这 176
不是一项简单的任务。它们的喙是弯曲的，所以它们不能像新喀鸦那样直直地叼住工具，操控力也因此减弱。科密特想到了一种独特的解决办法——用喙从侧面叼住工具，然后把它换到脚上，再用喙调整角度，直到工具摆在合适的位置。在喙的指引下，它将工具插入盒子的开口，推向食物，最终获得奖励。

魏因说：“科密特是一只很执着的鸟，从不轻易受挫。如果连它都没有明白任务的内容，那多半是我们的实验出了问题。”

啄羊鹦鹉非常聪明、顽强，并且极为专注。在一个专为学习而设的小型鸟舍里，研究生特莎·范·维申正在测试啄羊鹦鹉是否愿意为了食物而工作。研究表明，大部分动物都喜欢某些形式的觅食挑战。比如，猫喜欢玩与食物相关的小游戏；这是一种激活狩猎本能和鼓励身体活动的方式。实验证明，这种挑战可以减轻它们的压力。啄羊鹦鹉也是如此，它们喜欢运用觅食技巧来解开机关。我们的到来丝毫没

有干扰到它们；这些鸟全身心地沉浸在自己的任务中，连头也不抬。

一旦啄羊鹦鹉学会解决某个问题或使用某种工具，它们就再也不会忘记。此时，施温拿出一只木盒。几年前，他精心设计了一项实验，并用这只木盒来测试啄羊鹦鹉的认知技巧和合作能力。木盒被放置在支架上，底部有一个托盘；如果触发机关，托盘就会降下来。在当时的实验中，托盘里装满了美食——被固定住的鹦鹉粮和奶油芝士。托盘上有四条铁链，它们分别穿过木盒侧面的孔。为了降下托盘、获得食物，四只啄羊鹦鹉必须同时拉动四根链条，一直到托盘被放下来。如果仅有一只鸟去拉链条，托盘就不会降下来；如果四只鸟中有一只过早松口，刚刚降下来的托盘就会立刻弹回去。

177 实验的结果令人惊讶。在科密特的领导下，其他个体在经过短暂训练后很快就学会了团结一致和坚持不懈。它们最终都获得了美味的食物。

几年后，国家地理学会的影片摄制团队来到实验室，想拍摄啄羊鹦鹉合作解开机关木盒的片段。施温回忆道："我没有抱太大的期望。"啄羊鹦鹉已经有一年多没见过这只木盒了。他将四只最聪明的个体送到等候拍摄的小隔间，并让工作人员安装摄像机。

"当时正值繁殖季，气氛有些紧张——它们在屋子里互相追逐，"施温讲道，"我感觉有点不妙。不过，当我打开门让它们去解开机关的时候，它们一个接一个地排成一列，前者的尾巴距后者的喙甚至不到一个身长。四只鸟毫不在意摄影师和灯光，以及一切不相关的东西，径直走向了木盒，找到自己的位置，开始拉动链条。

"我们将这一过程重复了几遍，好让摄制组拍下所有的角度和细节。最后，摄影师躺了下来；由于和一只啄羊鹦鹉靠得太近，他的头挡在了拉链条的方向上。这只鹦鹉走了过去，用脚把摄影师的头推到一边，以便继续拉动链条。

“记住这些内容对它们来说是小菜一碟。啄羊鹦鹉的专注力真是不可思议。”

现在，施温把木盒放在鸟舍的地板上，鸟儿们急不可耐地冲了过来，乌泱泱地围在木盒边。现场陷入了一片混乱。年纪较轻且没有经验的个体一次只拉两根链条，把木盒搞得一团糟；而成年的个体也任凭它们玩耍。这简直是一场鹦鹉暴动。

为了消灭入侵新西兰的一种哺乳动物——白鼬（*Mustela erminea*），人们设置了一些陷阱。但在新西兰的峡湾国家公园，啄羊鹦鹉已经想出了启动陷阱的方式。这种陷阱被安装在坚硬的木制盒子里，以防其他动物的破坏。然而啄羊鹦鹉能利用尺寸合适的木棍来启动陷阱，或者直接拧开盖子上的螺丝。它们有时能收获鸡蛋或其他饵食，而有时 178
只能得到砰的一声巨响。它们甚至还会挖出陷阱，将其滚到悬崖的另一边。

如此大胆和好奇的天性可能会招来麻烦。施温说：“它们太聪明了，有时候反而害了自己。几个月前，一名男子开枪射杀了七只啄羊鹦鹉，原因是这些鸟拆掉了他家屋顶的卫星天线。”

和渡鸦一样，啄羊鹦鹉也是奉行机会主义的“攫取性”觅食者——喜欢玩耍的鸟类都有这个特点。然而到了今天，它们在野外的觅食行为在很大程度上还是一个谜。在20世纪50年代和60年代，护林员J. R. 杰克逊对啄羊鹦鹉进行了首次野外调查，收集了大量关于其领地、食物、种群的数据和观察记录。施温说：“他是一个非常刻苦的人。在亚瑟山口，啄羊鹦鹉经常聚集到垃圾堆边上。为了更好地观察，杰克逊用一只粗麻袋套住自己，透过袋子的边缘往外看。哪怕有人过来踢这只麻袋，他也一动不动。”杰克逊发现，这些鸟在地下的甬道和洞穴里筑巢。这些巢址位于原木、石块和岩架之下，往往要钻过一条破损的小道才能抵达鸟巢入口。杰克逊名下有五六篇论文；后来，他在山里失踪了，据说还有一大沓论文笔记没来得及发表。

内布拉斯加大学的艾伦·邦德和朱迪·戴蒙德从20世纪80年代开始研究亚瑟山口的啄羊鹦鹉，还为这种“自相矛盾”的鸟写了一本引人入胜的书。与其他物种相比，啄羊鹦鹉有着非比寻常的广泛食性和社会型游戏——邦德和戴蒙德是最早注意到这一现象的人，并对它们的繁殖和觅食习性进行了探索。

啄羊鹦鹉开发了大量的食物资源，在所有鸟类中可能是最多样化的。它们可以吃很多种不同的东西，因为不得不这么做——高山环境所能提供的食物类型十分稀少——所以，这种鸟变成了“真正的杂食动物”。邦德和戴蒙德写道：“它们的口味十分多样，可以同时接受植
179 物性和动物性食物，就跟人类差不多。”啄羊鹦鹉简直是天生的植物学家，它们能以各种各样的植物为食。正如我们所知，它们知道如何处理有毒植物，挑出可食用的部分。它们可食腐；当然，如果可以的话，它们也会吃新鲜的肉，比如绵羊的臀部。

“我也不想承认，”施温说，“但它们确实会干出这种事。”这种行为引发了牧羊人的不满。坊间传闻，啄羊鹦鹉喜欢肾脏的味道，所以才会去咬绵羊的屁股。但施温并不相信这个说法。“这些鸟只会攻击不受保护的部位。直到今天，新西兰的牧羊人还会修剪绵羊的尾巴。小羊羔的尾巴是绑起来的，长到一定程度后就会被剪掉。”（这种习俗常带来一些奇怪和恐怖的景象。第一次在草原上看到散落一地的绵羊尾巴时，施温心想：“哇！这是我见过的最大的毛毛虫！”后来他才意识到不对劲。）

“关键在于，绵羊的长尾巴可以驱赶背上够不着的东西，”施温解

释道，“我想，啄羊鹦鹉正是看中了这块位于肋骨和臀部之间的‘无人把守’的嫩肉。所以，它们经常抓着这个部位不放，放肆大胆地撕咬。”

从1890年到1971年，政府提供赏金，鼓励民众杀死啄羊鹦鹉。乔治·马里纳在1908年写了一本相关书籍；根据他的说法，猎杀这种鸟的方法包括使用毒饵和特制枪械。马里纳将啄羊鹦鹉形容为“现存最好奇的鸟”和“最活泼有趣的伙伴”，但也同时吹嘘着自己猎杀它们的经历，“从黎明的第一缕曙光出现到黄昏的最后一丝微光消失，许多啄羊鹦鹉死在我的手上”。1986年，啄羊鹦鹉受到《新西兰野生动物法案》的全面保护；在那之前，有超过15万只个体被屠杀。

饲养绵羊的农场主该如何避免羊群遭受攻击呢？施温说：“事实上，对于他们来说，了解啄羊鹦鹉在社会学习方面的聪明才智可能是必要的。我的建议是，抓走第一只攻击绵羊的啄羊鹦鹉，以防这种觅食手段在群体中传播开来。我们把发明新手段的个体称为‘革新
者’，它通常是一只年轻的雄鸟。将其抓走后，羊群和啄羊鹦鹉可以再 180
次和平共处，直到下一个‘革新者’出现。”

对于玩耍的动物来说，除了高超的智力和具有创新性的觅食手段，亚成阶段的时长也是成功的关键因素。啄羊鹦鹉同样满足这个条件，它们的“童年”长达4年到8年。施温说：“即便是对于一只鹦鹉来说，这个时间跨度也令人难以置信。”啄羊鹦鹉并不像多数鹦鹉那么长寿。亚马孙鹦哥属（*Amazona*）通常能活八九十年。葵花鹦鹉的平均寿命为65岁；在人类的精心照料下，笼养个体甚至可以活到120岁。施温说：“啄羊鹦鹉最多只能活40年。因此，即使它们的亚成期只有4年，也占了预期最长寿命的10%——与大多数生物相比，这是一个非常大的比例。”

恰好在这个时候，一只出生于前年、名叫斯基珀的亚成鸟朝我们走过来。它迈着两条罗圈腿，羽毛蓬松，看起来傲慢又可爱。它的喙和眼睛周围都有一圈黄色，羽冠也有些发黄；这是区分成鸟和亚成鸟的主要特征。斯基珀趾高气扬、大摇大摆地走着，仿佛这里是它一只鸟的地盘。

不过，这里还真是它的地盘。

施温说，这是啄羊鹦鹉的另一个特殊之处。在漫长的童年时期，亚成鸟在社会等级中占据有利地位，即便羽翼初丰的小鸟也是如此。到了午餐时间，工作人员把混合着种子、水果和蔬菜的食物端进鸟舍，放在四周的小桌上。成鸟们安静地吃着，而一只刚会飞的亚成鸟走了过来，在地上乱啄了几下。它发现桌上有更好的食物，立刻往上一扑，直接从其他成鸟嘴里抢走了食物。但它不会受到任何惩罚。我在不同的成鸟和亚成鸟身上都看到了这种现象；成鸟尽管一次又一次地被打劫，但从不会斥退亚成鸟。这帮年幼的啄羊鹦鹉总是能为所欲为。

181 有时候，施温和魏因不得不亲手抚养啄羊鹦鹉的幼鸟，再把它带给鸟舍里的群体。施温说："在其他种类的鹦鹉中，人工饲养的幼鸟往往会被新的群体排斥和杀死，因为群体和群体之间总是存在着某种差异。我们必须花几个月的时间让它们慢慢适应新的群体；我们先把幼鸟放置于笼中，再让它与群体成员互相熟悉。"然而，啄羊鹦鹉的情况恰好相反。"一旦成年的啄羊鹦鹉接近幼鸟，雄鸟们就开始了激烈的争斗——它们都想喂养这只来历不明、与己无关的幼鸟。在加入群体的第一天，新来的幼鸟就被各种食物淹没了。它们不得不扑腾着翅膀摆脱这帮'热情'的雄成鸟，因为实在是吃不下了。"

渡鸦具有严格的社会等级，与啄羊鹦鹉形成了鲜明的对比。一位知识渊博的观鸟爱好者为我讲过一个故事。他曾到加利福尼亚拜访一位住在森林里的朋友，两人一同坐在阳台上。他看到房子后面的一棵大树上有一个渡鸦巢，而这位朋友一直在训练这些渡鸦。他将死老鼠放在棍子上，引诱渡鸦飞过来觅食。朋友写道：

> 某天，一只体型较小的渡鸦飞了过来，把一只老鼠塞进嗉囊里。当它吞下老鼠时，另一只体型更大的渡鸦飞下来对它怒吼，它不得不把老鼠吐了出来。这只大渡鸦可能是雌性成鸟；它把老鼠捡起来带回巢里，而小渡鸦垂头丧气地站在阳台边上。随后，大渡鸦落了回来，继续朝着小渡鸦怒吼，还用翅膀抽了它好几个"耳光"。看来，这又是一起渡鸦群体的社会等级事件——显然，小渡鸦应该把死老鼠分享给其他雏鸟，而非独享。它为此付出了代价。

施温说："啄羊鹦鹉形成了'亚成体优先'的心态。我们在圈养群体和野生群体中都能看到这种现象。亚成鸟和幼鸟可以抢走任何一只鸟的食物。" 182

然而，一旦年幼的啄羊鹦鹉进入青春期，一切都变了。当一只鸟接近性成熟，失去了小小的黄色冠羽和眼圈，羽色开始变深，这种特殊的待遇也就结束了；它将掉到社会阶级的最底层。魏因说："它们仿佛失去了生活的动力。"不过，格外漫长的亚成期和幼鸟在群体中的特权地位已经给了它们足够的时间去尽情玩耍。

并非只有亚成鸟会不知疲倦地玩耍，成鸟也同样大胆和贪玩。它们似乎把萧伯纳所说的格言铭记在心："我们不因年老而停止玩乐，但我们会因停止玩乐而变老。"在鸟舍的每一处，啄羊鹦鹉都沉浸于混乱无章的嬉闹中。它们叼住彼此的喙，扭打、翻滚和摔跤；一只啄羊鹦鹉仰面躺在地上，另一只则像小猫一样在它肚子上蹦。它们蹑手蹑脚地走着，抓住其他个体的喙或脚，互相踢来踢去；施温将这些动作称作“功夫”。弗洛威是一只年纪较大的成鸟；它正在玩一片树叶，将其抛到空中再接住。虽然啄羊鹦鹉喜欢新奇的东西，但它们也会捡起鸟舍里的老物件，到处乱扔。

在新西兰的山区，施温见过许多这种所谓的“地面游戏”。他原本也以为啄羊鹦鹉的主要游戏形式是互相扭打和投掷玩具。他说：“这基本上也是关于其游戏构成的公认观点，因为邦德和戴蒙德选择了低海拔地区的垃圾场作为研究地。生活在这些地方的啄羊鹦鹉会下到有人和食物的地方游荡。”研究人员曾见过啄羊鹦鹉叼着骨头或布片的两端来“拔河”，或者往空中扔石头、瓶盖和核桃，还有一群雏鸟玩了一个小时的外科纱布——“兜着圈走来走去，不时地跳跃和用脚推纱布”。

但施温指出，垃圾场通常位于山谷之中；山谷与周围地区间的空气流通较差，因而气味不会传播。这就意味着那里几乎没有风。

183 当施温在高海拔山区的原生栖息地观察野生啄羊鹦鹉时，他发现最流行的游戏形式是空中追逐、踢腿和飞行杂技。他的研究地点位于亚瑟山口国家公园的死亡之角瞭望台，这里也是一个观赏啄羊鹦鹉的热门景点。瞭望台得名于一道巨大的峡谷裂缝，其高度达200米；人们几乎可以站在这里远眺大海。停车场旁边是一座巨型电塔，而啄羊鹦鹉很喜欢站在塔上。这是一个觅食的好地方，也是深受游客欢迎的位置；他们经常会向啄羊鹦鹉投喂零食。但施温说，最重要的是，“壮阔的悬崖和山谷形成了大量的上升气流，啄羊鹦鹉能够以最低的能耗飞得又快又远”。有时，空中的啄羊鹦鹉会踩在另一只个体的背上，或者疯狂地互相追逐、全速飞行、表演环形特技；有时，它们还会做短暂的倒立飞行，或者肩并肩地盘旋，最后降落在最初起飞的地方。

它们也能在上升气流的作用下悬停，从而静止于空中，但需要不时地微微倾斜翅膀。施温说："这项游戏的规则就在于静止不动。或许有人会认为这不是玩耍，它们只不过是在高空中盘旋、观察周围的环境罢了，就像老鹰一样。但是，啄羊鹦鹉就在离地5英尺的地方悬停，不仅耗费了大量的体力来保持平衡，而且什么也看不见。我们很难想象这种游戏要花费多大的力气。当另一只啄羊鹦鹉乘风飞过时，正在悬停的个体决定加入其中。它稍微改变了翅膀的角度，然后就瞬间消失在我的眼前了。"

真正令施温着迷的是，啄羊鹦鹉在玩耍时会发出的一种独特的叫声。这种"玩耍鸣叫"甜美而有趣，尖锐且带有颤音。玩耍的视觉信号在动物中很常见，比如灵长类动物的面部表情、狗和弯嘴鹛（*Pomatostomus*）的"鞠躬"动作。然而，动物发出玩耍的声音较为罕见，人们只在老鼠、松鼠猴、黑猩猩和棉顶狨（*Saguinus oedipus*）的身上发现过这种现象。对于施温来说，啄羊鹦鹉在野外的鸣叫也是博士课题的一部分；为此，他在一个冷冷清清的冬日来到死亡之角，设置了扬声器和录像机。他故意选择了最不宜做调查的季节和最不宜出门的天气。在细雨绵绵的阴郁寒冬，只要是心智正常的鸟儿都不会出来玩耍。通过扬声器，施温播放了五种录制好的声音，每种声音的时长为5 184
分钟。这五种声音是啄羊鹦鹉的玩耍鸣叫与另外两种鸣叫、常见于该地区的新西兰鸲鹟（*Petroica australis*）的叫声，以及一个简单的标准音符。

录像中的片段非常有趣。一开始，两只啄羊鹦鹉成鸟无所事事地站在一堵石墙上，在蒙蒙细雨中想着自己的事情。当玩耍鸣叫响起时，它们突然看向彼此，发出一阵尖叫，随即开始玩耍。它们看起来十分滑稽,在空中互相追逐,上上下下地摇摆,捡起石头乱丢,玩了足足5分钟。

施温说:“只要听见玩耍鸣叫,它们就开始了疯狂的游戏,参与率高达500%。”各个年龄段的啄羊鹦鹉都参与其中;其中,成年个体之间(包括雄鸟与雌鸟之间)的游戏最为激烈,持续时间也最长。在动物中,异性成年个体之间的玩耍行为是很罕见的;即使发生,它也通常是求偶行为的一部分,或以在捕猎前巩固社会关系为目的。但在啄羊鹦鹉当中,它与食物、性别无关,仅仅与玩耍挂钩。

啄羊鹦鹉并没有四处寻找声音的来源,表明这种鸣叫并不是一种邀请。它所表达的不是“来和我一起玩吧”,而是“到玩耍时间了”。录音一结束,啄羊鹦鹉的游戏也全都停止了。

施温解释道:“玩耍鸣叫激发了啄羊鹦鹉对玩耍的内在动机。”这就像情绪的感染能够影响渡鸦雏鸟,好朋友的傻笑能传染给我们一样。但他很快表示,这种鸣叫并不等同于笑声。他认为,这是一种很接近的类比,因为玩耍鸣叫和人类的笑声(尤其是小孩子的笑声)都具有类似的效果。它们都是一种积极的行为,可以引起其他人的积极行为。听见别人的笑声能让我们也开心起来,提高自身对幽默的感知力。对一群从未见过啄羊鹦鹉的人播放这种叫声,他们会笑着说:“哇,这听起来真欢快!”而对着啄羊鹦鹉播放这种声音,它们会扔东
185 西、互相追逐;如果身边没有其他鸟,它们就自娱自乐。

为什么啄羊鹦鹉会发出这么有感染力的叫声呢?对一只鹦鹉来说,给别人带来欢乐有什么用呢?

施温所关注的正是这两个问题,以及这种鸟生性贪玩的原因。他认为,这与它们的社会制度及其近似乌托邦的本质有关。不同于其他高度群居的动物,啄羊鹦鹉没有常规的等级行为。在大多数鸟类群体

中，个体的地位往往是通过斗争来确立的。施温表示，啄羊鹦鹉没有这样的等级制度；它们不为统治而战。“在新西兰的4年野外工作中，我从未见过成年啄羊鹦鹉打架，”他说道，“一次也没有。”事实上，他只看到过一次类似于打架的事件——两只亚成鸟抢夺同一具尸体的可食用部位。

啄羊鹦鹉并不会在野外建立一个真正的等级制度，反而更像一个具有流动性的社会组织。他说：“山上的某片区域里生活着30只啄羊鹦鹉。它们常年混迹于相当不稳定的多个群体之中。起初，你可能只看到2只鸟，接着飞过来6只，然后飞走了3只，又过来5只，最后有4只一起飞走。它们确实是完全混在一起的。”在其他高度群居的动物中，这种混合可能会造成不安和争斗。

施温说，其他物种的群体里也存在交换个体的现象，“但数量和速度都不会像啄羊鹦鹉这么突出。就渡鸦而言，群体中也会有个体来来去去，但通常要经过几个星期的时间。至于啄羊鹦鹉，可能每小时就要换掉一半的个体。如果它们也拥有真正的等级制度，那估计要一直处于混战之中了”。

施温认为，啄羊鹦鹉采取了另一种方式，即玩耍。它们用寻欢作乐、插科打诨、摔跤扭打和胡作非为来替代阶级斗争。通过大规模的游戏，它们在群体内部创造出较高的容忍度，从而不再需要基于打斗的等级制度。换句话说，它们将玩耍作为一种社会促进剂。在这种情况下，啄羊鹦鹉的游戏就像人类的互相戏弄；这通常是一种测试极限或忍耐力的方式。正如阿梅莉亚·魏因指出的那样，啄羊鹦鹉似乎拥 186
有一种天赋，能在某一个特定瞬间做出最烦人的事情——拉扯学生们用来清洁鸟舍的拖把、在衬衫上咬出几个洞或是解开你的鞋带。或许，通过这种戏弄别人的能力，啄羊鹦鹉向我们展现了“社交敏锐度”

的一个关键点。人类和其他灵长类动物的戏弄、整蛊行为都依赖于对他人思想的感知。心理学家丹尼尔·斯特恩曾写过:“除非能正确猜出‘他人的想法’,否则你是无法戏弄他们的。”这是一件很有意思的事情,因为你必须知道对方的感受。换言之,社交型游戏需要敏锐的“社交商”。

玩耍也能提高“社交商”。正如相关研究人员塞尔吉奥·佩利斯所展示的那样,游戏可以改变社交头脑。在与其他个体玩耍的过程中,前额叶皮质层中的神经链会发生改变,而这些变化可能会调节任意动物的社交能力发展。被剥夺了游戏的幼鸟在长大后也不会玩耍,而且可能很难融入社会群体。在梅瑟利研究中心,一间特殊的小型鸟舍里只生活着一只啄羊鹦鹉。它独自成长于动物园,从未有过玩耍的体验。如今,它依然不会玩耍,也很难与其他个体相处。单凭一只鸟是不可以轻易下结论的。没有证据表明,这只鸟在童年的玩耍缺失与现在的社交失常存在因果关系;还有许多其他潜在的原因可以解释这一点。但这个案例十分有趣。

施温沉思道,如果啄羊鹦鹉的玩耍行为是一种社会促进剂,可以在群体中营造宽容的氛围,并真的能巩固彼此间的社会关系,那么,“玩耍鸣叫作为一种远距离传播的叫声,能对所有听见声音的个体产生直接的影响——情感、容忍度和玩耍的过程……将会成倍地提高社会促进效应”。

因此,在某种程度上,啄羊鹦鹉似乎可以理解那句古老的小丑名言:“笑吧,世界会跟着你一起笑……”

在半个地球之外的克赖斯特彻奇*,亚历克斯·泰勒和希梅纳·尼

* 克赖斯特彻奇是新西兰第二大城市和南岛第一大城市。——译注

尔森正在柳岸野生动物保护区研究这种特殊的玩耍鸣叫。他们想知 187
道这种声音是否真的类似于20个人的笑声，以及它背后是否还隐藏着更深层的积极情绪。

柳岸野生动物保护区主要致力于保护本土的濒危物种，维持其种群数量，并将其运用于生态教育和繁育—放归的项目。泰勒和尼尔森设计了一系列关于玩耍鸣叫的实验，而保护区里的13只啄羊鹦鹉也成了他们的研究对象——这种鸣叫的功能与人类笑声一样吗？它对啄羊鹦鹉的心情和幸福感能产生类似的影响吗？它能化解冲突和减轻压力吗？

尼尔森是土生土长的新西兰人，从2010年就开始研究啄羊鹦鹉。而泰勒是这个领域里初来乍到的新成员。在此之前，他从事了多年与新喀鸦有关的工作；这一物种被许多人视为世界上最聪明的鸟。新喀鸦是智商极高的工具使用者，但它们对新鲜事物的容忍度非常低，而且根本不会玩耍。泰勒说："就玩耍而言，新喀鸦和啄羊鹦鹉几乎是来自不同星球的生物。后者完全是另一个极端。"不过，在泰勒看来，啄羊鹦鹉的玩耍鸣叫和娱乐行为与新喀鸦的工具使用是相同的，二者都是一种探索鸟类思维的途径。

泰勒说，他对啄羊鹦鹉的第一印象与其他人一样，"在我还没反应过来的时候，这些鸟就试图爬到我的肩膀上，偷我的鞋带，咬我的耳朵，扯下我包上的带子，拿走我的相机和铅笔。我突然与这种动物展开了强烈的互动。我想不出还有哪种动物会如此热爱新鲜事物并与之互动。或许是猴子和类人猿？但绝不会再有这样的一种鸟了"。

柳岸是一个神奇的地方。泰勒说："我经常派学生到那里体验和啄羊鹦鹉相处的感觉。短短5分钟内，不止一只鸟想跟他们互动；他们要与七八只鸟周旋。对于年轻学生来说，还有比这更好的面试吗？"

保护区里最受欢迎的啄羊鹦鹉是卡蒂。它的上半截喙断在了山上的陷阱里，施温和魏因将它救了回来。施温回忆道："它已经没有办法在
188 野外生存了。所以，我们给柳岸保护区打了电话：'这里发现了一只非常健康的小鹦鹉，要不要带回去？'他们告诉我：'当然，拉乌尔！把它带回来吧。'"后来，他们发现卡蒂其实是雄鸟，就将其重新起名为布鲁斯；但大家依然叫它卡蒂。现在，它是柳岸保护区的明星、啄羊鹦鹉的形象大使，也是科学研究的热心参与者。泰勒说："它是一个很棒的工作伙伴，对实验非常感兴趣，胆子也很大。"

泰勒把这种古怪而有魅力的生物视为一个迷人的进化之谜。"在情感方面，啄羊鹦鹉与人类到底有多相似？这是一种极端的鸟类，但我们如果能了解它们的想法和感受，将为其他物种的研究打开新的思路。"

科学家们猜测，我们的灵长类祖先将嬉戏打闹时的呼吸急促和气喘吁吁演化成了笑声。它们用这种声音来表示"一切正常，现在正是社交、玩耍和探索的好时候"。这一进化过程至少可以追溯到人类和猿类的共同祖先，即大约1 000万到1 600万年前；但这仅仅是一个保守的估计。笑的神经回路存在于大脑中非常古老的部分，甚至可以追溯到我们最早的哺乳动物祖先。

20世纪90年代，当神经科学家雅克·潘克赛普在华盛顿州立大学的实验室里观察老鼠玩耍时，他注意到老鼠在喧哗嬉闹的同时发出了古怪的唧唧声和尖叫——这是一种超声波。他想知道，老鼠在玩耍时发出的声音会不会就是原始的笑声？他和同事对老鼠在发声时的大脑活动进行了探究，并发现它与哺乳动物大脑中的一个反馈通路相对应。该通路位于一个古老的大脑区域，而这个区域会在乐观、高兴和

热情的感受中被激活。鸟类也有同样的通路。潘克赛普写道:“在人类出现之前,远古形式的玩耍和笑声就已经存在于其他动物当中了。那可比我们的‘哈哈哈’和各种笑话要早得多。”

人类的笑不仅仅是对有趣事物的反应。它是一种基本的沟通工 189
具,也是社会的基石,可以缓解社交紧张和建立社会联结。此外,它还能改善心情和健康状况。“在笑的时候,我们感到开心和乐观,”泰勒说,“我们会变得更加友好,减少争吵,减轻压力,甚至变得更健康。”在一系列野心十足的实验中,他和尼尔森在啄羊鹦鹉的玩耍鸣叫里寻找与人类笑声相似的“特征”——啄羊鹦鹉在发出玩耍鸣叫时会感到高兴吗,或至少是感到更乐观?这种鸣叫能否加强社会联结、缓解冲突,能否减轻压力、对健康带来正面的影响,是否受环境条件的影响?——这些都可以成为对玩耍鸣叫和人类笑声的本质类比的衡量指标。

首先,他们计划对啄羊鹦鹉进行测试,以了解玩耍鸣叫能否改变鸟儿的精神状态,使它们变得更加乐观,就像笑声对人类的作用一样。

这个实验看起来似乎有些人格化,将人类经验投射到了动物的行为上;但事实证明,这项关于动物乐观情绪的测试是可靠且广受赞誉的。在啄羊鹦鹉版本的实验中,工作人员给实验对象灌输了“大盒子里有食物,而小盒子里没有食物”的认知,然后再拿出一只中等大小的盒子。泰勒说:“一只乐观的动物会用‘还有半杯水’的角度来看待问题,认为中型盒子与大盒子一样,并直接冲过去。”在这种情况下,玩耍鸣叫会对这只啄羊鹦鹉产生什么影响呢?它会用更快的速度跑向中型盒子吗?

泰勒和尼尔森还设计了另一些实验,在几只啄羊鹦鹉之间制造轻微的冲突,再播放玩耍鸣叫的录音。他们想知道这种声音能否缓解鸟儿之间的紧张气氛，并判断啄羊鹦鹉的玩耍鸣叫和情绪是否会受到环境的影响。

众所周知，有些人会在日照时间较短的月份患上季节性情绪失调，而阳光有助于改善人们的情绪。尼尔森和泰勒想知道，啄羊鹦鹉的积极情绪和玩耍欲望是否同样会受到自然环境的影响。尼尔森是一个滑雪爱好者，经常待在户外。当她在野外进行研究时，她注意到
190 啄羊鹦鹉做了一件与人类非常相似的事情。那是一个阳光明媚的日子，刚刚下过一场雪；比起灰蒙蒙的雨天，它们的玩耍鸣叫和游戏都变得更加频繁了。

于是，泰勒提出了关键问题："啄羊鹦鹉是否会在良好的环境和条件下提高玩耍鸣叫和游戏的频率呢？"该团队正在野外寻求这个问题的答案——他们派一名博士生到山区观察和记录啄羊鹦鹉的玩耍行为，并按照天气好坏将记录分为两组。实验室里也进行着同样的实验；他们在冬天提供更多的光照，并判断其能否促进啄羊鹦鹉的玩耍鸣叫、游戏频率和乐观情绪。

泰勒表示，这些指标都与啄羊鹦鹉的幸福感密切相关。他和尼尔森打算进一步实验，探究玩耍鸣叫是否与人类笑声具有相同的生理作用，即降低应激激素皮质醇的浓度水平，或许还能促进伤病痊愈——这是一项具有实用性的研究。

与儿童一样，啄羊鹦鹉也饱受铅中毒之苦。它们经常被老屋和徒步营房中的铅吸引；而孩子们也经常误食油漆的碎屑，因为它们尝起来是甜的。对于鸟类来说，铅是一种剧毒物质，会令它们的消化系统和免疫系统遭到破坏。这个问题十分普遍。在新西兰的康复中心，有几十只铅中毒的啄羊鹦鹉正在接受抗生素和消炎药的治疗。泰勒和尼尔森想知道，每天播放玩耍鸣叫是否可以加速它们的康复？

泰勒说:“如果我们能发现人类笑声和啄羊鹦鹉的玩耍鸣叫在功能、效果和表达方式等方面有所重合,那就太棒了。我们如果能证明啄羊鹦鹉的玩耍鸣叫可以让它们变得更加乐观和积极,并能减少压力、促进健康,且受到天气的影响,就能对动物情感的演化提出更加有趣的问题。我们希望,这一系列问题能引发公众对该研究领域的关注。或许,大家对啄羊鹦鹉的看法也会因此改变——从‘到处搞破坏的有害动物’转变为‘情感充沛、能带来欢乐和笑声的高智商鸟类’;这将有助于生态保护工作的开展。” 191

啄羊鹦鹉已经被列为濒危物种。据估计,自然环境下的野生个体仅存3 000只到7 000只。而尼尔森和泰勒的研究至少能为它们解除一种威胁。

不久前,新西兰交通局的工作人员困惑地发现,在荷马隧道的入口处,用于道路施工的锥形路障散落一地,远离了施工人员最初放置它们的地方。监控器拍下了“作案”的画面:几只年幼的雄性啄羊鹦鹉把锥形路障推到了其他的地方,有时甚至把路障摆在隧道口的高速公路中央。

泰勒说,这些鸟可能只是为了找点乐子,但这种疯狂的举动背后也隐藏着一些小心机。当汽车为了绕开路障而减速时,啄羊鹦鹉就会飞到车窗前寻找食物和玩具。“车鸟互动”也发生在南岛的其他地方。只要啄羊鹦鹉和交通堵塞同时存在,就免不了发生这种情况。“但问题是,徘徊在公路上的啄羊鹦鹉可能会遭遇伤亡,”泰勒讲道,“而且这种互动也不是我们所乐于看到的。”

2018年,泰勒和尼尔森来到米尔福德峡湾外的荷马隧道,查看了这里的情况。泰勒回忆道:“我的心都提到嗓子眼儿了。一整列车都停了下来，所有人都在排队等着穿过隧道。而啄羊鹦鹉就在公路中间游荡，寻找食物，有的站在车顶，有的钻到车底下，有的试图从车窗挤进车里。从隧道里出来的18轮大卡车轰隆隆地驶过，这些鸟只是险险地避开了。”

泰勒还看到了令人不安的一幕。“当时，一只啄羊鹦鹉站在一名女子的车顶上。女子拿出相机，摇下窗户，却发现自己无法在车里拍出满意的照片。于是，她决定下车拍照；而啄羊鹦鹉从车顶飞了下来，在
192 打开的车门旁边晃悠，试图钻进车里寻找食物。这名女子不假思索地关上了车门，差点夹到了啄羊鹦鹉的头。但这只鸟丝毫没有退缩，又朝车窗飞了过去。女子感到有点惊慌，赶紧挥手驱赶它。这简直就是一场灾难，是一种我们完全不愿看到的消极互动。”

尼尔森说：“这种事情经常发生，但它不是啄羊鹦鹉的错，而是毫无益处的人类行为所造成的结果。”

过去，由于好奇的啄羊鹦鹉经常到林业工程搞破坏，新西兰环保局不得不用一个滑梯来分散它们的注意力，好让它们远离危险和昂贵的设备。这个故事激发了尼尔森的灵感：在公路旁边建造一个特殊的“游乐场”，通过各种有趣的玩具——秋千、攀爬架、滑梯、机关和浮水装置——把啄羊鹦鹉的注意力从汽车上吸引过来。此外，这个“游乐场”必须时常开启，定期进行维护和翻新，以便保持对啄羊鹦鹉的持续吸引力。泰勒说：“这样一来，想要观赏啄羊鹦鹉和拍照留念的游客也会被吸引到这里来。”比起食物，啄羊鹦鹉总是更喜欢玩耍；这一点或许就是解决问题的关键。“在这个世界上，认为玩耍和新鲜玩意儿比吃饭还重要的大概就只有它了。”

泰勒还说：“我们所面临的挑战是从啄羊鹦鹉喜欢的玩具中挑出最重要的元素，就像猫最喜欢的猫薄荷一样，然后以某种方式找到源

源不断的新奇变体。”他们计划打造出一个公民科学项目——“新西兰啄羊鹦鹉游乐场大型工程”。泰勒打趣道:“让学校的孩子们或其他人为啄羊鹦鹉设计玩具,我们则负责将这些设计做成实物,看实验室里的啄羊鹦鹉如何与之互动。”

这是一种多么有趣的种间互惠现象:人们为啄羊鹦鹉四处寻找适合的玩具,而玩耍的啄羊鹦鹉又能为人们带来欢乐。 193

求爱

第九章

交配行为

我一直很喜欢雄性绿头鸭（*Anas platyrhynchos*）的美貌。它们的绿色头部在阳光下闪耀着金属般的光泽，脖子上缠绕着一圈狭窄的白色颈环，翅膀上的两道白斑中间夹着一块紫罗兰色的翼镜。然而，这些看似无害的鸭子恶名远播，因为未配对的雄鸟会做出极其可怕的交配行为。成群的雄鸟逼近一只不情愿的雌鸟，有时候还会采取暴力的手段；由于雄鸟数量众多，雌鸟可能会在交配过程中死亡。林鸳鸯（*Aix sponsa*）也会做出这种野蛮行径，数十只雄鸟强行与一只雌鸟交配。

与此形成鲜明对比的是北极海鹦（*Fratercula arctica*），它们会在交配前轻轻摩擦彼此的喙。雄性华丽细尾鹩莺为雌鸟献上美丽的花瓣。费氏牡丹鹦鹉（*Agapornis fischeri*）夫妇含情脉脉地注视着对方；这些热情洋溢的小型鹦鹉原产于坦桑尼亚，向我们展示了公开表达爱意的方式。费氏牡丹鹦鹉依偎在一起，温柔地整理羽毛，轻咬对方的喙，就像是鸟类间的亲吻一样。在分离或紧张的时刻，它们会用相互喂食来确认彼此间的关系。当一只雄鸟靠近它的配偶时，它会活力四射地前后摇摆、上下甩头，并叽叽喳喳地叫着，然后把食物反刍到配偶的口中。假如有一方死去或消失，另一方就会陷入深深的思念当中。

197 即便是在臭名昭著的绿头鸭当中，成对的伴侣也是如此。在确立伴侣关系后，它们会一起度过繁殖季，并在交配前通过摇头、点头和甩头等动作来巩固这种关系。

单纯从多样性的角度来说，不同鸟类的交配行为都是无与伦比的。

乍一看，它们的生殖器官似乎都是一样的。雄鸟和雌鸟都有一个泄殖腔；在繁殖季，雄鸟体内的泄殖腔会膨胀起来，向外突出。当鸟类交配时，它们将肿胀的泄殖腔靠在一起，经过短暂的摩擦，雄鸟的精子从自身的泄殖腔转移到雌鸟的泄殖腔中，然后进入生殖道，使卵子受精。(鸟类的泄殖腔还有一个不太“性感”的功能——排出尿液和粪便。)

大多数鸟类没有阴茎，但也有例外。某些种类的鸭子、大雁和天鹅拥有类似于人类阴茎的器官，用于插入雌鸟体内。鸟类的爬行动物祖先拥有阴茎；但在现存的鸟类中，只有3%的物种保留了这一器官。一些鸭子——比如那些凶残的雄性绿头鸭——拥有令人震撼的、宛若蛇一般的逆时针螺旋形阴茎，它能发育到与身体一样的长度。通过这种结构，雄鸟让精子尽可能地深入雌鸟的生殖道，从而提高卵子受精的概率。生物学家帕特里夏·布伦南说，阴茎的长度与雄鸟强迫雌鸟进行交配的程度有关。

这是性别冲突的进化结果。不久以前，所有的焦点还都集中在鸭子的阴茎上。然而，正如布伦南所揭示的那样，尽管雌鸟要面对极端的性暴力，但这个解剖学故事实际上是围绕着它们展开的。布伦南发现，雌鸟进化出了独特的生殖器官，即顺时针螺旋的生殖道，它恰好与雄鸟的阴茎方向相反，其中还包括多达三个带有盲袋的分支，以防止精子到达雌鸟的卵子。她说：“就受精而言，雌性绿头鸭是最有发言权的。在一只雌鸟经历的所有交配行为中，被强迫的次数高达35%；

但这些雄性‘施暴者’的后代只占了3%到5%。”面对强暴时，雌鸟始终保持生殖道收缩，阻挡雄鸟的阴茎入侵，或者迫使其拐进“死胡同”
里。这样，这些雄鸟的精子就不会令卵子受精了。雌鸟如果真的想和 198
自己的配偶交配，就会放松生殖道，允许精液通过。它还可以在交配后立即排便，将精子从泄殖腔排出。

就交配行为本身而言，许多鸟类的交配速度都很快，时间只有一两秒钟。这种“泄殖腔之吻”能有效地传递精子。值得注意的是，红嘴牛文鸟（*Bubalornis niger*）和水栖苇莺（*Acrocephalus paludicola*）都是例外，它们的交配可能会超过半个小时。英国鸟类学家蒂姆·伯克黑德写道，雄性水栖苇莺“牢牢地靠在雌鸟背上；这对小鸟就像两只老鼠一样，在植被中跳来跳去”。生活在马达加斯加和科摩罗群岛*的马岛鹦鹉（*Coracopsis vasa*）是世界纪录保持者。人们曾记录到一对交配了整整104分钟的马岛鹦鹉——它们的泄殖腔锁定在一起，雄鸟的尾羽缩在雌鸟的尾羽之下，而雌鸟将双翼伸到雄鸟的身上。

有些鸟只需交配一次，在快速的动作之后立刻完成受精；而苍鹰要交配600多次才能产下一窝卵。为什么要做这么多次呢？如果你是一只雄性猛禽，大部分时间都花在捕猎上，总是远离配偶，你就很难保证它不与其他雄鸟发生性关系。因此，多次交配或许能稀释其他雄鸟趁你不在时留下的精液。

多数鸟类在开阔地带、鸟巢、一小块空地或树枝上交配，但黄嘴牛椋鸟（*Buphagus africanus*）和红嘴牛椋鸟（*Buphagus erythrorynchus*）偶尔也在其他动物［比如非洲水牛（*Syncerus caffer*）］的背上交配。

---

* 科摩罗群岛是位于马达加斯加西南部的火山群岛。——译注

普通楼燕（*Apus apus*）几乎一生都在空中度过，在飞行时觅食和睡觉。它们的交配场所通常是鸟巢，但有时它们也会在飞行时完成这项动作——雄鸟从后上方贴近雌鸟。鸥类则在海滩上交配。

相比之下，阿拉伯鸫鹛总要竭尽全力地隐藏性行为，跑到群体成员看不到的地方交配，就像人类一样。

在人类文化中，性行为始终是一件遮遮掩掩的事情。例如，委内
199 瑞拉的亚诺马米人[*]在远离村庄和村民的地方安排幽会。在美拉尼西亚[**]，马勒库拉岛[***]的已婚夫妇在离开约会地点后，要从不同的方向回家。在巴西，土著夫妻只能在隐秘的地方发生性关系。事实上，对于私密性行为的偏好是人类的普遍特征；这一倾向可能影响了人类情感和高级认知的进化。

现在，动物行为学家伊扎克·本·摩卡的研究表明，阿拉伯鸫鹛会竭力隐藏它们的亲密时刻。有时，其他动物也会隐藏自己的性行为，比如黑猩猩和狒狒；还有林岩鹨（*Prunella modularis*）和领岩鹨（*Prunella collaris*）等鸟类。不过，在通常情况下，只有处于从属地位的雄性才会这么做，以防被更具统治力的雄性侵扰。而在阿拉伯鸫鹛中，即使是地位最高的个体也会在交配时避开其他群体成员。本·摩卡说，据我们所知，除了人类，这是唯一一种个体隐藏性行为而不受其他群体成员干扰的生物。

阿拉伯鸫鹛生活在阿拉伯半岛的炎热沙漠中，以长期稳定的群体形式进行合作繁殖。占据主导地位的“优势伴侣”负责抚养后代，帮

---

* 亚诺马米人是生活在巴西、委内瑞拉边境的亚马孙雨林中的原住民。——译注

** 美拉尼西亚是太平洋三大岛群之一，意为“黑人群岛”。——译注

*** 马勒库拉岛是太平洋岛国瓦努阿图的岛屿，由马朗巴省负责管辖，是该国第二大岛屿。——译注

手们则负责觅食、保卫领地、抵御潜在的捕食者。本·摩卡发现，优势伴侣不仅要在交配时避开其他个体，而且要运用复杂的认知技能。其中一方偷偷溜走，飞到只有配偶才能看到的地方。为了发出信号，它从附近随便叼起一样物品（一根树枝或一片蛋壳），冲着配偶挥舞，然后轻轻点头。只有在其他个体不注意的时候，它才小心翼翼地发出约会的暗号。在一个案例中，雌鸟停在灌木丛的顶端，而其他个体在一侧觅食。雄鸟移动到灌木丛的另一侧，向雌鸟发出暗号。或许，这表明阿拉伯鸫鹛能区分自己的视角和其他个体的视角；这是一种被称为“换位思考”的高级认知技能。 200

根据本·摩卡的说法，这种行为可能还包含战术欺骗，即使用信号或某种动作来误导、瞒骗其他个体。优势伴侣通常会挑选小树枝或树叶来作为信号，而这些物品也可以用在其他地方，比如用于筑巢。这是一种掩盖真实信号的方式。当另一只阿拉伯鸫鹛靠近时，正在发信号的鸟儿会立刻扔下嘴里的物品，表现出一副无事发生的模样。本·摩卡解释道：“旁观的个体分不清那是交配邀请还是搜寻巢材。”

一旦配偶收到信号并决定赴约，这两只鸟就会在其他个体不注意的时候一起偷偷溜走，躲到灌木丛或大树背后交配。本·摩卡解释道，几秒钟后，它们以“一种非常自然的方式”回到群体当中。

“我认为，它们并非想掩盖自己发生性行为的事实，而只是想掩盖交配过程本身的画面。”这是阿拉伯鸫鹛与人类的另一种相似之处。“试想一下人类的婚礼，”本·摩卡说，“新娘和新郎邀请许多客人来参加婚礼。每个人都知道仪式后会发生什么，但他们并不会看到这个过程。”

为什么这种鸟要煞费苦心地隐藏性行为呢？

本·摩卡说：“我们在鸟类和人类身上都没有找到答案。我们依然不明白为什么人类要隐藏社会意义上的合法性行为(不违反社会规范的性行为不会受到其他人的干扰)。运用物种间的横向比较或许能解释这种行为的进化机制。我相信,人类与阿拉伯鸫鹛隐藏合法性行为的原因是相似的。”但这一点还有待研究。他说道:“有证据显示,阿拉伯鸫鹛掩盖交配行为的目的不在于躲避觅食者,也不是为了防止其他个体的干扰或彰显自己的优势地位。”优势伴侣在抚养后代时依赖于其他个体的帮助,而隐藏自己的性行为或许是为了避免“取笑”这些帮手。这是一种防止社会紧张和保持社群团结的方法,用以确保那些没有交配机会的帮手心甘情愿地合作。

201 因此,阿拉伯鸫鹛的特殊行为或许是另一个案例——就像啄羊鹦鹉的玩耍或红嘴奎利亚雀的面部信号一样——说明鸟类能够娴熟地平衡和协调社会关系、保持和平、维系合作。这与人类相差无几。

近年来,我们对鸟类性行为的看法发生了彻底的变化。一些曾被视为罕见或反常的行为如今看来不足为奇。

在这方面,阿德利企鹅值得一提。这种企鹅的交配习性最初是由乔治·默里·利维克记录的。1910年,作为英国南极探险队的外科医生,利维克花了12个星期的时间来观察位于维多利亚地[*]的四大阿德利企鹅繁殖地。他出版了几本关于企鹅的科学著作,其中包括一本配有插图的《南极企鹅》。这本书虽然有些过时,但惟妙惟肖地描写了这种好奇的鸟类:“阿德利企鹅给人的印象是一个穿着晚礼服的小个子男人。它看起来充满智慧,完美无瑕,闪亮的白色前胸映衬着深黑色的后背和肩膀。它自信满满地从雪地上走来,每个动作都充满了好

* 维多利亚地是南极洲的一个地区,位于罗斯海以东,威尔克斯地以西。——译注

奇。我静静地站在那里望着它；随后，它停在离我一两码远的地方，微微地向前伸了伸脑袋，往左边探探，再往右边探探，用左眼和右眼轮流打量我。”

利维克注意到，雄性阿德利企鹅会占据一块领地，并收集岩石筑巢。当雌鸟到来时，雄鸟就陷入了疯狂之中。它们仰头望天，发出一连串嘶哑的颤音和大叫。“它们迸发出的叫声直冲云霄，”他写道，“仿佛是一种满足的吟唱。”然后，雄鸟开始向雌鸟示好。“通常，它会捡起一块石头放在雌鸟面前……然后站起来，以最优美的姿势慢慢靠近，优雅地拱起脖子，用轻柔的喉音安抚雌鸟，向其求爱。接着，两只企鹅 202
都摆出一种‘欣喜若狂’的姿态，开始面对面摇摆脖子。在这之后，它们似乎完全达成共识，就此签下一份庄严的契约。我很难用语言来表达这一场景的美妙。”

然而，阿德利企鹅中存在极为“堕落”的性行为。利维克对此感到十分震惊，认为这些行为太过粗俗，便决定用希腊语来记录观察结果。因此，大多数人都无法读懂这些具有“冒犯”意味的段落。官方的探险报告在1915年出版；尽管经过了修改，这四页“不得体”的段落还是被删除了——或许这也是时代的特征。从此，这份记录被淹没在英国自然历史博物馆的海量资料当中。直到2012年，道格拉斯·罗素和他的同事才将其重新挖掘出来。尽管有些观点已经过时，并且利维克会偶尔无视科学的客观性，但他的观察结果是准确、有效且值得发表的。

利维克对单身雄鸟的行为感到尤为惊骇，并称其为“流氓雄性”，“它们的性欲似乎超出了自己的掌控范围”。这些激情澎湃、难以自持的雄鸟不仅会互相交配，还会与受伤的雌鸟、雏鸟和尸体交配，甚至连干巴巴的地面都不放过。他义愤填膺地写道：

> 今天，我又看到了一种令人震惊的堕落行为。一只后肢受了重伤的雌性企鹅趴在地上，痛苦地向前爬行。当我正在考虑是否应该杀了它时，一只雄鸟走了过来。经过短暂的检查，它故意强奸了这只毫无反抗能力的雌鸟。
>
> 今天下午，我见证了一桩极为可怕的罪行——一只雄鸟正在强奸一具同种企鹅的尸体……对这些企鹅来说，再
> 203 重的罪名都不为过。

对于阿德利企鹅的行为，利维克并没有全面地了解。事实上，很多鸟类都会与同种的死亡个体发生性行为。褐翅燕鸥（*Onychoprion anaethetus*）、家燕（*Hirundo rustica*）、崖沙燕（*Riparia riparia*）和斯氏沙百灵（*Spizocorys starki*）中都存在这种现象。这一行为可以用我们对动物行为的现代观点来解释，它与人类奸尸的本质完全不同。

好吧，或许有点相似。

罗伯特·迪克曼甚至为其创造了一个专门的术语——“戴夫行为”，这位生物学家还发明了恋尸癖一词。迪克曼推测，一只死去的地松鼠会摆出“脊柱前屈”的姿势，背部向下弯曲，可能会引发处于性兴奋状态的雄性的交配冲动。生物学家戴维·安利曾在阿德利企鹅身上做过实验。他将雌鸟尸体冰冻成特定的姿势；结果显示，年长雄鸟对这些尸体感到十分抗拒。

然而，最近的一项研究探讨了野生短嘴鸦（*Corvus brachyrhynchos*）与死亡鸟类之间的相互作用。该研究认为，不恰当的性行为并不是由交配姿势的刺激所引发的。事情没有那么简单。凯莉·斯威夫特和约翰·马兹洛夫发现，在繁殖季节，短嘴鸦会试图与寻常站立姿势的“仿真乌鸦”交配，也会与躺在地上、像尸体般耷拉着翅膀的真乌鸦交配，

而后面这种尝试往往招来无尽的谩骂。科学家们表示，激发性兴奋的因素或许不是交配姿势本身。死亡的姿势往往会引起警觉，随后才是性行为。这种发生于警觉之后的性反应也出现在斑胸草雀、朱红霸鹟(*Pyrocephalus obscurus*)和反嘴鹬(*Recurvirostra avosetta*)的身上。斯威夫特和马兹洛夫将其归因于激素，“或许，与繁殖有关的内分泌激素发生了变化，从而降低了某些鸟类处理矛盾信息的能力”。

无论如何，文学作品中有许多关于鸟类“戴夫行为”的故事。现在，人们可以更好地理解这种现象了，但细想起来还是有些难以接受。 204
其中，绿头鸭的首个同性恋尸癖案例就是最著名的故事之一。

1995年，在鹿特丹的自然博物馆，馆长基斯·莫里克听到一声巨响，似乎有什么东西撞在侧厅的玻璃上——这不是什么罕见的情况。过去，鸫、鸽子和丘鹬经常撞上建筑物的镜面般的玻璃幕墙。莫里克写道：“窗户上的‘砰’声或尖叫意味着鸟类馆出了状况。”当他往外看时，他发现一只死去的绿头鸭躺在沙堆上，而另一只绿头鸭正在尽情地“享受”这具尸体。“我感到非常震撼，走到窗户后面近距离地观察这一幕。”它的动作持续了整整75分钟，最后它才“恋恋不舍地放开了身下的‘性伴侣’”。莫里克记录道：“我把尸体放进冰柜，随即离开了博物馆。而那只绿头鸭还在现场，不停地嘎嘎叫，显然还在寻找它的受害者。”

莫里克推测，这对绿头鸭当时正处于“空袭强奸”的过程——一小群雄鸟在空中追逐一只雌鸟，迫使它落到水面，以便实施强奸。莫里克告诉《卫报》的记者，当其中一只雄鸟撞到玻璃并死亡后，“另一只雄鸟立刻扑了上去，而受害者也没有做出挣扎和抵抗的动作——好吧，它其实是什么动作都做不出来了”。

莫里克的研究似乎引起了一些人的不满，但并非因为雄性之间的性行为。利维克在他那个时代不知道该如何解释企鹅的同性性行为，也不知道这种行为是不是企鹅所独有的。如今，我们知道它在动物界十分常见。从倭黑猩猩（*Pan paniscus*）、绵羊、海豚，到束带蛇（*Thamnophis*）、孔雀鱼（*Poecilia reticulata*）和拟谷盗（*Tribolium*），科学家在许多物种中都发现了同性性行为。此外，还有超过130种鸟类存在这种行为；其中包括灰雁（*Anser anser*）、澳洲紫水鸡、西方牛背鹭（*Bubulcus ibis*）、流苏鹬（*Calidris pugnax*）和几种鸥，如澳洲红嘴鸥（*Chroicocephalus novaehollandiae*）、加州鸥（*Larus californicus*）和环嘴鸥（*Larus delawarensis*）。在西美鸥的一些野生种群中，多达15%的雌鸟会结成长期的同性关系，举行求偶仪式、同步舞蹈、互赠食物，并
205 一起筑巢。研究人员调查了夏威夷的一个黑背信天翁（*Phoebastria immutabilis*）繁殖群，发现有三分之一的伴侣都是由两只雌鸟组成的；它们互相求爱、交配，为对方整理羽毛，共同承担孵卵及其他养育后代的责任。

在过去的一二十年里，人工饲养环境下也出现了几对同性企鹅伴侣；它们能够发生性行为，并一起养育雏鸟，引起了国际社会的关注。20世纪90年代末，在曼哈顿的中央公园动物园，一对名叫罗伊和西洛的雄性纹颊企鹅（*Pygoscelis antarcticus*）无视身边的雌鸟，选择彼此作为配偶。它们表现出极大的热情和欣喜，不停地绕着脖子，冲对方鸣叫，交配，最终共同筑巢，开始尝试孵化一个卵形的石块。后来，饲养员将一枚受精的卵送给了它们，成功孵化出雌性雏鸟坦戈。这对“夫夫”无微不至地照料坦戈，给它保暖、喂食，直到它羽翼丰满。

几年后，两对雄性的秘鲁企鹅（*Spheniscus humboldti*）成了人们关注的焦点。它们分别是不来梅港动物园的Z和菲尔朋特，以及英国温厄姆野生动物园的琼布斯和克米特。后者是2012年在一起的；两年

后，动物园里的一只雌性企鹅被配偶抛弃，工作人员将它产下的卵送给了琼布斯和克米特。后来，它们成功地把小企鹅抚养长大。动物园的所有者称赞它们是“最优秀的一对企鹅‘家长’”。

有时候，科学家会谈论同性性行为中存在的明显“悖论”——它与性和生育的目的背道而驰——并试图分析这种行为对动物有怎样的生物学意义。

例如，在一些鸟类中，同性性行为给年轻雄鸟提供了练习的机会，它们以此磨炼求偶技巧，以便在日后的异性交往中更好地运用这些技巧。这一想法来自加利福尼亚大学欧文分校的科学家。雄性虎皮鹦鹉在成年之前经常发生性行为；于是，他们针对这种鹦鹉进行了一项研究。如果同性性行为的目的是为“真正的”交配做准备，那么，“练习”时间最长的雄鸟或许能在日后获得更高的求偶成功率。然而，研究结果恰恰相反。在一篇名为《好男儿吊车尾》的论文中，科学家指出同性性行为较多的雄鸟反而更难找到雌性配偶。相反，雄鸟似乎在 206
利用这些互动——剧烈地摇头、摩擦喙和其他有力的动作——来衡量自己的身体状况，并拿它与其他雄鸟的精力做比较。为了取得数量优势、保护自身不受天敌的威胁，虎皮鹦鹉选择集群觅食，倾向于跟从某些个体。该理论认为，同性间的相互作用可能有助于这些群居性很强的鸟类选择自己的领导者。

以橡树啄木鸟（*Melanerpes formicivorus*）为例，在夜晚回到栖息地之前，雄性与雄性之间、雌性与雌性之间的交配行为或许都能为群体成员的关系提供社会凝聚力，或缓解紧张的气氛，就像倭黑猩猩和宽吻海豚（*Tursiops*）的雄性联盟一样。

对于黑背信天翁来说，抚养一只幼鸟需要双亲的合作。当具有繁殖能力的雄鸟数量不足时，雌鸟就会配对。粉红燕鸥（*Sterna dougallii*）和加州鸥也有相同的行为，两只雌鸟的育雏成功率会比单独一只的高得多。

当左右两派争论同性关系的本质和政治时，那些由同性企鹅所组成的“父母”成了人们的热点话题。但是，进化生物学家马琳·朱克表示，对这些伴侣关系的认知为人们打开了一扇窗，让我们能够窥见性在鸟类世界中的意义。她写道：“在那些不熟悉野生动物生活的人看来，它们的性行为只是短暂的例行公事，仅仅是出于繁衍后代的需求。”事实上，性的含义和功能都要比这复杂得多。因此，就像鸟类习性的其他许多方面一样，异性、同性或其他类型的性行为可能都具有多个功能和目的。或许，这些关系存在的原因并没有那么复杂：它们
207 只是选择了自己所爱的鸟罢了。

第十章

狂野的求爱

很显然，鸟类的性行为不仅仅是一种快速交配的本能冲动。在我看来，它们的求爱过程才是最令人震撼的。人类送出玫瑰和巧克力的姿态很难与那种狂野、华丽、热情洋溢的求偶炫耀相媲美。

这个章节写于情人节。我想，世上最浪漫的事莫过于丹顶鹤(*Grus japonensis*)的歌舞。我曾在北海道见过这种鸟。鹤群高挑而优雅地站立，扬起翅膀，拱起后背，将喙指向天空，一齐发出最原始的鸣叫，让我不由得打了个冷战。随着阵阵鹤唳，它们开始翩翩起舞，纷纷跃入空中，展开巨大的翅膀。这是一种融合了承诺的求偶仪式："我曾爱过你，我现在爱着你，我将来也会一直爱你。"

冬鹪鹩(*Troglodytes hiemalis*)是一种鬼鬼祟祟的棕色小鸟，总像老鼠一样在林地间的腐叶中钻来钻去。鸣唱是它们求爱的唯一法宝。那是多么美妙的歌声啊！一连串复杂而甜蜜的音符在悠扬的旋律中上下起伏，既像涟漪，又像波浪。博物学家阿瑟·克利夫兰·本特说，冬鹪鹩以撕裂肺脏的力量、10倍于公鸡鸣啼的声响，"突然发出震耳欲聋的鸣唱"；它令人惊心，令人痴迷，丰满而急促，持久且具有穿透力，"向我们传递出最强烈的喜悦和最温柔的悲伤"。

就交配前的"体力劳动"而言，很少有鸟类能超越雄性白尾鹏

209 (*Oenanthe leucura*)。这种小鸟繁殖于北非西部和伊比利亚的悬崖或石坡。它们体重只有半盎司，却要不断地把石头带到洞穴或悬崖上筑巢，以等待雌鸟的到来。每只雄鸟平均要在飞行中运送4磅重的石头。这就好比一个体重为150磅的人搬运了10 000磅的重物。在半个小时内，一只雄鸟可以用嘴携带多达80颗石头。这样做的目的有两个：一是为鸟巢筑基；二是取悦配偶，炫耀自己的力量和父爱潜质。

有些鸟类是“单人表演者”，例如冬鹪鹩和棕树凤头鹦鹉。后者是一种古怪的鹦鹉，用“砰砰砰”的爱之旋律来追求自己的伴侣。棕树凤头鹦鹉的“打鼓”技巧相当娴熟，因此被称为鸟类界的林戈·斯塔尔[*]。而它们的羽毛也不负摇滚明星之名：哥特式的烟灰色身体，装饰着火红的脸颊裸皮和神气的羽冠。

在澳大利亚北部的约克角半岛，当罗伯特·海因索恩在对红胁绿鹦鹉进行野外调查时，他第一次见识到了棕树凤头鹦鹉的非凡音乐天赋。海因索恩是“挑战性鸟类研究小组”(Difficult Bird Research Group)的创始人，该小组的科学家致力于研究少数几种“极度濒危、难以发现、生活在荒野和崎岖地带、狭域分布”的鸟类。棕树凤头鹦鹉恰好符合这些要求。事实上，这种鸟原产于新几内亚，却一路来到了约克角半岛最北端的雨林中。它们极其害羞、神出鬼没，难以寻找和研究。

“有一天，我听到雨林边缘传来的敲击声，心中不由得感到好奇，”海因索恩回忆道，“我悄悄溜了过去，发现一只漂亮的棕树凤头鹦鹉，直挺挺的羽冠映衬着它的红色脸颊。它用脚抓着一根木棍，正在卖力地砸树。它砸了大约半个小时，真是不可思议。过了一会儿，我发现那里还站着一只雌鸟；它一直在注视着‘打鼓’的雄鸟。”

---

* 林戈·斯塔尔是英国音乐家、演员和鼓手，也是披头士乐队的成员。——译注

雄鸟的炫耀始于制造工具。它用巨大的钩状喙从树上剪下一根
合适的树枝，去除树叶，然后把树枝修剪成铅笔大小。这本身就是一
个奇迹。任何形式的工具制造在自然界都是非常罕见的，而且几乎都 210
发生在觅食的情况下。海因索恩说：“据我们所知，这是除了人类以外唯一会制造表演工具或音乐工具的物种。”棕树凤头鹦鹉用左脚握住修剪完毕的鼓槌，敲打自己的栖木或中空的树干。当炫耀真正拉开帷幕，它可能还会加上一声高亢而洪亮的哨音，或立起头顶的冠羽、点头、摇摆、单脚旋转，并露出脸颊上充血的鲜红色裸皮。

海因索恩和他的同事克里斯蒂娜·兹德涅克花了7年的时间在野外录音，得到130个序列。他们对其进行分析，试图理解鼓声的性质和功能。兹德涅克负责大部分的录音内容；根据她的说法，大约100个小时的录音才能捕捉到一次鼓声。但他们的努力得到了回报。研究小组发现，棕树凤头鹦鹉能创造出有规律、有节奏的鼓点，就像西方摇滚乐队的鼓手一样。并非所有个体都会击打出相同的节奏。每只雄鸟都有自己独特的标志性节奏和击鼓风格。海因索恩说：“有些雄鸟喜欢快节奏，有些则偏好慢节奏，还有些会在演出开头先来上一段出彩的小高潮。”棕树凤头鹦鹉的节奏总是具有强烈的个人特色——那是独一无二的，其他个体仅凭这种声音就能认出一只雄鸟。

此外，这种习性似乎是通过学习或文化形成的。海因索恩说：“虽然这些鹦鹉也生活在新几内亚和印度尼西亚，但只有约克角半岛的种群会击鼓。”据推测，一只聪明的雄鸟最先发明出这种取悦雌鸟的办法，其他雄鸟很快就学会了；于是，这一行为轻易地在整个种群中传播开来。

这一自然音乐节奏的发现支持了达尔文的观点，即节奏对于不同动物来说都具有审美上的吸引力；或许，它还反映了大脑功能的某些

远古共同点。正如他在《人类的由来》一书中所写的那样："对音乐旋律和节奏的感知（如果不是一种享受的话）可能对于所有动物来说是
211 共通的。毫无疑问，它依赖于动物神经系统的同一种生理特性。"

据我们所知，棕树凤头鹦鹉的世界里是没有架子鼓的，它们通常以独奏来赢得异性的青睐。但是，其他雄鸟会聚集到同一个地方，炫耀自己的本事。它们一起昂首阔步，一起唱歌，一起向未来的配偶展示美丽的羽毛。最著名的就是求偶场，没有什么能比激烈的竞争更令人斗志昂扬的了。事实上，这种公共的求偶方式与一些最反常的交配行为有关。

根据物种的不同，雄鸟可能会聚集在狭小、拥挤的空间里，也可能分散到更大、更开阔的区域中；不论大小，这些用于群体求偶的地方都可以称为求偶场。每年春天，在俄罗斯和波兰的河谷里，雄性斑腹沙锥（*Gallinago media*）都会聚集到一小片狭小的区域。它们密密匝匝地挤在一起，张开翅膀，亮出白色的尾羽，发出"咕噜咕噜"的响声。这种声音仿佛是从肚子里发出来的，就像沼泽地里冒出的气泡。它无处不在，响彻幽暗的乡村，吸引着附近的雌鸟。有些雄鸟会彻夜不知疲倦地鸣叫，最终损失7%的体重。雌鸟漫步于这场"求偶嘉年华"之中，评判着炫耀水平的高低。除了基因，它们无法在这场挑选雄鸟的冒险中获得任何东西——没有物质利益或人身保护，没有陪伴，也没有育儿方面的协助。交配后，雌鸟独自离开，独自筑巢，独自抚养后代。

对于雄鸟来说，成群结队地挤在一起求偶似乎不是明智之举。如此一来，它们之间的距离可能仅有几个身长，而且场内的竞争非常激烈，个体也有被骚扰的风险。它们之所以被吸引到这片区域，可能是

因为这里经过的雌鸟数量较多，也可能是因为某位经验丰富的“成功男士”吸引了许多配偶，其他雄鸟都试图过来分一杯羹。或许，当雄鸟肩并肩站在一起的时候，雌鸟更容易找到它们。又或许，它们这样做只是出于对安全的考虑罢了。

这种仪式似乎可以追溯到恐龙时代。最近，科罗拉多州西部的科学家在高棘龙 (Acrocanthosaurus) 身上发现了求偶场的证据。这是一种大型的四足肉食性恐龙，生活在白垩纪早期的北美西部湿地，体长38英尺，背部有许多隆起的脊，长有羽毛和头冠。该团队在高棘龙的 212
求偶“竞技场”中发现了50道巨大的刮痕，表明这种大型野兽也会像鸟类一样用舞蹈来求爱。这些直径为6英尺的刮痕出现在不规则的分组中，类似于鸵鸟、海鹦和鸮鹦鹉求偶时留下的痕迹。当然，这只是间接证据。不过，想象一下恐龙版本的鸟类求偶——一群庞然大物笨拙地走来走去，那场面实在令人忍俊不禁。

不同鸟类的求偶场也是有区别的。其中，有些求偶场充斥着竞争和冲突，比如混乱、激烈，甚至是充满恶意的艾草松鸡 (*Centrocercus urophasianus*) 求偶场。它们是北美最花哨的鸟，看起来就像西部电影里的神枪手。雄性艾草松鸡将尖尖的尾羽呈扇形展开，趾高气扬地阔步行走，披着蓬松的白色胸羽，鼓起颈部的黄色气囊，像拳击手一样围着其他雄鸟打转。空气中回响着奇怪的嗖嗖声，而雌鸟在它们之间来回走动。但是，表演最精彩的雄鸟能赢得“竞技场”中央的最佳位置，宛若一位明星；雌鸟会像潮水一般向它涌来。

佛罗里达州立大学的生物学副教授埃米莉·杜瓦尔说：“雄性艾草松鸡肩并肩地进行求偶炫耀，并把大量时间花在打架上。它们会用翅膀攻击其他的雄性个体。”在求偶场内，许多种类的雄鸟都会参与到激烈的竞争当中，与对手展开凶狠的搏斗。而在少数种类中，雄鸟反其道而行，从而产生了极不寻常的行为——合作。

在中美洲和南美洲，尖尾娇鹟繁殖于分散的求偶场。杜瓦尔说，它们拥有“古怪、惊人、与众不同和相当复杂的合作形式”。为了吸引雌鸟，雄鸟A和雄鸟B展开紧密的协作，共同完成二重唱和双人舞表演。“双雄演出”包含11种独特的元素，包括缓慢的蝶式飞行（翅膀相碰发出撞击声）、霹雳飞行（绕着栖木快速飞行，并在降落时发出噼的
213 一声）、蛙跳舞蹈、垂直弹跳和来回蹦跳。杜瓦尔说：“不同于某些鸟类求偶场的高强度竞争，雄性尖尾娇鹟竟然出人意料地成了合作伙伴，而且这种关系能维持6年之久。”

但问题是，在每一对合作伙伴中，只有占主导地位的雄鸟A才有资格与雌鸟交配。为什么一只雄鸟会放弃自己的交配机会，而帮助另一只雄鸟吸引配偶呢？对雄鸟B而言，成为“助攻”有什么好处呢？

杜瓦尔正在解决这个问题。自1999年以来，她一直在巴拿马的博卡布拉瓦岛研究这种鸟。她的研究区域内共有30对雄鸟，每对都占据着一片很大的炫耀区域，面积约有500平方米到4 500平方米，而且每对都选择了自己的表演栖木。它们可以听见彼此的声音，却看不到对方的身影。杜瓦尔安装了多台摄像机，以捕捉它们在雌鸟来访时的求偶行为。

在一年一度的动物行为专家会议召开时，我们坐在阳光下的长椅上。杜瓦尔向我展示了她在巴拿马拍摄的影像片段。她兴奋地说：“太巧了，最成功的雄鸟就生活在我们家后院。”

这对雄鸟披着一身优雅的黑色繁殖羽，还具有亮蓝色的背部和醒目的红色顶冠。摄像机在一根弯曲的低枝上捕捉到它们，但它们的动作其实是从更高的地方开始的。起初，这对雄鸟并排站在一棵高大的树上，不断地用鸣叫来宣示它们的伙伴关系。它们对时间的把控非常

精准，两只鸟的声音只间隔十分之一秒；这听起来就像是一只鸟的叫声，但更加饱满和立体。当一只雌鸟来到这个区域，雄鸟们立刻发出一连串和谐的哨声和鸣叫，表演缓慢的蝶式飞行，试图把它吸引到栖木上来。当它逐渐靠近，雄鸟们开始轮流进行垂直弹跳，就像墨西哥跳豆一样上上下下。如果雌鸟跳到栖木上，那么垂直弹跳将会变成蛙跳舞蹈，一只雄鸟从另一只雄鸟身上跃过，在距离雌鸟几厘米远的空中悬停。最后，雌鸟快速地来回跳动，表示自己很感兴趣。杜瓦尔说："然后，雄鸟B头也不回地离开了。雄鸟A则独自留在栖木附近几米远的地方，缓慢地来回飞。突然间，它扑到一个更高的位置，发出噼的一声，随即迅猛地向雌鸟俯冲过去。它在最后一秒刹住翅膀，调整方 214
向，在雌鸟上方不断鼓翼，用翅膀发出低沉的嗖嗖声——或许这才是关键部分。"雄鸟A连续进行了10次俯冲。在俯冲的间隙，它绕着雌鸟缓慢低飞，而雌鸟用来回跳跃的动作应和它的振翅声。

这场炫耀可以持续将近45分钟。杜瓦尔说："它们会因此筋疲力尽。到了最后，一些雄鸟张大嘴巴，气喘吁吁。"不过，这只雄鸟A的身体状态正处于巅峰。它猛地蹦了起来，从栖木上弹开；接着，它垂下翅膀，微微扬起尾巴，向雌鸟"鞠了一躬"。最后，它跳到空中，反转方向，落在雌鸟背上完成交配，双翼直挺挺地指向天空。杜瓦尔说："我花了3年的时间才看清雄鸟在交配前的最后一次弹跳。在项目的最初几年，我们没有相机。如今，我们仿佛坐在了前排观众席。"交配结束后，雌鸟停留了几分钟，整理好羽毛后才飞走。它将继续完成筑巢工作，独自把后代抚养长大。

杜瓦尔说："比起简单的观赏性活动，这场炫耀更像是三只鸟的芭蕾舞。"虽然雄鸟间的合作通常进行得十分精确，但也有例外。合作不代表没有冲突，也不代表它们都能处在同样的进度上。

在杜瓦尔展示的另一段视频中，雌鸟看起来非常热情，不停地来回跳跃，而雄鸟们还处在炫耀的初期阶段。雌鸟垂下翅膀，向雄鸟B乞求交配，后者当然乐于接受。但雄鸟A无法容忍这一切。它跳到正在交配的雄鸟B身上，将其撞下栖木并赶走。几乎就在那一瞬间，雄鸟A立刻恢复了正常，从合作型的“双雄演出”中选出正常的单人舞步，继续它的求偶炫耀。雌鸟一边欣赏表演一边排便，将雄鸟B留下的大部分精子从泄殖腔排出。当雄鸟A结束表演后，它向雌鸟“鞠了一躬”，随即完成交配。

215 我向杜瓦尔提出雌鸟排便的问题。她解释道：“泄殖腔是一个洞，所有东西都从这里进出。因此，如果它得到了某只雄鸟的精子而又不打算使用，最简单的办法就是通过排便来将精子冲掉。”交配完成后，雌鸟伸展身体并收起尾巴——在我看来，它们似乎是在调整姿势，以便将得到的精子保留在体内——然后站在一旁整理羽毛。有时候，可能是某个环节出了差错，雌鸟既不伸展身体也不收起尾巴，而是直接排便离开。

助攻的雄鸟B消失了。在毫无胜算的情况下，它为什么要费尽心力地又唱又跳呢？

雄鸟A并不是雄鸟B的亲戚，后者无法令自己在基因上获益。杜瓦尔已经确认，它们和雄鸟A之间的血缘关系并不密切。与雄鸟A合作确实能提高它们日后成为A的机会。然而，这不只是继承领地，也不只是在雄鸟A死后接管这个位置。杜瓦尔在实验中发现，人为移除雄鸟A之后，相应的雄鸟B并不一定会接管空出来的位置——它们即便接管了，也很难在下一个繁殖季来临前守住这个位置。真相正在逐渐明朗。杜瓦尔说：“雄鸟的寿命可以达到17年以上。它们不会只考虑眼前的利益，而是在一个相当长的时间范围内规划自己的‘事业发展'。这项工作的优点之一在于，我们运用了'摇篮到坟墓'的方式，在野外追踪尖尾娇鹟的整个生命周期。据此，我们或许能够了解这些行为的长期回报。"

在求偶场的世界中，极乐鸟同样是最令人瞩目的。新几内亚和澳大利亚东北部生活着40种不同的极乐鸟，它们长着风格迥异、造型奇特且富有装饰性的羽毛——犹如披肩的颈部饰羽、3英尺长的尾羽、融合成花饰或塑料绳一般的羽毛、末端带有蹼状小拍的丝状羽毛——并将其运用到复杂而奇异的求偶炫耀中。过去，人们对这种鸟知之甚少，直到康奈尔鸟类学实验室的埃德·斯科尔斯进行了一系列野外
研究，剖析了它们的求偶炫耀。斯科尔斯说，一些雄鸟会变形，从普 216
通的鸟类形状变成丝毫不像鸟的东西，比如一朵奇特的彩色小花或质地均一的黑色圆圈。其中，最突出的要属华美极乐鸟（*Lophorina superba*）。它展开披肩一般的颈部饰羽，形成一片极黑的椭圆形领环，围绕着自己的上半身；它的黑色头部消失在这一大片椭圆形领环之中，与头顶和胸前的蓝色饰羽共同组成一个奇特的平面图案，就像一张蹦蹦跳跳的笑脸——只是不太好笑，反倒有点吓人。红极乐鸟将自己倒挂起来，垂下两条丝状的尾羽，并用翅膀摆出一个完美的心形。

白胁六线风鸟（*Parotia carolae*）会进行复杂的芭蕾舞表演。这种鸟生活在新几内亚山区的偏远密林中。当斯科尔斯、鸟类学家蒂姆·拉曼和摄影师一同来到巴布亚新几内亚观察白胁六线风鸟时，其复杂的求偶行为才首次被人们发现。雄鸟是黑色的，约有松鸦大小，头上长着几根古怪的丝状羽毛，从眼后向外延伸；它们的下颏长有胡须，身上还披着一件不可思议的"斗篷"。雄鸟会在森林里建造一个小型的炫耀场地，其中至少有一根中央栖木横跨整个场地，雌鸟可以

站在这里观赏表演。雄鸟清理掉场中的杂物，并铺上一层附生植物的真菌作为“舞池”。它的花式舞步始于一根水平的中央栖木，然后它将头部前后倾斜，在炫耀场地的一端和另一端之间来回跳跃。接着是摇摆弹跳；它使劲地摇摆身体，张开并不断扇动翅膀，再紧紧地合上。当拉曼用慢速快门和闪光灯拍下这一动作后，照片显示，雄鸟摇摆头部的轨迹是一个完美的“8”字形。在标志性的芭蕾舞部分中，雄鸟展开胁部的饰羽，围绕着身体形成一条“芭蕾舞短裙”，然后开始一段复杂的舞蹈。舞蹈包含四个阶段——躬身、行走、停顿和摇摆——融合了23种不同的舞蹈元素。

为什么鸟类会做出如此夸张和华丽的求偶炫耀呢？

达尔文认为这个问题至关重要；因此，他在自己第二著名的著作
217 中用了大量篇幅来讨论这个话题。在《人类的由来》一书里，达尔文认为雄性动物的复杂炫耀是一种进化的结果，即性选择。在面临繁殖选择时，雌性动物更喜欢具有某些特征的雄性。而这些被选中的雄性将拥有更多后代；它们的后代继承了这些特征，并继续传给下一代。因此，这些特征在整个种群中传播开来。我们如今所看到的奇特炫耀都来自远古时代的雌性选择。

雌性配偶的性选择可以解释许多现象，比如钟伞鸟和伞鸟为何进化出古怪的肉垂，某些极乐鸟为何披着一身层层叠叠的绚丽羽毛，以及雄性孔雀为何长出奢华的“拖地裙摆”。达尔文发现，孔雀的装饰性羽毛与自身的生存需求格格不入；他对此感到莫名其妙——正如他在写给阿萨·格雷的一封信中说的那样：“这让我觉得非常难受！”性选择可能与自然选择背道而驰，推动雄性进化出不必要的求偶特征；而实际上，这些特征阻碍了生存的需求，比如寻找食物和躲避捕食者。

这样一来，雄性形成了复杂的特征和求偶炫耀；这些特征虽然有些累赘，但大大提高了它们的性吸引力，使其基因得以在种群中延续。

达尔文认为，自然界中丰富多彩的求偶炫耀是雌性的偏好。“人类凭借自己的审美，在短时间内赋予了矮脚鸡美丽的外表与优雅的姿态，”他写道，“那么，雌鸟通过一代又一代的性选择，按照自己的审美标准，选出鸣声最悦耳、外表最美丽的雄鸟。毫无疑问，这样的选择能够产生显著的效果。”

达尔文的观点很高明，却遭到了冷遇。当时的人们对这一理论表现出深刻的怀疑，认为“审美偏好”并不能解释自然界中的诸多现象；另外，他们也完全不相信动物（尤其是雌性动物）拥有充足的美感来做出详细对比。阿尔弗雷德·拉塞尔·华莱士认为，雄性动物的装饰和炫耀来自“过剩的力量、活力和生长力。它们利用这种方式，在没有损伤的前提下消耗自己”。求偶及其炫耀过程都受到雄性竞争的控制，
卖力表演的主要目的是让雄性在与对手的竞争或冲突中获得优势。 218

孔雀打开鲜艳夺目的尾屏、极乐鸟以摇摇欲坠的姿势将自己倒挂——如果说这些行为只是在恐吓另一只雄鸟，而不是为了向雌鸟炫耀自己的光彩，那确实有些荒谬了。在《人类的由来》出版后的几十年里，华莱士的观点占了上风。1898年，哲学家和心理学家卡尔·格罗斯写道：“雌性很少或从不做出任何选择。它们不是战利品的颁奖者，而是被俘获的猎物。”

现在，我们知道雌性才是通常情况下的狩猎者、配偶间的裁决者；它们的选择推动了雄性性行为的进化。但我们仍然在努力探究其中的原理。雌性想要的是什么？它们如何区分一流的炫耀和失败的炫耀？

这些都不是容易解答的问题。人类的观点并不重要，鸟类的想法

才是关键；但我们很难从它们的视角来看待一切。例如，在我们眼中，用于求偶炫耀的羽毛和其他身体特征可能是黯淡无光的；如果再加上对紫外线的视觉能力，事情就变得更复杂了。在20世纪90年代末的一项经典研究中，生物学家将吸收紫外光的防晒霜涂在雄性青山雀的羽毛上，并发现这影响了它们对雌鸟的吸引力。同样地，科学家们在最近发现，角嘴海雀（*Cerorhinca monocerata*）的"嘴角"（在上喙基部为求偶而长出的瘤状突起）对我们来说是无色的，但它实际上能在紫外光下发光，对雌鸟的眼睛发出性信号。

我们人类不仅被有限的感官所束缚，还受到了时间知觉的限制。在鸟类的世界里，一切都发生得很快，有些现象快到了我们看不见的程度。为了说明这一点，康奈尔鸟类学实验室的迈克·韦伯斯特展示了一段实时视频。这段视频由生物学家蕾尼·戴制作，内容是一只雄性黑娇鹟（*Xenopipo atronitens*）在圭亚那的森林中进行求偶炫耀。在影片中，这只雄鸟看起来只是在单纯地上蹿下跳。然后，韦伯斯特播放了戴制作的另一段高速视频，该视频每秒钟可达数百帧，就像雌性黑娇鹟眼中看到的那样。观众们倒吸一口凉气，几乎被惊掉了下巴。在两个小小的跳跃之间，雄鸟完成了一个360度的全身性空翻——那
219 是一个快到我们根本看不见的筋斗。

高速视频还向我们展示了另一个奇迹。蓝顶蓝饰雀（*Uraeginthus cyanocephalus*）是一种原产于非洲的鸣禽，能在求偶时做出惊人的表演。在摇摆和鸣唱的同时，雄鸟和雌鸟的双脚不断做出快速的动作。当北海道大学的太田奈绪以每秒300帧的速度拍摄蓝顶蓝饰雀时，她发现这些鸟的"踢踏舞"与歌声完美合拍。

当雌鸟看到一只正在求偶的雄鸟时，它们的真实感受是什么？它

们选择配偶的标准是什么？这些问题一直困扰着玛丽·卡斯韦尔·斯托达德，而她的研究方向正是宽尾煌蜂鸟（*Selasphorus platycercus*）的特殊求偶炫耀。

这个物种的雄鸟需要花费很大力气来吸引配偶——像一朵小小的烟花一样垂直向上喷射，以每秒钟40次的频率旋转翅膀，直到身体上升到100英尺高的空中的一个关键位置。它在半空中悬停了几秒；然后，伴随着振翅的爆破声，它开始全力俯冲，快速地往下坠落。它不断地下降、下降、再下降，以致命的速度向目标冲去——在U形俯冲的最低点，一只雌鸟正停在下方的某处栖木上。雄鸟以最快的速度接近时，喉部的鳞状羽恰好以适当的角度反射光线，从而博得雌鸟的青睐。接着，雄鸟又飞到另一边，舞动着绿色的翅膀，不断地上升、上升、再上升，直到抵达它想要的关键高度，然后再一次朝着反方向俯冲。在身体允许的情况下，雄鸟会一直重复这个动作；有时，它每小时能俯冲几十次。

斯托达德说，这是“世界上最酷、最奇怪的求偶炫耀之一”。不过，一旦人们对其中的细节进行分析，这种行为就显得更加疯狂了。落基山生物实验室（简称RMBL）位于科罗拉多州的哥特镇。约有300只宽尾煌蜂鸟在这里繁殖，但它们的越冬地在中美洲。斯托达德和她的同事本尼迪克特·霍根也在这里进行着研究。人们对这种鸟的大部分认识都来自RMBL（我们也亲切地称它为“朗布尔”）。它建造于19世纪，是世上最大、最古老的生物领域研究所之一。当时，220
科罗拉多州处于银矿业时代，而哥特镇正是著名的“鬼城”。在山上的工作室附近，草地上开满了变色耧斗菜（*Aquilegia coerulea*）、羽扇豆（*Lupinus*）、蓝铃花（*Hyacinthoides*）和聚伞红杉花（*Ipomopsis aggregata*）；我们就在那里观察宽尾煌蜂鸟。

斯托达德的研究内容，是进化过程如何在自然界中塑造颜色、图案和结构的多样性。在RMBL，她与同事霍根、哈罗德·艾斯特、戴维·伊努耶一同探索蜂鸟如何利用色彩在野外觅食和求偶。目前，该团队正在研究宽尾煌蜂鸟区分细微色差的能力。实验中，只有一种色调与奖励挂钩，所以它们必须做出明智的选择。一般来说，人眼完全无法分辨绿色和紫外光绿色，但蜂鸟只需经过一天的训练，很快就能区分二者。艾斯特说："对我而言，观察它们在不同视觉环境下的表现是一件很神奇的事。"

在看到宽尾煌蜂鸟之前，你总会先听到一阵刺耳的金属颤音；那是它们振动翅膀时所发出的声音。它们还没有我的拇指大，却以勇气、智慧、美丽和精妙的杂技而闻名。当西班牙人第一次来到美洲，他们将这种鸟称为"会飞的珠宝"。轰！一只宽尾煌蜂鸟就像大蜜蜂一样蹿向我的脸，在我面前悬停了一会儿，仿佛我是一朵花。它闪烁着玫瑰红色的鳞状羽，宛如火山落日的一抹余晖。噗！它又在转瞬间消失了。

在蜂鸟家族中，宽尾煌蜂鸟以惊心动魄的俯冲炫耀著称。它是一个滥交的繁殖者；在一个繁殖季内，每只雄鸟通常与好几只雌鸟交配，而结局往往不为人所知。雌雄鸟之间不存在稳定的伴侣关系。交配后，雌鸟会把蜘蛛网和蛛丝一圈一圈地缠绕在身体周围，形成一个小小的杯状巢。然后，它将独自照看鸟巢，抚养后代。

221 科学家已经知道，这种蜂鸟会在求偶时表演狂野的俯冲，闪动绚烂的颈部羽毛，发出特殊的声音。克里斯托弗·克拉克如今是加利福尼亚大学河滨分校的一名生物学家。他发现，这些声音并不是宽尾煌蜂鸟的叫声，而是空气经过翅膀或尾部的特殊羽毛结构并产生振动时所发出的机械般的声音。它们在正常飞行时也可能会发出这种声音，但尾部产生的嗡鸣只出现在俯冲的时候。

至于这些元素是怎样结合在一起的，以及雌鸟在最低点之下的灌木丛中能看见什么，依然是谜。斯托达德说，如果我们想看懂宽尾煌蜂鸟的炫耀及其原理，这些问题都是不可或缺的信息。我们必须了解雌鸟的视角。她说："由于求偶炫耀是一个动态过程，三个领域——动作、声音、色彩的操作同时进行，给我们带来了很大的研究难度。我们必须找到合适的量化工具来解决以下问题：这些复杂的信号是如何同时发出的？雌鸟又是如何感知的？"

首先，斯托达德和霍根在工作室附近架设运动相机，对宽尾煌蜂鸟的求偶炫耀进行了摄像和录音，再利用图像跟踪软件计算出每次俯冲的轨迹和速度。其次，他们运用声学分析，将录下来的声音定位到俯冲过程当中，找到雄鸟用尾羽发出嗡鸣的确切时间点，推测出雌鸟所接收到的声音信息。斯托达德用"嗫、嗫"来形容这种嗡鸣；然而，当嗡鸣自上而下地朝雌鸟快速接近时，它所听到的声音是什么样的呢？

了解喉部色彩的工作原理则是一项更为棘手的工作。蜂鸟的鳞状羽具有结构色，能根据角度和光线的不同变换色彩。因此，宽尾煌蜂鸟的喉部看起来色彩斑斓，可以在洋红色和黑色之间变换。雄性安氏蜂鸟深谙此道；它们扑向太阳，向雌鸟炫耀鲜艳的洋红色头部，以最大限度提高自己的表演效果。正如一位早期观察者所写的那样，"一颗小小的火星突然降临到观察者面前。随着它的接近，色彩的亮度和维度都在不断增加。经过炫耀对象时，它会猛然发出砰的一声"。 222

宽尾煌蜂鸟是如何通过俯冲炫耀来感知喉部色彩的变化呢？为了探究这个问题，斯托达德和霍根将目光转向了一个老式资料库——美国自然历史博物馆。该博物馆位于纽约，收藏了许多蜂鸟假剥制标本。霍根说:“我们为蜂鸟的假剥制标本搭建了一个特殊的三维打印旋转装置,然后用紫外线相机从不同角度拍摄标本,捕捉蜂鸟的四色视锥视觉。”鸟类具有看到紫外光的能力;为了模拟这些色彩在鸟类眼中呈现出来的样子,他们使用了一系列软件工具,其中也包括斯托达德的分析程序TetraColorSpace。通过将这些照片和雄鸟在U形飞行路线上的身体位置结合起来,他们可以推算出雄鸟喉部在雌鸟眼中的色彩。

动作、声音、喉部的色彩——当他们把所有元素结合在一起时,俯冲炫耀的奥秘被徐徐揭开。雄鸟头朝下地向雌鸟俯冲而去,速度越来越快;在抵达U形曲线的底部时,它离雌鸟的距离最近,速度也达到了巅峰。克里斯托弗·克拉克也在研究安氏蜂鸟的俯冲炫耀;根据他的说法,蜂鸟在炫耀时的最大速度约为每秒385体长,几乎是游隼俯冲捕猎或雨燕从高空俯冲的速度的2倍。相对而言,它甚至比打开后燃器的喷气式战斗机(最高速度为每秒150体长)或重回大气层的航天飞机(最高速度为每秒207体长)还要快。为了避免撞击,在俯冲时“紧急制动”的蜂鸟会承受10倍的重力。在这种受力条件下,喷气式战斗机的飞行员可能会暂时失明或失去意识。然而蜂鸟不会。它在U形路线的底部马力全开,并同时用尾巴发出嗡鸣。当它靠近时,雌鸟听到的嗡鸣是升调的;而当它远离时,嗡鸣则是降调的。这就是多普勒效应。同理,当一辆汽车从我们身旁驶过,它的喇叭声是不断变化的;
223 我们可以通过声音来判断它是在加速还是在巡航。雌鸟可以通过嗡鸣来感知雄鸟的速度。当雄鸟进入雌鸟的视野,其喉部呈现出一种鲜艳、性感的洋红色;然后,当它经过雌鸟身边,在短短的120毫秒内,其喉部从红色迅速地转变为近乎黑色的深绿。

换句话说,在俯冲路线的底部,也就是最接近雌鸟的位置,雄鸟会使出浑身解数。斯托达德解释道："它令这些关键的事件达到同步——最高速度、羽毛发出的嗡鸣、喉部色彩的动态变化——这一切都在它经过雌鸟的那一瞬间同时发生，就像一个巨大的、扑面而来的感官信号炸弹，从而激发出雌鸟的热情。"

与所有优秀的科学工作一样，斯托达德和霍根的研究提出的问题比得到的答案还要多。

对于雌鸟而言，求偶炫耀中的哪一个环节是最重要的？速度，嗡鸣，还是那闪闪发光的喉部或从红到黑的快速变色？它运用大脑中的哪个部分来衡量不同雄性个体在"俯冲轰炸"时的细微区别呢？

"我不知道。"斯托达德说。"或许，关键点不仅仅是雄鸟的速度特别快，"她沉思道，"也不仅仅是它能发出奇妙的机械声或变换出丰富的色彩。或许，最重要的是，它能将这三种技巧完美同步。"然而，在研究人员看来，不同雄性个体在同步程度上并没有太大的差别；它们都把时间掌控得非常准确。斯托达德说："如果所有雄鸟在我们眼里都是差不多的，那么，我们还遗漏了哪些细微的区别呢？"她猜测，重点可能是雄鸟在俯冲时的精准度——当雌鸟站在正下方时，它能否将一系列"演出效果"直接送进雌鸟的眼里。

总而言之，鸟类的视角——更确切地说是雌鸟的视角——才是最重要的。它会评估雄鸟的表现，判断其能否成为一个合格的配偶。这样一来，它塑造了整个物种的求偶行为——这种疯狂的"调情"仪式正是由此而来。 224

这种复杂而古怪的炫耀行为在一开始是如何进化的？或许，了解雌性的经历和偏好可以为我们提供一个思路。

斯托达德简述了几个相关的理论。首先，雌性从求偶炫耀的不同方面来获取信息，评判雄鸟的素质。斯托达德说："有一种可能是，飞得更快、羽毛更闪耀、同步性更好的雄鸟拥有更为健康的基因。"几个世纪以来，这一直是主流观点。在许多科学家眼中，对于华丽、夸张且不必要的特征或求偶炫耀所产生的吸引力，最令人信服的解释就是表现最好的雄性拥有最好的基因。

即使是简单的炫耀也能让雌鸟了解雄鸟的素质。例如，雌性阿德利企鹅可以从雄鸟的嘶哑鸣声中判断出它的胖瘦程度，继而评估它会成为一个怎样的父亲。在南极，成功养育一个家庭需要企鹅双亲的共同努力。雄鸟和雌鸟轮流孵卵、照看雏鸟和外出觅食。正如利维克指出的那样，雄鸟率先抵达繁殖地，占据自己的领地，随后筑巢。当雌鸟到来时，它们想知道，这些雄鸟在没有食物的情况下能够持续孵卵多长时间。一只雄鸟会向后仰头，发出驴一般的狂野吼叫，以此来炫耀自己的庞大身躯。最近，科学家发现，喉部周围的脂肪会影响音高的一致性和叫声的稳定性。雌鸟专注地聆听，仔细地评估，最终选中最胖的雄鸟。

当雄性冬鹪鹩发出复杂而悠扬的鸣唱时，雌鸟能从中获取可靠信息，了解对方的身体条件、大脑质量及发育状况。身体素质较差或在发育过程中经受压力（比如疾病、食物短缺或家庭成员之间过于激烈
225 的竞争）的雄性鸣禽无法发出高质量的、富有吸引力的歌声。雌鸟根据声学特征的细微变化来评价雄鸟的鸣唱，这是身体活力和基因健康的重要标志。

金领娇鹟（*Manacus vitellinus*）的求偶炫耀也包含了同样的潜在信息。雄鸟拥有特殊的"击掌"技巧——用力向后挥动双翼，令其在背上猛烈撞击，发出咔嗒声。这种动作依赖于高强度的肌肉收缩。雄

性金领娇鹟能在1秒钟内“击掌”100次以上。当它从一根栖木跳到另一根栖木的时候，翅膀的动作也不会停顿。最后，它以一个半空翻来结束表演，那完美的落地会让奥林匹克体操运动员都感到汗颜。布朗大学的马修·福克斯杰格发现，雌鸟会选择与“击掌”速度更快的雄鸟交配。看来，雌鸟确实能察觉出这种极其微小的差异。

雄鸟一遍又一遍地重复这些耗费体力的动作——跳跃、俯冲、振翅、边唱边跳，运用身体上的表现来展示自己的体能和活力。一只鸟的活力是无法伪造的，它可以被看作雄鸟身体素质的可靠指标。因此，挑剔的雌鸟会选择运动能力最强的雄鸟。通过雄性宽尾煌蜂鸟的俯冲速度和闪烁羽毛的方式，雌鸟或许就能评判出它的体能优劣。斯托达德说：“雌鸟的关注点可能不仅在于雄鸟的喉部有多红，还在于从红到黑的变色过程有多快。同样地，雄鸟俯冲的轨迹形状和速度或许也与它们的体力有关。”

在雄鸟精心设计的炫耀表演中，雌鸟能够了解到它们的能力与健康状况，也就是所谓的“优良基因”。

斯托达德表示，这只是其中的一种假设，人们还有其他的想法，例如“信号效能理论”。该理论也被称为“灯塔假说”，它认为，复杂信号之所以进化，不是因为它们能传递有关身体素质的信息，而是因为它们能有效地用于交流：“这是一只准备交配的雄鸟！”雄鸟发出的信号越多、越鲜艳、越响亮、越华丽，它们就越能吸引异性的目光。一些科 226
学家指出，某些特定种类的雌鸟之所以会被雄鸟发出的“超常刺激”所吸引，仅仅是因为这些更大、更鲜艳、更响亮的特征令雄鸟更容易被发现。能迅速找到配偶的雌鸟也能更好地躲避捕食者，它们可以把更多的时间与精力花在觅食和寻找巢址上。

雄鸟拥有一种以上的炫耀模式——声音、视觉和运动——并将其同步，或许也能帮助雌鸟将多种感官的信息输入并整合成一个连贯的整体，即所谓的“感官整合”。这就像人类需要同步的嘴唇动作和声音来理解讲话内容一样。

此外，信号越复杂，越有可能吸引雌鸟的注意。如果一个简单的信号被不断重复，雌鸟逐渐习惯后，它的兴趣也许就会减弱。一般来说，相对于持续的噪声，鸟类更在意不定时发生或突然出现的声音，比如猛禽的鸣叫或树枝在捕食者爪下折断的噼啪声。

另外，斯托达德表示，炫耀行为中同时包含视觉和听觉元素，意味着鸟类在困难条件下具备应变能力。“在喧嚣的日子里，雄鸟还有闪闪发光的喉部饰羽。到了阴天，阳光不够充足，雄鸟的喉部变得不那么醒目，那么尾部产生的嗡鸣还能够派上用场。这些信号叠加在一起，确保了雌鸟能注意到它们。但这样一来，雄鸟之间的差别——谁的色彩更鲜艳、谁的速度更快——就没有太大的意义了。”

“优良基因假说”和“信号效能理论”持有一个共同的观点，即华丽的炫耀是出于实用性而进化的——它们可以象征身体素质或用于吸引异性的注意。

但斯托达德说，还有另一种颇具争议性的、耐人寻味的观点。宽尾煌蜂鸟的俯冲表演也可能来源于一个很任性的理由——漂亮！她说：“雌鸟恰恰喜欢这种漂亮的表演。当一件事物能在审美上为对方带来愉悦，就足以产生选择压力了”。

也许，正如拉尔夫·沃尔多·爱默生所说，美丽本身就是存在的理由。

复杂的炫耀行为纯粹是在审美的选择下进化的，它主观地取悦
227 了拥有选择权的个体，而非客观地作为信息载体——这是一个古老的概念，可以追溯到达尔文时期，并在一个世纪前由遗传学家罗纳

德·费舍尔发展而来。费舍尔提出，经过一代又一代的选择，这些极端的特征及对它们的偏好会协同进化，导致“费氏失控选择”(Fisherian runaway selection)。最近，得克萨斯大学奥斯汀分校的进化生物学家迈克尔·瑞安和耶鲁大学的鸟类学家理查德·普鲁姆重新提出了这些观点。在《美的进化》一书中，普鲁姆再次审视了达尔文的观点，并将其重新命名为“美的发生假说”。雌鸟对一系列特定的雄性特征产生随机的审美偏好，即便这些特征并不能提供什么信息——一套杂技般的俯冲表演、一身艳丽无比的羽毛、一副发出荧光的喙、一根嗡嗡作响的尾羽。它们的后代继承了这些被认为是美丽和性感的特征，以及对这些特征的偏好；然后，这些特征通过迅速的失控选择在种群中传播。

换句话说，雄性宽尾煌蜂鸟做出俯冲动作、让喉部的鳞状羽反光、用尾羽发出嗡鸣声，都不是为了炫耀自己的遗传品质，而是因为雌鸟喜欢看这样的表演。

“当我与本尼迪克特向理查德谈论起宽尾煌蜂鸟的俯冲表演时，”斯托达德说道，“他相信，紧密配合的同步动作和多种感官特性的整合在雌鸟眼中代表着美丽和性感。这种令人震撼的表演肯定出于雌鸟的审美选择，无须赘述。”

斯托达德还说：“至于哪种假说才是正确的，我们无从知晓。或许答案是三者的结合。”

进化生物学家马琳·朱克提出了三者共同作用的一种途径。朱克说，无论是孔雀的华丽尾羽还是高难度的俯冲表演，当我们看到鸟类身上的复杂特征时，我们会忍不住地问道：“这究竟是怎么一回事？”实际上，我们同时提出了好几个问题：这种特征是如何产生的？为什么是这种特征，而不是其他特征？它是如何在种群中长期存在的？最初，由于感官偏好，雌鸟被某一种复杂的特征所吸引；然后，这种特征

随着失控选择而变得普遍。朱克推测，这些复杂的特征开始与基因产
228 生关联。而遗传品质对个体的健康来说至关重要，它可以表明雄鸟的
身体素质，比如对寄生虫的抵抗力。这是朱克最喜欢的观点，也是“信号效能理论”和“优质基因假说”的结合。

在鸟类当中，不论求偶炫耀的进化源头在何处，它们似乎都有一个基本的共同点——需要强大的脑力。冬鹪鹩的一长串鸣唱曲目、蜂鸟的组合杂技，以及尖尾娇鹟的唱跳表演——这些行为都需要大脑协调下的运动技能。复杂的求偶炫耀也是鸟类展现智慧的一种方式吗？挑剔的雌鸟会选择更聪明的配偶吗？

在一群追求极致的鸟类身上，部分答案似乎逐渐浮现出来。雄性园丁鸟展现了最错综复杂的求偶场景，包括筑造、装饰、舞蹈和鸣唱。
229 除此之外，它们还能操控雌鸟在这一过程中的体验。

第十一章

脑筋急转弯

9月的一个早晨，我坐在澳大利亚小镇巴拉丁的一处门廊上，观察一只离我不到10米的雄性斑大亭鸟。它正在求偶亭中向一只雌鸟求爱。求偶亭很好地隐藏在一户人家后院里的灌木丛底下，而园丁鸟对我的旁观毫不在意。乍一看，斑大亭鸟长得平淡无奇：体型苗条、紧凑，和普通拟八哥（*Quiscalus quiscula*）差不多大；通体长着暗棕色的羽毛，腹部则是一抹淡奶油色，脑后有一撮浅紫色的冠羽，只有在展开时才会比较显眼。尽管斑大亭鸟的羽毛没有什么太大的亮点，但它浮夸的炫耀行为完全可以弥补这一点。

有几位澳大利亚野生动物鸣声录制组的成员和我在一起。他们希望能捕捉到斑大亭鸟发出拟声的片段。不过，作为一天的开始，清晨的演出往往是沉默的。

沉默但不失美妙。园丁鸟也是在求偶场中寻找配偶的鸟类。与娇鹟、极乐鸟、艾草松鸡和蜂鸟一样，它们的求偶场分散在一片范围较大的区域。为了吸引雌鸟，雄性园丁鸟会建造求偶亭，用树枝和各种装饰物打造出一座精美而华丽的建筑作品。但求偶亭并不是鸟巢，不会用于抚养后代。相反，它是施展魅力的剧场，是雄性园丁鸟用歌声和舞蹈来追求雌鸟的舞台。在19种园丁鸟中，有15种会建造求偶

231 亭，而每一种都偏爱不同的构造和不同类型的装饰物，每一种都不同寻常、独具特色。冠园丁鸟（*Amblyornis macgregoriae*）用不同大小的树枝筑造一座五朔节花柱*般的尖塔，高度可达3英尺，周围环绕着苔藓、成堆的昆虫、坚果和水果。雄性缎蓝园丁鸟会收集蓝色的东西，并在求偶亭内部作画；它们嚼碎南洋杉（*Araucaria cunninghamii*）的枯叶，然后把得到的棕色糊糊涂在求偶亭的内壁上。只有人类和其他几种动物能创造出比这更繁复的装饰结构。在新几内亚，褐色园丁鸟（*Amblyornis inornata*）能编织出一间可容纳儿童的精美小屋，上面花花绿绿地装饰着数以百计的花朵、浆果和其他天然物件。当进化生物学家贾里德·戴蒙德见到这样的求偶亭后，他将褐色园丁鸟称为“最具人性魅力的鸟类”。

即便是在这般极端的类群中，斑大亭鸟也可以称得上是剑走偏锋。它们珍藏着各式各样的装饰品，其中有贝壳、绵羊和鸸鹋的骨头，以及任何散落在周围的东西。在新南威尔士，鸟类学家亚历克·奇泽姆发现了一个藏有1 300多块骨头的求偶亭。他写道：“试想一下，这只鸟仅凭借自己的喙，一块接一块地从远处搬来这么多结实的骨头，可见这种装饰求偶亭的冲动是多么强烈。”不仅如此，他还惊讶地发现，另一只斑大亭鸟的求偶亭内外装点了2 500只蜗牛壳。“相对于鸟喙的大小来说，每只蜗牛壳都显得有些笨重”，但这只鸟还是叼着它们飞了相当长的距离。

目光回到我面前的这只雄鸟上——它的求偶亭简直是一件艺术品。更为出名的缎蓝园丁鸟是斑大亭鸟的近亲，它们喜欢用树枝密集地堆砌出两堵墙。斑大亭鸟则选取像稻草一样的纤细干草，用稀疏

---

* 五朔节是欧洲传统民间节日，用以祭祀树神、谷物神，庆祝春天的来临。人们通常会在空地上竖起一根柱子，并用花冠、花束装饰它。——译注

的、可透光的篱笆墙围出一个精致的小走廊；这是雌鸟在求偶过程中的栖身之所。表演区域闪烁着几十块绿色玻璃碴、螺丝钉、易拉罐的拉环、碎珠宝、吸管、石头和几种本地树木的心皮，还有一些散落的红丝带、塑料和电线。雄鸟将许多装饰品按照颜色分为绿色和白色的小堆。在求偶亭中央的凹陷处，一套漂亮的透明玻璃弹珠在阳光下闪闪发光——这里正是雌鸟所处的位置。

雄鸟从走廊的左侧进入，从求偶亭的一边狂奔到另一边，在阳光
下跳来跳去，有时还会撞到自己的墙上。它用嘴叼起一条红丝带，在 232
附近昂首阔步，来回打转；然后，它猛地向上一抛，把丝带从求偶亭扔到了一根悬垂的小树枝上。它展开脑后的浅紫色冠羽，令场面显得更有戏剧效果。它像一头公羊般低下脑袋，向后甩动翅膀，从头到尾都在剧烈地颤抖。突然间，它完全开启了演唱模式，我的同伴们喜出望外。嗡鸣声、吱吱声、嘶嘶声、叽喳声、哈气声、拨弦声、鸦叫声、咯咯声、呢喃声……所有声音都与它的舞蹈动作完美合拍。有几种鸣叫是带有金属音色的刺耳爆裂声，而其余的则是口哨般的悦耳音符。与华美极乐鸟一样，斑大亭鸟也是鸣声模仿大师。根据我们目前的了解，它可以模仿兔子的尖叫声、猫的喵呜、狗的吠叫、树枝的摩擦声，甚至是雷声，当然也包括许多种鸟叫，比如啸鸢的恸哭。

与此同时，雌性斑大亭鸟在表演区域内跳动，却刻意保持着距离，总是让求偶亭的一堵墙挡在它和雄鸟之间。它始终站在一个安全的有利位置，透过篱笆墙来窥探雄鸟的一举一动。雄性园丁鸟在分散的求偶场中进行炫耀。雌性园丁鸟也与其他求偶场中的雌鸟一样，不会从雄鸟身上获得筑巢或养育后代方面的协助；在这一过程中，它们收获的只有精子。雌鸟通过雄鸟建造的求偶亭和展示的表演来判断它是否合格。比起草率搭建求偶亭的雄鸟，装修水平高的雄鸟能赢得更

多的交配机会。因此，雄鸟的建筑格局与表演进程都要经过精心的设计和考量，以便影响雌鸟的观感。科学家们花费大量时间，进行了细致的观察和拍摄，记录了各种园丁鸟的求偶过程。他们发现，为了塑造雌鸟在这一过程中的体验，雄鸟可以变得相当精明和富有策略。

杰拉尔德·博尔贾研究园丁鸟已经超过了30年，而贾森·基吉是伊利诺伊大学厄巴纳-香槟分校的进化生物学家。根据他们的说法，雄性斑大亭鸟会战略性地排列不同颜色和大小的装饰品。因此，当雌鸟靠近和进入求偶亭时，它将看到一系列连续的场景。由于雄鸟通常将求偶亭修建在树木或灌丛下的昏暗阴影中，这样的策略性装饰起到了指路明灯的作用，帮助它吸引雌鸟的眼球，向雌鸟提示自己的存
233 在。所以，雄鸟会在求偶亭周围放置骨头等体积较大、较为醒目的装饰物，充当长距离的求偶指示信号。在这座微型花园中，它把一部分大型装饰物清理出去，规划出一条整洁、狭窄的小道，有时会铺上扁平的石头或树枝；它将在这里进行鸣唱和舞蹈表演。骨头被堆在小道旁边，形成白色的舞台背景，用来衬托雄鸟的粉紫色羽冠。科学家说："当我们在小道中央放置椎骨或其他大型装饰物时，雄鸟很快就会把它们移走。"等到雌鸟跳进小小的求偶亭中，它就会见到雄鸟最珍贵的宝物——堆在求偶亭中央凹陷处的一大捧光彩四射的宝石。这是雄鸟精心收集到的珍品，能对雌鸟产生刺激。

科学家还提到，雄鸟经常在雌鸟进入求偶亭的路线两旁来回穿梭。"通过模拟对方的视角，雄鸟一步一步地根据雌鸟的偏好来修建求偶亭、调整装饰物。"一旦雌鸟进入求偶亭中央，那两堵墙之间的狭小空间就决定了它所处的位置和观察雄鸟的角度，以及所能看到的表演内容。博尔贾认为，随着时间的推移，雄性斑大亭鸟可能会改良求偶亭的篱笆墙，以提高雌鸟的安全感，令其放下戒心。他说："一场热情

而激烈的炫耀表演对雌鸟具有很大的吸引力，因为它能从中了解到雄鸟的健康状况和遗传品质。”但这一过程也可能存在威胁。这些稀疏的篱笆墙可以起到过滤的作用，“让雌鸟在一个受保护的位置观察激情四射的高能演出”。

大亭鸟（*Chlamydera nuchalis*）生活在澳大利亚西北部。为了操控雌鸟对求偶亭和炫耀表演的观感，这种鸟更是煞费苦心。它们建造的求偶亭有一条3英尺长的林荫道，两侧还有用树枝平行地堆砌出的厚实的墙，犹如一座茅草屋。通道两头是开阔的表演区域，摆放着精心布置的各类物品。雄鸟把石块、骨头、褪色的贝壳等白色物品放在一起，有时多达好几百个。这堆白色饰物为色彩更丰富的物品（比如绿色的树枝或红色的果实）创造了一个简单的背景。劳拉·凯利和约翰·恩德勒发现，这种鸟会根据尺寸来规整地摆放白色饰物。就其本
身而言，这不算什么了不起的事。毕竟，在筑造小小的圆锥管时，更为 234
低等的根状膜帽虫（*Lagis koreni*）也能对沙粒进行筛选和分类，并将其精确地黏合在一起，让较小的沙粒在窄的一端，较大的沙粒在宽的一端。但大亭鸟比根状膜帽虫更胜一筹，它巧妙地排列装饰品，创造出一种强制性的透视错觉。当雌鸟在求偶亭中观察时，这种透视错觉让雄鸟及其彩色饰物看起来更大。在创造这个图案时，大亭鸟采用了和人类一样的技术：从庭园的中心开始，朝着两个方向往外推进。当科学家把最小的饰品放在前面，把最大的饰品放在后面，破坏了这种透视错觉后，雄鸟很快就会将其重新排列，恢复原样。这一做法具有充分的理由。它们所制造的错觉越成功，交配的机会也就越大。

炫耀时，雄性大亭鸟站在林荫道入口的边缘，刚好能让亭中的雌鸟看见它的头部。它叼起一件饰品，在雌鸟面前踱步。随后，它把口中的东西远远地抛了出去，再继续摆弄一件新的饰品。骨头和石块形

成了单调的灰白色背景，令其他的颜色显得格外突出。在每一次炫耀中，每只雄鸟平均要展示五件饰品，并不断地展开洋红色的羽冠。令人震惊的是，雄鸟运用了一种特殊技巧来增强色彩的效果：它们在林荫道内布置了红色的树枝，为求偶亭营造出一种微红的光，改变了雌鸟的观察方式。在这种红光下暴露1分钟之后，雌鸟的眼睛就会形成色适应，对雄鸟所展示的饰品颜色的感知也会发生改变。于是，色彩（尤其是某些特定的色调，比如雄鸟的洋红色羽冠）对雌鸟的冲击变得更加强烈。雄鸟还利用求偶亭的构造，先把饰品藏在看不见的地方，再突然间展示出来，以吸引雌鸟的目光。当雄鸟在炫耀中换着花样献出颜色各异的饰品时，雌鸟待在求偶亭中的时间就会延长。多种颜色的快速变幻抓住了后者的眼球。此外，雄鸟会交替展示色彩对比度高的物品（比如绿色的果实、自己的洋红色羽冠）和色彩对比度低的物品
235 （比如棕色的树枝），有效地将炫耀过程中的新奇和惊喜最大化。雄性琴鸟也会如此；它们将多种拟声混杂在一起，编成自己的特有曲目，从而使雌鸟保持兴趣。

我被眼前这只雄性斑大亭鸟的表演迷住了——显然，雌鸟也被迷住了。它足足逗留了15分钟左右。

我猜，这只雄鸟应该是个情场老手了。在园丁鸟的世界中，经验是非常重要的。它可以用大半生的时间来编排一场优秀的演出。年幼的雄鸟似乎要从前辈那里学习建造求偶亭的手艺和炫耀的技巧。在漫长的青少年时期，它们会定期造访繁殖行为活跃的求偶亭，观看成年雄鸟的求偶表演。这是一项需要大脑的工作。年幼的雄鸟必须学会并记住成功的要素——什么样的新奇装饰或拟声能刺激和取悦雌鸟，什么会令雌鸟厌烦。例如，在编排高强度且奔放的鸣唱和舞蹈

时，有经验的雄鸟会考虑到雌鸟的敏感度，调整自己的表演，交替展现激烈和温和的元素，以降低威胁。年幼的雄性园丁鸟也必须学习这些技巧。

这样，求偶亭的设计和表演风格就可以真正地通过文化传播，就像鸟类鸣唱的方言、人类的艺术和习俗一样。埃克塞特大学的约亚·马登及其同事有充分的证据可以证明这一点。他们发现，在同一片区域内，同一种园丁鸟的不同种群在求偶亭的设计和装饰上存在差异。在昆士兰的一座公园里，马登发现某个特定位置的所有园丁鸟都采用了类似的装饰。这里的每只园丁鸟都能获得大多数种类的装饰品——贻贝壳、白色石英、鸸鹋蛋壳、红色和黑色的塑料、蓝色的玻璃。虽然它们能找到的材料相差无几，但北边的鸟似乎更喜欢白色石英，东南边的鸟则偏爱红色、黑色的塑料和金属装饰；在西边，蓝色和紫色的玻璃更受欢迎。 236

每只雄鸟的求偶亭和歌舞表演都具有个人特色。因此，在前辈身边学习的年轻雄鸟也会继承同样的风格。

最后，即便是老到的成年雄鸟，也只有很小一部分能通过炫耀表演赢得交配的机会。博尔贾发现，在他观察到的1 284场斑大亭鸟求偶中，只有53场发生了交配。雌鸟是非常挑剔的。在选中配偶之前，雌鸟经常造访不同雄鸟的求偶亭，反复对比它们的设计和表演。

吸引雌鸟的元素是什么呢？雄鸟在表演中展现的活力和灵敏度，求偶亭的构造质量（干草的使用量，篱笆墙的塑造水平、对称性和垂直程度），更重要的是骨头和玻璃饰品的数量。对此，雌鸟一一进行评判，在脑海中把它与自己造访过的其他雄鸟的求偶亭进行比较，找到装饰数量和质量上的差异，并在往来于不同求偶亭时回顾这些差异。

杰拉尔德·博尔贾说，或许，雌鸟不只是在计算饰品的数量、评估建筑技巧或歌舞水平。它可能是根据某个特定的要素来选择配偶的，而这个要素恰好能涵盖这些条件。骨头和玻璃并不代表雄鸟的不同品质，而是代表整体的战术策略；雌鸟可能认为这是智慧的标志。同样地，通过雄鸟挑选和搬运饰品、营造强制性透视错觉的效果，雌鸟可以了解到它的脑力水平和从经验中学习的能力，并最终利用这些特征来衡量其作为配偶的价值。

达尔文提出，我们往往更倾向于选择聪明的个体作为交配对象。因此，择偶会对认知能力的进化、装饰和鸣唱风格产生相似的影响。一位聪明的伴侣能给雌鸟带来直接的好处，比如更好的取食技巧、在
237 多变的环境条件下提供庇护的能力；它们都有可能提高雌鸟的生存机会和后代数量。而间接的好处在于后代可以拥有更高的认知水平，这对它们的健康、寿命和繁殖成功率都有益处。

然而，以认知能力为主导的择偶并不是一件容易证明的事情。以园丁鸟为例，研究人员推断，雌鸟会根据与智力相关的次要行为（出色的求偶亭、鸣唱和舞蹈）来选择认知水平最高的配偶。然而这只是一种相关性。挑剔的雌鸟并不会直接观察潜在配偶的认知表现。

一项巧妙的新研究提供了更为直接的证据，表明至少有一些雌鸟确实喜欢聪明的配偶。2019年，中国科学院动物研究所的研究人员陈嘉妮与她的同事在虎皮鹦鹉身上验证了这一观点。这种来自澳大利亚的小型鹦鹉通常被作为宠物饲养。（据说，虎皮鹦鹉的英文名budgerigar来自澳大利亚土著语言中的单词*betcherrygah*；其中，*betcherry*的意思是“好”，*gah*指的是“鹦鹉”。）

我曾与一只虎皮鹦鹉相伴长大。那是一只精力旺盛的小雄鸟，名

叫格里戈里。为了防止它跳到碗边偷吃我的麦片粥，我每天都会用好几只盒子在碗的周围搭建迷宫。但它拥有超高的解谜能力，我设置的障碍从未成功过。

与大多数鹦鹉一样，虎皮鹦鹉也是一种聪明的鸟类——这似乎是必然的。这种鸟原产于澳大利亚干旱的内陆地区；在那里，昆虫和种子之类的食物来源往往是不稳定的，觅食过程充满了挑战性。为了生存，一只鹦鹉必须具备觅食的认知技能，或者找到一位优秀的伴侣。与园丁鸟不同的是，雌性虎皮鹦鹉在孵卵和育雏的过程中依赖于配偶所提供的食物。因此，找到一个善于觅食的配偶是一项很大的优势。

在这项实验中，每只雌鸟都要先在两只雄鸟当中挑选心仪的对
象。然后，研究人员花费一周的时间来训练"落选"的雄鸟，教它们打 238
开带有机关的食盒，即一个装满种子的半透明容器。接下来，雌鸟将会看到这样的景象：受过训练（但原先不受青睐）的雄鸟可以一遍又一遍地轻松打开机关，而没受过训练（但原先受到青睐）的雄鸟完全被这个任务难住了。演示结束后，研究人员用胶带把装满种子的食盒封住，放进雌鸟的隔间中；这样一来，雌鸟也能亲身体会到这项任务的棘手程度。最后，雌鸟要重新在两只雄鸟当中做出选择。值得注意的是，它们都将偏好转移到了曾经被自己拒绝过的雄鸟身上。在雌鸟眼中，这些雄鸟显然已经成了解决问题的高手。

这似乎是一个非常鲜明的案例，表明"聪明就是性感"。但它也可以有其他的解释，比如，雌鸟可能会把雄鸟打开食盒的能力解读为出众的体力。不过，在觅食过程中表现出来的高智商行为能够吸引雌性，直接观察这种行为并对其产生偏好有助于相关认知水平的进化——这是有道理的。

如果雄鸟能够运用非凡的智力来编排一场求偶炫耀或解决一个觅食难题，那么雌鸟在进行评价时所运用的能力也与雄鸟相当。毕竟，雌鸟的选择塑造了雄鸟的表现。

在提及偏好和选择时，迈克尔·瑞安提醒我们，"大脑才是一切行动的源头"。无论雌鸟的择偶标准是华丽的羽毛、精妙的歌舞、杂耍般的技艺，还是敏捷的思维，它们的判断都存在于大脑之中。它们已经进化出了很强的辨别能力，可以随时评估雄鸟的素质，对潜在的配偶进行区分和比较。想想这其中的微妙之处吧。雌性宽尾煌蜂鸟可以解析复合的、多层面的俯冲表演，而那些动作在我们看来几乎是一模一样的。即便是在一瞬间，雌性金领娇鹟也能辨别出雄鸟在求偶炫耀
239 中的动作差异。雌性斑大亭鸟评估众多雄鸟的建筑、装饰和表演，并把这些比较结果记在大脑里。

在被雄性园丁鸟的心灵手巧所震撼时，我们也应该对雌鸟的评判能力感到肃然起敬。这是多么敏锐的感官、多么精确的审美标准和多么细致的辨别能力！为了博得它们的好感，雄鸟被推向了行为、美学和脑力的极端。

做出选择之后呢？选择只有一次吗？鸟类会对配偶忠诚吗？

绝对不是。

人们曾以为鸟类世界的主要婚配方式是一夫一妻制。如今，我们知道这在很大程度上是一个神话。老观点可以追溯到20世纪60年代；英国进化生物学家大卫·拉克搜集了当时有关鸟类婚配系统的信息，并得出结论：90%以上的物种都是单配制的。20年后，DNA分析技术颠覆了这一领域。它揭示了大多数鸟类，甚至是大多数社会单配制的鸟类，都存在着大量的"婚外"性行为。在单配制的鸟类当中，一

窝雏鸟往往有不止一个父亲；除了供养和保护雏鸟的雄鸟以外，其他雄鸟也提供了精子。

这一发现表明了鸟类婚配制度的复杂性和多样性，打破了一夫一妻制和忠贞不渝的浪漫幻想。在这种前提下，真正专一的单配制鸟类才是值得注意的。切实做到一夫一妻制的鸟类屈指可数，其中包括疣鼻天鹅（*Cygnus olor*）、黑头美洲鹫、金刚鹦鹉、白头海雕、黑背信天翁、美洲鹤（*Grus americana*）、加州神鹫（*Gymnogyps californianus*）和北极海鹦。与此相反的是黑背钟鹊和细尾鹩莺，它们是典型的多夫多妻制。细尾鹩莺会建立终身的配偶关系；但它们的社会婚配制度和交配情况之间存在着巨大的偏差，简直令人叹为观止。研究表明，在细尾
鹩莺巢中，多达三分之二的后代来自固定配偶以外的雄鸟——这是鸟 240
类中已知最高的“外遇”比例。

起初，人们认为雄鸟是这些“不忠行为”的罪魁祸首——它们偷偷地与其他雌鸟进行配偶外交配，尽可能广泛地传播自己的精子和基因。雌鸟似乎是受害者；它们不仅要跟其他同性个体分享配偶的关注，更糟糕的是——正如英国生物学家蒂姆·伯克黑德所说——还要“被迫进行配偶外交配”。

20世纪90年代，人们的看法发生了改变。科学家开始用无线电追踪包括细尾鹩莺和黑枕威森莺（*Setophaga citrina*）在内的雌鸟，发现它们才是主动“求欢”的一方。

自1987年以来，进化生态学家安德鲁·科伯恩一直在澳大利亚国家植物园研究华丽细尾鹩莺。他长期探查种种古怪的交配制度。他的职业生涯始于对宽足袋鼩（*Antechinus*）的研究；这是一种像老鼠一样的小型有袋动物，具有单次繁殖的奇特现象。交配后不久，雄性宽足袋鼩就会死亡。在研究这种哺乳动物多年以后，他意识到“自己并

不喜欢在到处是蚂蟥的雨林里穿行。而在堪培拉，(他的) 一位研究生正在到处是羊角面包的植物园里梳理华丽细尾鹩莺的复杂性生活。那听起来可有趣多了”。

在过去10年左右的时间里，科伯恩和他的同事发现，雌性细尾鹩莺简直在上演“外遇真人秀”，甚至在面包店开门之前就跑出去拈花惹草了。到了产卵的前几天，在黎明前的昏暗时刻，雌鸟飞出栖息的灌木丛，离开自己所处的社会群体，奔向心仪的雄鸟。这些雄鸟曾在繁殖季来临前的几个月里远离自己的领地，来到相隔七块领地的地方，向居住在这里的雌鸟做出炫耀行为。一般来说，雄鸟会献出带颤音的鸣唱和甜美优雅的花朵，从而增强求偶的效果。它先是在附近的隐蔽处观察，然后用嘴叼着一片卷曲的黄色花瓣，摆出姿势，逐渐靠近
241 雌鸟。它竖起脸颊和头顶的羽毛，压低尾部，来回扭动身体，以展示自己漂亮的蓝黑色羽毛，并利用黄色花瓣来使色彩反差最大化。因此，献上花瓣并不是为了寻找一位配偶，而是为了与其他鸟儿的配偶发生性关系。当时机成熟，雄鸟会让前来交配的雌鸟知道自己的所在位置，并在黎明时分用鸣唱作为信号，示意交配的可行性。只有早起的鸟儿才能有此艳福。

鸟类是否忠贞，与它们抚养后代的方式有很大的关系。婚配制度
242 的混乱反映了截然不同的育雏方式。

育 儿

第十二章

放养式育儿

当蒂姆·洛打来电话时，我正在昆士兰的布里斯班车站等车，准备乘火车前往因杜鲁皮利。那是市区以西4英里处的一个郊区，也是他家所在的地方。洛的声音很轻，仿佛是在低语："它就在这里。"我说："太好了。我会尽快赶到那里。"车程只有12分钟，但我和洛在车站花了很长时间才碰头。等我们抵达他的房子时，它已经消失了。洛认为它不会离开太久，所以我们只能在车库里看袋貂 (Phalangeriformes) 打发时间。它们生活在椽子上，长长的尾巴就像飘带般垂在半空中。因杜鲁皮利的部分地区曾是雨林，现在仍有残留的小果灰桉 (*Eucalyptus prophinqua*) 和斑皮桉 (*Corymbia maculata*)，以及人工种植的雨林树木和许多动物。小果灰桉经常被袋貂和树袋熊 (*Phascolarctos cinereus*) 抓花。洛的房子一直是各种野生动物频频造访的地方。有一天夜里，他在卧室里听见响动；第二天早上醒来后，他发现床头柜上有一条蟒蛇，离他的脸大概只有1英尺。他昨晚听见的就是蟒蛇把闹钟和其他东西推开的声音。

我这次来是为了他家后院的一只鸟。希望它还在。

这是一座灌木丛生的小院子，连草坪都没有。但在角落里，有一 245
个由落叶和沙土构成的巨大土堆。土堆的建造者是地球上最古怪的鸟类——灌丛塚雉。匪夷所思的育雏方式和不同寻常的神秘行为令这种鸟名声大噪。

洛是澳大利亚最著名的博物学家之一。不过，灌丛塚雉之所以选择了他家后院，并不是因为他的生态学素养。灌丛塚雉在这附近到处都是，而且数量还在不断增加。为了寻找新的巢址，年轻的雄鸟来到了布里斯班和悉尼的城郊。

"这个土堆建得十分蹩脚，大概出于欠缺建筑经验的年轻雄鸟之手，"洛说道，"沙土太多，没有足够的植物材料。"他踢了土堆几下，踹下一个大土块。他说，这能让灌丛塚雉活动起来。

事实确实如此。我们听见隔壁的院子里沙沙作响，便躲到门廊后等待雄鸟回来。

灌丛塚雉和美国的火鸡一样大；除了头部和颈部之外，它通体的颜色都很黯淡。它有着猩红色的脸和鲜黄色的肉垂，一圈松垮的皮肤围在脖子底下，就像被画道路标线的工作人员溅上了油漆一样。肉垂是求偶炫耀时的工具，可以发出洪亮而低沉的轰隆声。尽管它的英文名意为"灌丛火鸡"，长相也与火鸡相似，但二者并没有什么亲缘关系。在12种塚雉科 (Megapodiidae) 鸟类当中，灌丛塚雉是足部最大的一种；它依靠双脚来进行挖掘。

当灌丛塚雉在洛踢过的地方用脚刨土时，我们听见它发出了轻微的咯咯声和咕噜声。不过，它在大部分时间里都很安静。但在2个月之前，这只鸟还埋头于建筑施工，从洛的院子里耙出大片的草、其他植被和落叶，然后把它们埋进土堆里。洛说："这是一只很有条理的鸟。它在一定的范围内工作，先清理出院子的一角，再清理下一角，直到四周变得光秃秃的，所有东西都被用在了它的土堆上。这个过程既美妙又糟糕。这是因为它在我们家搞破坏，不仅拔光了院子里的草，还在地面刨洞。”

威尔·菲尼是一名鸟类研究人员，也住在布里斯班郊外。他告诉 246
我，他曾与一只雄性灌丛塚雉发生过类似的冲突。当时，他刚刚种下了一整座菜园的菜，有欧芹、罗勒、迷迭香、西红柿、辣椒和百香果。那天晚上，他听到院子里有一阵刮擦的声音。“大家都提醒过我们，要当心灌丛塚雉，”他回忆道，“但我说，没关系，不会有事的——去年什么也没发生，今年应该也不会怎么样。”到了第二天早上，他走到院子里，发现整座菜园都消失了，取而代之的是一个土堆，仿佛是感恩节的反转版。菲尼说：“它毁掉了一座价值500美元的菜园。从此以后，我就与这只灌丛塚雉展开了一场腥风血雨的斗争。我经常光顾它的土堆，挖几桶土放回我的菜园里——那是品质极佳的栽培土壤。然后，它就会跑过来把土刨回去。”

一只雄性灌丛塚雉要花费将近3个月的时间来建造土堆，耙起2吨到4吨的落叶和沙土，垒出一个巨大的圆锥形结构。土堆高3英尺到4英尺，直径22英尺，就跟一辆汽车差不多大。它所付出的一切努力都是为了一个目的——为鸟卵打造一个孵化器。

对于所有鸟类来说，它们的繁殖方式在某一方面是完全相同的：受精卵在母体外独立发育。鸟类的卵可以称得上是一套“完美的包装”；它坚固、自给自足，能取得意义非凡的成就——滋养和保护正在发育的雏鸟。不过，相同之处也就到此为止了。

鸟卵的大小各不相同。蜂鸟的卵仅有0.007盎司，看起来就像一粒糖豆；鸵鸟的卵有6英寸长、3磅重，要用120磅的力才能砸开。它们的形状也千差万别。体型庞大的塚雉（*Macrocephalon maleo*）会产下椭圆形的卵，鹰鸮（*Ninox scutulata*）的卵则是近乎完美的球形，而海鸦和涉禽的卵就像是泪滴。

为什么鸟卵的形状千奇百怪？这些形状具有怎样的功能？从前，我们对这些现象的成因知之甚少。科学家认为，鸟卵的形状可能与几个因素有关。首先是鸟巢的类型——它的大小与构造如何？是杯状、圆顶状，还是仅仅在沙地上随意地蹭了两下？其次是鸟巢的位置——它是在树枝上、洞穴里，还是在崖壁上？（后者会给鸟卵带来滚落的
247 风险；而繁殖于此的鸟类产下圆锥形的卵，令其只能绕着一个小圈打转。）最后是窝卵数和堆放方式——每一窝鸟卵的数量是多少？巢中的鸟卵该如何堆放，才能让雌鸟更高效地进行孵化？

2017年，谜团逐渐被揭开。玛丽·卡斯韦尔·斯托达德和她的同事开发了一款名为EggxTractor（剥蛋器）的电脑程序，分析了1 400个代表物种的50 000个鸟卵的形状。针对每一个物种，他们还收集了成鸟体重、窝卵数、食性和巢址等数据。*在分析比对了1 400个物种之后，他们发现鸟卵的形状几乎与鸟巢的位置没有关系。同样地，他们还排除了鸟巢的大小与窝卵数。相反，有三个因素与鸟卵的形状密切相关：成鸟的体重、进化史和翅膀的长宽比，而后者是飞行能力的象征。为什么鸟卵的形状还会涉及飞行呢？研究小组怀疑，这与动力飞行的适应性有关。他们假设，飞行会影响鸟类的身体构造。它的骨骼和肌肉必须符合空气动力学，从而呈流线型结构，而这种适应性的程度对什么形状的鸟卵更适合通过输卵管产生了一定的影响。美洲鹤、崖海鸦和鸻鹬等飞行能力强的鸟类拥有更具流线型的身体，它们产下

* 值得注意的是，博物馆中收藏的鸟卵令斯托达德的研究成为可能。19世纪末到20世纪中叶，狂热的鸟卵收藏家们四处寻找隐蔽的鸟巢，掏走巢中的鸟卵，把卵的内容物倒出来，将各类鸟卵纳入自己的私人收藏当中。最终，大量私藏都收归博物馆。尽管如此，我的观点还是与斯托达德相同：这种狂热的收藏爱好令许多物种面临威胁。如今，收集鸟卵已被认定为非法行为。——原注

的卵往往更细长且不对称。秧鹤（*Aramus guarauna*）和猫头鹰等飞行时间少的鸟类所产下的卵更对称且接近于球形。猫头鹰的飞行能力较强，它们产下的鸟卵也稍微偏向椭圆形。“但这并不意味着飞行能力就是鸟卵形状的最佳判断依据，”斯托达德说，“如果放大某一特定的进化分支，比如鸻鹬，我们可能会发现更好的判断依据。这就好比在全球范围内的脊椎动物中，具有伪装性的动物一般是棕色或绿色的。不过，对于生活在北极的脊椎动物而言，这个规则就不成立了——为了与冰雪融为一体，它们通常是白色的。”鸟类的世界拒绝一概而论，
而鸟卵的形状就是又一个例子。 248

鸟卵、鸟巢与鸟类本身——这三者都体现了极致的多态性。同样是筑巢，北极燕鸥只需在沙地或碎石滩上刮下几片碎屑，而海雀躲在黑暗的洞穴中，黑头织巢鸟（*Ploceus cucullatus*）和黑额织雀（*Ploceus velatus*）则能用绿草编织出精致的空心球体。人们最近发现，这两种织雀的每一个鸟巢都带有主人的“特色手法”，即独特的编织图案。这两种织雀体型与麻雀相当，具有社会性且共同营巢。它们的鸟巢仿佛是一座小型公寓，多达500只个体居住在各自的小隔间里。这种建筑结构冬暖夏凉，有时还能为其他鸟类——比如小型雀类、山雀、牡丹鹦鹉、拟䴕（*Eubucco*）和非洲侏隼（*Polihierax semitorquatus*）——的巢穴提供避风港；它甚至可以承受住一只猎豹的重量。世界上最小的鸟巢来自吸蜜蜂鸟（*Mellisuga helenae*），其直径只有1英寸；而最大的鸟巢是位于佛罗里达州圣彼得堡的白头海雕巢，它足足有10英尺宽和20英尺深，重达3吨。

在鸟类中，60%以上的种类选择了带“屋顶”的鸟巢。最近，科学家们发现，我们所熟悉的开放式杯状鸟巢可能就是由这类鸟巢进化而

来的。对于雀形目的鸟类（包括了所有的鸣禽）来说，圆顶巢是祖先遗留的原始建筑结构。开放式鸟巢可能在不同时期经历了至少四次进化。这种鸟巢更容易遭受捕食者的攻击和天气的影响，但构造更为简单，而且开阔的视野有助于亲鸟及时发现和清除巢中的寄生生物。

小䴙䴘（*Tachybaptus ruficollis*）用树枝和水生植物搭建一个浮动的平台来筑巢，因此它常在水面上低空滑行。犀鸟在树洞中孵育雏鸟，雄鸟利用泥土、粪便和树枝来筑造屏障，将雌鸟和雏鸟一同封闭在树洞里。雌鸟只能把喙伸出洞外，接过雄鸟带回来的食物——老鼠、青蛙和果实。巴西的乌黑雨燕（*Cypseloides fumigatus*）、白颏黑雨燕（*Cypseloides cryptus*）和白领黑雨燕（*Streptoprocne zonaris*）常挥动着镰刀状的双翼在高空飞舞，在看似不可能的地方筑巢。巴西科学家雷娜塔·比安卡拉纳对这些不为人知的鸟类进行了研究，发现它们在瀑布之后的垂直岩壁上筑巢。这里水花飞溅、阴暗潮湿，捕食者难以接
249 近；于是，雨燕安心地在洞穴和石缝里搭建了小小的杯状巢。驱车穿过婆罗洲的乡村，你会看到巨型的三层混凝土结构；这种建筑物带有几扇很小的窗户，甚至比该地区的任何房子都要大。这是爪哇金丝燕（*Aerodramus fuciphagus*）的家；它们利用自己硬化后的唾液来编制杯状巢。这些白色的小型鸟巢直径约2英寸，被人们作为“燕窝汤”的食材——这是世上最昂贵的美食之一。通常来说，爪哇金丝燕在巨大的岩洞中筑巢；为了获得燕窝，当地居民仿造岩洞，专门设计了特殊的混凝土建筑。

在西班牙的某次鸟类活动上，我在鸟巢展区闲逛，看到了许多令人惊讶的巢材。据了解，大冠蝇霸鹟（*Myiarchus crinitus*）和其他一些鸟类可以将蛇皮编到自己的鸟巢中。麻雀会利用犬毛和烟头，因为尼古丁可以驱赶寄生虫。红胸䴓（*Sitta canadensis*）在鸟巢周围插上一圈

有毒的针叶，用以捕捉和杀死入侵者。小巧活泼、色彩鲜艳的啄花鸟又被人们称为“红辣椒”；它们用蜘蛛网将树叶和草纤维粘在一起，在长满树叶的小树枝上搭建悬空的鸟巢，巢看起来仿佛是一只漂亮的小荷包。棕灶鸟（*Furnarius rufus*）是南美洲的一种大型灶鸟；它们会收集泥土、稻草和粪便，然后将其堆在树枝上。当太阳炙烤泥土时，这堆东西会形成一个中空的、坚固的球形结构，就像一个黏土烤箱。褐拟椋鸟（*Psarocolius montezuma*）用藤蔓和香蕉纤维编织出长达6英尺的悬垂鸟巢。非洲的一种攀雀也能用蜘蛛网、荨麻、草和动物毛发来搭建精致的梨形鸟巢。它看起来是拱形的，却有两个入口：其中一个是假的，通往用于迷惑敌人的小隔间；而另一个才是真正的入口，盖着一小瓣片状物，并被结实的蜘蛛网封住。

“毫无疑问，鸟类筑巢是一种非比寻常的行为，”休·希利说，“主流观点认为，这一行为仅仅是基因的体现，是一种纯粹的本能，由一套简单的规则所控制。这样的观点似乎也有些非比寻常。” 250

希利是苏格兰圣安德鲁斯大学的动物学教授。十几年来，她一直主张，鸟类筑巢绝非易事，它需要复杂的认知能力，因此，它与创造工具的行为更为接近。毕竟，筑巢行为包括从大量物品（比如树枝、泥土、苔藓、草、羽毛、蛇皮和蜘蛛丝）中创造出一个新的结构。鸟类必须做出明智的决断，选取合适的位置和材料，才能保证雏鸟免受恶劣天气和捕食者的伤害。另外，筑巢通常需要雄鸟和雌鸟之间的协调与合作。例如，一对攀雀夫妇会一起工作两周，一只负责鸟巢的外部结构，另一只负责鸟巢的内层。（在这两周里，它们一鼓作气地将鸟巢筑好；这也是它们唯一能连续待在一起的时间。）希利还指出，针对大脑的研究表明，鸟类的一些神经回路，包括涉及运动学习、社会行为和正向反馈的通路，会在筑巢时变得活跃。

希利是该研究领域的领军人物。她说："我们目前所掌握的知识仍有很大的漏洞。人们对鸟巢的描述只覆盖了约75%的物种。至于谁来筑巢——雄鸟、雌鸟或二者合作——我们只对20%的物种有所了解。"

希利想搞清楚，一只鸟是如何知道怎样筑巢以及在哪里筑巢的。她说："越来越多的证据表明，鸟类能够灵活地筑巢，以应对不同的天气条件，以及环境中可用的材料种类和数量。而且，它们会根据自己过去的经验来做决定。"也就是说，筑巢绝不是一种固定或刻板的行为。至少在某些情况下，它是可以习得的。

要确定一种行为是先天本能还是后天习得，最经典的方法就是所谓的"剥夺实验"——剥夺动物的幼年经历，看它能否在条件成熟时完美地做出这种行为。希利指出，人工饲养的旅鸫和玫胸白斑翅雀(*Pheucticus ludovicianus*)都不能建造出一个适用的鸟巢；这表明，经
251 验对于这些物种在野外的第一次筑巢来说是非常重要的。还有一项证据：随着时间的推移，筑造复杂鸟巢的物种会进行学习，成为更加优秀的建筑师。织雀的编织技巧——编环、缠绕、连接草料、用喙打结和加固等——会通过练习而不断提高。此外，那些由黑头织巢鸟和黑额织雀创造的"特色手法"表明，这些鸟在后天学习中形成了自己的风格。它们的风格独树一帜且始终如一；因此，科学家能辨别出96个鸟巢的具体建造者，准确率可达80%。

希利还指出，许多鸟类会根据自己的经验来调整鸟巢的位置。如果今年的繁殖季十分成功，那么它们下一年会留在原地。要是失败了，它们就会搬到新的地方去。北扑翅鴷、褐弯嘴嘲鸫、橙胸花蜜鸟(*Anthobaphes violacea*)和眼斑蚁鸟都是如此。最近的一项研究表明，

如果一片区域中生活着掠夺鸟巢的鸦科鸟类，雌性蜂鸟就会把自己的巢建在鹰巢附近或下方。当鹰出现时，鸦科鸟类会在较高的地方觅食，以躲避攻击。因此，鹰巢下方形成了一块锥形的、没有敌人的安全巢区；蜂鸟可以在这里安静地抚育后代。在做出筑巢方面的决定时，有些鸟类会注意到其他个体的经验。当三趾鸥或笛鸻在一次繁殖过程中失败后，它们会参考邻近个体的繁殖状况，利用相关信息来决定下一个筑巢地点。

面对捕食者和恶劣天气的威胁，鸟类也会调整筑巢的方式。栗头丽椋鸟在带刺的相思树中筑巢，但它们对具体巢址的选择还暗藏玄机。某些相思树上生活着具有攻击性的蚂蚁，而栗头丽椋鸟恰恰倾向于这些"自带攻击性"的植被；生态学家达斯汀·鲁宾斯坦说，这"大概是因为蚂蚁能帮助树上的鸟巢免受捕食者攻击"。一只莺鹪鹩(*Troglodytes aedon*)在入口较大的巢箱中繁殖；为了防止捕食者入侵，它用树枝在入口和杯状鸟巢之间建造了一堵高高的墙。索菲·爱德华兹是希利的学生之一；她发现，斑胸草雀会在不同的温度下建造不同
样式的鸟巢。在64华氏度的条件下，它们往巢中添加更多材料，使其 252
比86华氏度下建造的鸟巢重了20%。这一发现让我们看到了希望：部分鸟类可以通过灵活的筑巢行为来对环境温度做出反应，这或许能帮助它们适应气候变化。

笛鸻的巢并没有什么特别之处；就像北极燕鸥一样，它们也只是在沙地上蹭了几下。不过，它们保护鸟巢的方式却与众不同。如果有一只猫偷偷接近笛鸻的巢，亲鸟可能会假装受伤，拖着半开的翅膀，歪歪斜斜地跑动。我曾见过一次这样的景象。当时，我相信它是残疾或受伤了。然而，这只是一个诡计。笛鸻制造出一种假象，让天敌以为

自己是唾手可得的猎物，从而吸引对方的注意。将天敌引出巢区后，笛鸻立刻“恢复健康”，飞回安全的地方。

除此之外，鸟类还有更为激进的护巢手段。大雁和天鹅发出嘶嘶的叫声，拍打着翅膀扑向入侵者。对于任何靠近鸟巢的人，海鸥不仅会猛啄，还会用排泄物进行攻击。不过，在筑巢的季节里，没有哪个地方能比澳大利亚更令人闻风丧胆了。不论是上学途中的儿童、工作中的邮递员、骑行者、收废品的人，还是在公园里散步或遛狗的市民，每个人都生活在对一种凶猛生物的恐惧当中。这种咄咄逼人的鸟正是黑背钟鹊。

育雏的黑背钟鹊具有很强的警戒心；若是踏入它们的领地，那你可要当心了。大多数澳大利亚人都受到过惨痛的教训。在布里斯班的格里菲斯大学，行为生态学教授达里尔·琼斯表示，约有85%的人曾被黑背钟鹊攻击过。这位教授被大家戏称为“鹊人”。不过，这个外号中的“鹊”属于澳大利亚的特有的类群，与鸦科家族的欧亚喜鹊（*Pica pica*）没有关系。该类群包含了13种钟鹊；其中，只有黑背钟鹊会袭击人。

仅在大布里斯班地区，每年被记录在案的袭击事件就有800起到
253 1 200起；而这组数据仅仅体现了被曝光的案例。我曾在2017年8月底和9月初去过大布里斯班，那恰好是育雏时期的开端。我听到了许多让人不寒而栗的故事。黑背钟鹊经常从身后俯冲而来，用强有力的喙锤击人们的头部、脖子和脸，并用锐利的爪子抓伤入侵者的皮肤。在黑背钟鹊的袭击中受伤是普遍现象，通常是轻微的割伤或抓伤，但有时会发生较为严重的事故——四肢骨折或眼睛受损。“每年都有数以千计的人受伤，”琼斯说，“尤其是骑自行车的人，他们可能会遭遇可怕的意外。每年都有人因此失明。这确实是个大问题。”

“钟鹊警告”(Magpie Alert) 是一个用于追踪袭击事件的社交网站。它鼓励人们上报钟鹊袭击事件的状况，并进行数据统计。2017年，该网站记录了3 642次袭击，有591人受伤。网站的评论区也充斥着人们被钟鹊侵扰的血泪史。就在我写这篇文章的那天，一位名叫MQ的网友上报：“去年，我被一只黑背钟鹊袭击，血流不止。今天，同一只钟鹊又袭击了我的女儿3次，导致她受到惊吓并且严重出血。”

袭击人的黑背钟鹊几乎都是雄鸟。琼斯表示，只有特定的雄鸟会如此好斗，它们约占整体的10%，“如果比例再高一些，那澳大利亚可能就不适合人类居住了”。只有当雏鸟尚在巢中时，雄鸟才会俯冲袭击入侵者；这段时间大概为期6周。之后，袭击事件就会突然消失。

目前，我们还不清楚为什么黑背钟鹊将人类视为一种巨大的威胁。琼斯说道：“它们攻击猫、狗、蛇或其他动物，都完全说得通。但据我所知，大多数遭到袭击的人都不曾爬到树上捕食钟鹊的雏鸟。因此，这是个大问题。我觉得它们只是太敏感了。”

在这个方面，黑背钟鹊似乎还产生了特化。约有50%的个体是“行人杀手”——它们只袭击徒步的行人。“骑行杀手”则专门攻击骑车的人。无辜的邮递员骑着小型摩托车在街道上呼啸而过，忙碌于一个个邮箱之间；令人不解的是，有一些黑背钟鹊专门攻击他们。琼斯在研究中发现，“骑行杀手”会攻击任何骑自行车的人，而“邮差杀手”会攻击任意一名邮递员。

琼斯说：“我们认为‘骑行杀手’和‘邮差杀手’是泛化的。”他相
信这种现象与速度有关。“黑背钟鹊一直跟在目标身后。如果目标停 254
下来推车步行，它们就会环顾四周，仿佛在说：‘我刚刚追的那个跑得飞快的东西在哪里？’”

但“行人杀手”只攻击特定的人群。“这是我们的另一个重大发

现，”琼斯说，“这些鸟能够识别个体。黑背钟鹊生活在一块面积较小的领地内，而且从不离开。因此，它们认识住在这里的每一个人。它们看着孩童长大，记得大家的样子。这些鸟非常聪明。它们一直在观察我们，解读我们的行为。”黑背钟鹊的平均寿命为20年，它们可以在这段时间内记住30张人脸。“所以，只要激怒过它们一次，你就会一次又一次地遭到攻击。”

尽管如此，黑背钟鹊依然是澳大利亚人最喜爱的鸟类，因为它们能在清晨发出悠扬动听的欢唱。不同人对它们的歌声有着不同的描述，比如“呱——啊——喔——”或“哇——咯——嘎——”，但这两种描述都没有捕捉到那种不可思议的美妙韵律。黑背钟鹊也可以非常温顺，经常被作为宠物饲养。琼斯也有过这样的一个童年玩伴；它名叫金米，既聪明又淘气。在悉尼，一只名为企鹅的黑背钟鹊帮助一家人摆脱了绝望的困境，从此名声大噪。琼斯讲道：“每个人都喜欢它们。每两支球队当中就有一支以黑背钟鹊为名。”

然而，温哥华的居民可不太喜欢同样护巢的乌鸦。那里的袭击事件发生在4月到7月的育雏阶段。有时，一只乌鸦的单体冲击导致路过的行人流血受伤；有时，一整群游荡的乌鸦撵着一个人跑了好几个街区。这些鸟也是善于人脸识别的专家；一旦认定某个人对自己的鸟巢构成威胁，它们就会一直怀恨在心。吉姆·奥利里开发了名为“乌鸦追踪者”(CrowTrax)的网站，就像加拿大版本的“钟鹊警告”。根据每个育雏季节的数据，该网站能绘制出全市范围内约1 500只乌鸦的袭击地图。奥利里表示，乌鸦袭击的糟糕之处在于它们的突如其来。他对《温哥华信使报》的记者说道：“当看到一条狗在狂吠时，我们可以提前做好准备。但乌鸦总是从身后发动攻击，令人感到十分恼火。”

琼斯表示，向人们俯冲而来的钟鹊和乌鸦只是在保护它们的鸟

巢。“猛扑是一个信号，警告人们保持距离。想要最简单的解决办法？ 255
那就是避开这个地方，千万别再回去。你会没事的。”

从激烈的保护到完全的忽视，鸟类世界中的育雏策略风格迥异、形式多样，令人瞠目结舌。有些鸟类会尽可能地减少亲代抚育，利用地热来孵化鸟卵，或者干脆把照料后代的工作交给其他物种。而有些鸟类依赖于双亲的抚养，有些单独由雌鸟或雄鸟抚养，还有些依靠合作繁殖（鸟类组成群体共同抚育后代）。除此之外，自然界中还有大量反常和特殊的案例。

最常见的做法是由配对的雄鸟和雌鸟进行双亲抚育，这发生在80%以上的物种中。几年前，安德鲁·科伯恩估算了每种育雏模式在鸟类中的运用比例。他发现，其中两种模式比科学家们预想的要普遍得多：雌性单独育雏（770个物种以上，约占8%）和合作繁殖（850个物种以上，约占9%）——比先前估计的数字高出了4倍。在澳大利亚，合作繁殖发生在近五分之一的物种当中。早期的低估可能也是源于欧洲博物学家的盲目和偏见。另外，尽管澳大利亚拥有广阔而独特的生物区系，对此进行研究的学者却很少。根据最新的DNA分析，一些科学家认为合作繁殖是许多鸟类的原始育雏模式；与圆顶巢、雌鸟的鸣唱相同，合作繁殖也曾是鸟类祖先生活中的常态。

在主要以热带植被的果实和花蜜为食的大量鸟类当中，雌鸟单独抚养后代的情况最为普遍。对于这些鸟类来说，雄鸟为后代提供的照料是有限的。科伯恩说：“据此，雌鸟能够自由地在雄鸟中挑选优良的基因，而非从对方身上获取直接的利益，比如优质的领地或父亲的供养。”其中，许多种类都在求偶场中进行炫耀，如蜂鸟、娇鹟、园丁鸟和琴鸟。雌鸟在众多雄鸟中选择一位配偶，随后离开，独自抚养后代。

256 有90个物种是由雄鸟单独育雏的；然而，我们很难从中找到一个共同的规律。为了孵化鸟卵，鸸鹋和鹤鸵雄鸟寸步不离地在巢中守50天以上，甚至一次也不曾站起。在面临危险时，冠水雉（*Irediparra gallinacea*）雄鸟用双翼把雏鸟牢牢盖住，并将其护送到安全的地方；乍看之下，雄鸟仿佛长了好几双晃晃悠悠的腿。

也有些反常和特殊的案例。合作筑巢的攀雀似乎具有一个古怪的育儿系统。在产卵阶段，雄鸟和雌鸟都有可能弃巢而去，让剩下的一方独自抚养后代。在多达三分之一的案例中，雌雄双亲都离开了鸟巢，放弃了所有的亲代抚育工作。

还有声名狼藉的红胁绿鹦鹉——它们当中的母亲会杀死自己的雄性后代。

由于华丽的圣诞树配色，红胁绿鹦鹉成了备受欢迎的宠物。但在1997年以前，没有人对这个物种进行过野外调查。直到后来，罗伯特·海因索恩才开始了他的研究。这一点其实不足为奇。红胁绿鹦鹉的栖息地十分偏远，位于新几内亚和约克角半岛顶端的雨林中。而且，它们在高达100英尺的树洞里筑巢。海因索恩就在约克角半岛进行研究。他表示，红胁绿鹦鹉可能不是通过飞行抵达澳大利亚的。鹦鹉并不擅长飞行，而新几内亚和约克角之间横跨着一条70英里宽的海峡。他认为，这些鸟可能是在1万多年前跨越海洋的；当时的海平面较低，两块大陆之间有陆桥相连接。

与世隔绝且筋疲力尽的野外工作持续了8年。最终，海因索恩对红胁绿鹦鹉的研究终于取得成果，揭开了奇特羽色和古怪行为的双重谜团。

他发现的第一个鸟巢位于“走私犯的无花果”上的树洞里。那是一棵古老、美丽、充满生机的无花果树，树干却被插上了一些生锈的

金属钉。通过这种手段，走私犯可以爬到高处，将红胁绿鹦鹉的雏鸟
卖到宠物市场牟利。在海因索恩的早期发现中，即使雏鸟已经发育
成熟、羽翼丰满，雌鸟也几乎从不离开自己的巢洞。一个优质的树洞
需要具备三个条件：面积大，足以容纳一家子的大型鹦鹉；位置高，位 257
于雨林的露生层，俯瞰周围的树冠（能够更好地抵御蟒蛇和其他捕食
者）；阳光充足。但这样的树洞少之又少；于是，雌鸟不得不在树上留
守11个月的时间，以防用于筑巢的树洞被其他个体占领。海因索恩讲
道：“适合筑巢的树木十分稀少，而且它们的大部分树洞都容易遭到水
淹，无法用于育雏。暴雨期间，树洞灌满雨水，即便是体型较大的雏鸟
也会被淹死。因此，雌鸟进化出了这种‘留守家中’的习性；为了保住
巢洞，它们会竭尽所能，包括殊死搏斗。”

在这样的情况下，雌鸟只有一种生存手段——让雄鸟前来喂食。三只、四只、五只，最多有七只雄鸟同时喂养一只雌鸟；它们都卖力地在森林中搜寻食物。回到巢洞后，雄鸟与雌鸟的喙锁定在一起，果肉和种子都被反刍到雌鸟口中。针对一只雌鸟和所有为之提供食物的雄鸟，海因索恩进行了DNA分析。他发现，雄鸟之间并没有血缘关系，它们也不全是巢中雏鸟的父亲。“雄鸟必须经过激烈的竞争，才能赢得一只占据优质树洞的雌鸟。并且，它们无法独享这一位配偶。雌鸟与许多雄鸟交配，让它们都以为自己是孩子的父亲。于是，它们每天都会为雌鸟带回食物；而后者可以安心留在树洞中，保卫这一至关重要的资源。”

与此同时，雄鸟也会造访五只其他的雌鸟，试图获得交配的权力。

海因索恩说：“这是一种不同于其他鹦鹉的交配系统。”大多数鹦鹉具有社会性单配制，雌雄亲鸟共同承担抚养后代的责任。但红胁绿鹦鹉选择了背道而驰——这一切都源自巢洞的稀缺。

这也是它们拥有特殊羽色的原因。对于大多数繁殖于树洞的鸟类（如鹦鹉）来说，雌鸟隐藏在巢洞之中，不必与周围的环境融为一体。因此，雌性和雄性的羽毛通常是相似的，对于鲜艳色彩或花哨羽毛的性选择令二者朝着同样的方向进化。但红胁绿鹦鹉是个例外；雄鸟与雌鸟所扮演的角色截然不同——雌鸟完全是为了防御，雄鸟则纯粹是
258 为了觅食——它们面临着完全不同的选择压力。这样一来，红胁绿鹦鹉打破了鸟类世界的所有色彩规则。海因索恩说：“羽色的极端颠倒并不意味着性别角色的颠倒，而是与围绕稀缺资源展开的激烈竞争有关。合适的巢洞太过珍贵了。”

雌鸟进化出一身耀眼的朱红色羽毛，被绿叶衬托得尤为醒目，在几英里外都能看到。它就像一个浓艳的警示灯，向其他雌鸟宣告：“这个树洞已经被占领了！”相反，雄鸟的背部羽毛进化为融入雨林的绿色；当它们为自己和配偶觅食时，这种羽色能提供伪装保护，使其避开空中捕食者的攻击。

海因索恩发现，雄鸟的羽色还混杂着紫外光；这是求偶阶段的一个重要因素。“它们是绿色的，可以随时把自己伪装起来。然而，一旦暴露在明亮的阳光下，比如在巢洞附近，雄鸟就会褪去身上的紫外光，让自己在其他个体眼中变得鲜艳起来”，包括它们正在追求的那只雌鸟。“这是一种巧妙的折中方案，既能在需要的时候伪装自己、躲避天敌，又能在同类面前炫耀。”

有时，雌性红胁绿鹦鹉会做出不可思议的行为——杀死刚刚孵化的雄性后代。这一行为同样出于巢洞的稀缺。海因索恩讲道，并非所有的巢洞都是一样的。干燥的树洞适合繁殖，而有些树洞容易在暴雨中进水，导致鸟卵和雏鸟被水淹没。一般来说，红胁绿鹦鹉的雌性雏鸟比雄性早一周长出羽毛，所以雌性成鸟把所有的努力都倾注到了雌

性后代身上，以获得更高的繁殖成功率。假设一只雌鸟在易遭水淹的树洞中筑巢，并同时孵化出雄性和雌性的雏鸟，那么，为了加快女儿的发育速度，它就会选择放弃儿子的生命。由于雏鸟破壳时就带有标志性别的羽色，亲鸟可以在孵化后的几个小时内决定它们的命运。海因索恩解释道，这种情况十分罕见，因而不会影响种群中的性别平衡。“只要做得不过火，这种行为就不会给整体带来太大的影响。” 259

红胁绿鹦鹉拥有最不寻常的“母爱”。但在鸟类世界中，出人意料的育儿模式和奇闻逸事数不胜数。在密西西比河，人们观察到两只雄性白头海雕和一只雌鸟共同照看一个鸟巢。2018年，内华达州的一个网络摄像头传回了奇妙的画面——一对雄性美洲雕鸮合作育雏；这是该物种首次被记录到这种行为。同年，一名摄影师在明尼苏达州的伯米吉湖发现了一只雌性普通秋沙鸭（*Mergus merganser*）；它带着76只雏鸟，它们显然不可能都是它的孩子。它很可能是一只年纪较大、育雏经验较丰富的“奶妈”。其他雌鸟将自己的孩子交给它照看，就像托儿所的“日托系统”一样。

在离我不远的野生动物保护区，有一只名为朱诺的雌性乌鸦。15年前，它因翅膀受伤而被人送到救护中心。尽管无法飞行，但朱诺是雏鸟们的代理母亲。每年春天都会有一批乌鸦雏鸟被送到保护区。朱诺用翅膀保护它们，并喂养和训练它们。一名工作人员告诉我：“朱诺教它们如何融入这个世界。这样，雏鸟就能在放归野外后照顾好自己。”

朱诺的温柔是否令你动容？

鸟类也会养育其他物种的雏鸟。鸟类学家玛丽莲·穆萨尔斯基·夏伊曾写过关于种间育雏案例的经典综述。翻阅这篇文章，我们能发现许多有趣的故事：一只黑喉潜鸟（*Gavia arctica*）养育一窝白眶绒鸭（*Somateria fischeri*），一只美洲雕鸮照料三只红尾鵟，还有一只歌带鹀和一只主红雀共同抚养一窝包含两个物种的雏鸟。不同物种间存在着积极而执着的喂养行为，下面这些事例让我感到特别温暖。一只雄性东蓝鸲（*Sialia sialis*）坚持喂养莺鷦鷯的雏鸟，甚至为此与雏鸟的亲生父母发生冲突。而雌性莺鷦鷯在巢中孵卵时，雄鸟则为北扑翅䴕的雏鸟提供食物——这种行为甚至会持续到它自己的雏鸟孵化以后。另一只雄性莺鷦鷯用巢材填满了鸟窝，却没能找到配偶；于是，它用毛毛虫和其他食物喂养三只黑头白斑翅雀（*Pheucticus*
260 *melanocephalus*），直到后者发育成熟。这似乎还不够，它随后又开始为一窝家麻雀（*Passer domesticus*）提供食物。一场狂风暴雨过后，一窝东王霸鹟（*Tyrannus tyrannus*）雏鸟变成了孤儿；一只东绿霸鹟（*Contopus virens*）连续喂养它们10天，直到它们羽翼丰满。由于雨水泛滥，一对在排水口繁殖的椋鸟多次痛失鸟巢；最终，它们放弃了自己的繁殖，转而照料旅鸫的雏鸟。

最近，更多的案例涌现出来。在密歇根州的一座公园里，人们发现一对沙丘鹤同时养育自己的雏鸟和一只小雁。在科罗拉多州，摄影师们捕捉到一只小䴓（*Sitta pygmaea*）给山蓝鸲（*Sialia currucoides*）雏鸟喂食的画面；它还为雏鸟们做了一些清洁工作，比如移除鸟巢中的粪囊。特拉华州北部的两位科学家首次发现，尽管亲鸟在场，一只棕林鸫依然会为棕夜鸫的雏鸟提供食物和卫生护理。研究人员用摄像机记录了所有活动，并分析了相关镜头。他们发现，这只棕林鸫的表现甚至超越了亲生父母。它比棕夜鸫亲鸟更为积极地清理鸟巢，移除了26个粪囊；而棕夜鸫雄鸟只移除了6个。它向4只雏鸟喂食78次，而棕夜鸫雌成鸟喂食33次，雄成鸟喂食15次。它比自己的兄弟姐妹喂养了更多的雏鸟。

为什么鸟类会养育其他物种的后代呢？夏伊引用了理查德·道金斯在《自私的基因》一书中提到的观点，种间育雏可能象征着父母天性的失败，而且“没有给养父母带来任何繁殖上的好处，反而浪费了本该投入到自己亲属身上的时间和精力”。或许，如道金斯所说，它能提供“育儿艺术”的实践机会。夏伊认为这其中可能还有更为直接的原因——鸟巢中有来自两个物种的后代，养父母的鸟巢被摧毁，养父母位于“受助者”的鸟巢附近，或者饥饿的雏鸟发出令所有物种都无法抗拒的乞食呼喊。在我看来，这些似乎是最有可能的假设。种间育雏的案例只能证明父母天性是难以抑制的冲动。 261

我对鸟类育雏的两种极端模式很感兴趣——“群养育”和“零养育”。在10%的物种（比如白翅澳鸦和橡树啄木鸟）里，多只成年个体合作繁殖，共同抚养后代，直到雏鸟完全独立；这段时期可能长达数月，甚至长达数年。与之相反的是，少数鸟类完全摆脱了养育子女的责任，把这项工作外包给其他人；这类物种约占整体的1%。还有一个更罕见的类群，它们让地球来完成孵卵的工作，雏鸟一出生就只能依靠自己生活。

灌丛塚雉就是其中之一。

达里尔·琼斯说：“这种鸟的方方面面都令人惊叹，尤其是繁殖的方式。它们令约翰·古尔德相信，澳大利亚确实充满了反常现象。”除了“鹊人”之外，琼斯还被称为“塚雉语者”。在过去的30年里，他一直在研究这些鸟的繁殖生活。20世纪90年代，为了攻读博士学位，他第一次来到布里斯班，并不得不前往巴布亚新几内亚的热带雨林寻找灌丛塚雉。如今，这种鸟已经扩散到昆士兰州东南部的人口密集区，成为随处可见的城市鸟类，在公园、花园、后院，甚至是车道上建造巨大的土堆。

不论是在雨林还是在城市郊区，建造孵卵土堆都是一项艰巨的工程，而且会对雄性灌丛塚雉的身体造成伤害。在筑巢的过程中，雄鸟可能会失去20%的体重。此外，灌丛塚雉一般不会连续两年使用同一个土堆。每到繁殖季，它们都要从头开始。因此，雄鸟的护巢手段十分野蛮；即使是觅食，它们也不会长时间离开自己的土堆。蒂姆·洛和我无须担忧。

琼斯解释道："纵观所有动物，灌丛塚雉是最伟大的建筑师。该物种的个体能为生态系统带来非常巨大的改变。在雨林中，腐殖质层的
262 有机物相当于驱动引擎，为森林提供营养。灌丛塚雉将方圆100米内的有机物收集起来；种子、果实……所有东西都被堆在一个地方。因此，它们实际上是在操控森林的结构。"

灌丛塚雉的鸟巢不论是位于雨林还是位于城郊后院，这个土堆就像一个庞大的堆肥区。大量的真菌、细菌和小型无脊椎动物在土堆内部的潮湿环境中快速繁殖，进行旺盛的分解和代谢活动，加上植物体的发酵，土堆开始产生热量。琼斯说："灌丛塚雉机智地利用了这个自然过程。不过，土堆就像一台机器，需要不断添加材料来维持恒定的温度。"

这就是雄性灌丛塚雉的秘密天赋所在：每天清晨，它都会在土堆底部挖出一个狭窄的洞口，然后把头伸进温暖的"孵化器"中，估测内部的温度。它能探测到极其轻微的温度变化，并通过添加或移除新鲜、潮湿的植物材料来调控温度，令正在孵化的鸟卵保持在最适宜的91华氏度左右。

雄性灌丛塚雉宛如一支灵敏的温度计，但我们尚不了解其中的机

理。它的各个身体部位都可能是温度传感器：脚、头部的裸皮、颈部的喉囊。但琼斯表示，传感器最有可能在它的上颚或舌头上。在土堆边忙碌时，灌丛塚雉总是叼着满嘴的材料。琼斯说：“你看，它在品尝那些材料——咬一口，然后咯咯地叫几声，移动口中的材料，并将其推向上颚。”根据测温的结果，它挖开土堆，添加一些材料，从而调节温度。

灌丛塚雉还密切关注着天气的变化，并相应地调整土堆的形状。如果大雨倾盆，那么土堆可能会湿透，导致温度骤降。于是，它加高土堆的顶部，提高雨水的流速。雨停后，它再打开土堆，令其干燥。

斑塚雉（*Leipoa ocellata*）生活在沙漠之中，它们是灌丛塚雉的近亲，也是能对温度进行精密调控的高手。这种鸟的英文名malleefowl来源于一种低矮茂密的桉树。它们将这种桉树作为土堆的材料，并同时利用微生物和太阳为土堆加热。在春天，发酵是主要手段。到了夏 263
天，它们就会依靠太阳的温度。但在炎热的月份，它们必须用沙子加高土堆，以防过热。在秋天，太阳的热量显著减少。白天，它们将顶部的沙子摊开，让土堆接收太阳的热量；到了晚上，它们再将沙子重新堆好。每打开土堆一次，斑塚雉就要搬动近1吨的材料。

琼斯说：“诚然，斑塚雉没理由在如此干旱的地区筑巢。即便是在雨林里，建造土堆也是一项相当棘手的工作。”它们可能是在几千年前迁移到澳大利亚中部地区的，那时的中部地区还比较湿润。内陆地区有一些65英尺宽的土堆，人们认为那些杰作出自已经灭绝的大塚雉（*Leipoa gallinacea*）之手。琼斯说：“当时，建造土堆是个繁殖的好主意。但后来，澳大利亚逐渐干涸。如今，斑塚雉是绝对的温度调控之王，却也濒临灭绝。”

雄性塚雉辛勤劳动，是为了吸引雌鸟。但是，雌鸟决定了产卵的条件和时机，以及最重要的一点——谁能成为孩子的父亲。

让我们暂时回到求爱与择偶的话题上来：灌丛塚雉不存在固定的配偶关系。雄鸟和雌鸟都会与许多个体交配，而且，雄鸟的身体构造能够证明这一点。琼斯说：“那是一种夸张的大型‘输精’器官——一支古怪的双头生殖器。这种构造十分突出，令雄鸟在孵化几天后就可以交配。”

琼斯认真地表示，在择偶方面，雌性灌丛塚雉是所有鸟类中最明智的。他说：“因为它们对亲代抚育没有任何的需求，对孵卵也没有需求，唯一要担心的就是产卵。”雌鸟每5天到7天产下一枚卵，每只个体平均产12枚，也可多达20枚。“这取决于鸟巢周边地区的营养丰富程度。”琼斯说。灌丛塚雉的卵很大，重量超过0.5磅；一窝卵的重量就能
264 达到雌鸟体重的3倍。琼斯认为，大多数鸟类在一个繁殖季内只选择一个配偶，并通过一次交配让整窝鸟卵受精。“然而，雌性灌丛塚雉会为这12枚到20枚卵中的每一枚做出不同的生育选择。每产一枚卵，它们都会做出非常明智的决定，谨慎地选出有资格提供精子的雄鸟。”

雌鸟就如同在商场购物一般，频频造访不同的土堆，评估鸟巢和建筑师的优劣。每一天，这样的探访会出现12次以上。在某种程度上，雌鸟寻找的是一只基因优良的雄鸟。因此，雄鸟必须展现出自己的色彩和其他生理特性，比如运用鲜黄色肉垂发出鸣叫的能力。(肉垂在空气的填充下开始膨胀。“它的整个喉咙都高高地鼓了起来。”琼斯说。然后，它把空气从鼻孔中挤出，发出低频率的嗡鸣，就像艾草松鸡一样。)但最关键的是，雌鸟在寻找一个精良、稳定的“孵化器”。土堆本身看起来没什么区别，所以它可能会以建筑师的能力来作为衡量标准。在守卫和照看土堆时，更加勤劳、刻苦的雄鸟往往能获得青睐。琼斯解释道：“要想让孵化器发挥出应有的作用，雄鸟必须尽职尽责，

并拥有足够的资源。它必须守在土堆旁，具备护巢的能力。”

有些雄鸟就是达不到标准。琼斯说：“它们建造了硕大无比的土堆。一切看起来都很完美，却无人问津。没有人知道是为什么。我猜，大概是因为无法吸引雌鸟，无事可做的雄鸟才会造出这么大的土堆。‘好吧，今天也没有雌鸟赏脸。我能干点什么呢？那就再往这个特大号的土堆上加点材料吧。’”

一旦雌鸟选中了心仪的雄鸟和土堆，它就会与其他雌鸟展开激烈的拼抢。它们凶狠地互相啄、咬、用翅膀攻击……一番打斗过后，交配开始了。灌丛塚雉在土堆的顶部交配；但这不是一场浪漫的邂逅——相较于鹤，它们的行为更像绿头鸭。雄鸟走到雌鸟背上，抓住其颈部的喉囊，以防它试图逃跑。琼斯说：“几乎所有雄鸟都具有侵略性。”它们扑向雌鸟，时轻时重地用喙啄对方。有时，雌鸟不得不竖起翅膀来保护自己；即便如此，它们还是会损失一些羽毛。

为了产卵，雌鸟缓慢地在土堆中心挖出一个圆锥形的深洞。雄鸟 265
不仅不帮忙，还会经常骚扰和打断雌鸟的工作，并不断敲击它的头部。在30分钟到45分钟的挖掘工作后，雌鸟用喙舀起满满的一嘴基质，检查土堆内的温度。显然，它也具备这种神秘的测温技能。随后，雌鸟只花了几分钟的时间来产卵。最终，雄鸟将雌鸟赶下土堆，并把洞填好。离开这个土堆后，雌鸟再也不会与自己的卵或雏鸟互动。不过，雄鸟会负责接下来的工作，即使雌鸟不闻不问也没有关系。

与此同时，雄鸟继续照料和守卫自己的土堆。它会击退任何威胁到鸟卵的敌人。有时，6英尺长的巨蜥会袭击鸟巢，挖开土堆，捏破灌丛塚雉的卵。琼斯说：“灌丛塚雉会把各种东西踢到巨蜥的脸上。它们的腿非常强壮。”在琼斯的职业生涯里，有很大一部分时间被用在了挖掘土堆、测量鸟卵和雏鸟上。他回忆道：“通常，雄鸟会站在1米远的地方，用树枝和石头砸我。”

在接下来的45天里，当雄鸟忙于摆弄落叶、试探温度、与巨蜥作战的时候，那些埋于土堆深处的胚胎正在极端潮湿和高气压的环境中生长。当孵化的时刻到来，雏鸟会用背和脚破壳而出。

随后发生的事简直不可思议：刚刚破壳的雏鸟来到一个黑暗、潮湿、令人窒息的世界。毫不夸张地说，它们被埋在成吨的杂物底下。土堆内部氧气稀薄，充满了有毒的二氧化碳。琼斯说：“它们的生命始于1米深的泥土、树枝和石块之下。”每只雏鸟都仰面躺着，用脚剐蹭上方的杂物，并把刮下来的杂物压到背部下方。它们要花足足两天半的时间，在土堆内的泥土和废料中挣扎，一点点地向上挖掘，不时地停下来恢复体力。

最终，它们总算突出重围、得见天日，一举成为鸟类中发育得最完全的雏鸟。离开鸟巢后，灌丛塚雉的雏鸟能够立刻开始奔跑、觅食、飞行和保护自己。琼斯说：“它们异常早熟，甚至需要一个专门的术语来
266 形容这种现象。”其实，它们只是不得不这么做。你或许以为，在经历了这一番艰辛困苦之后，外头的父亲会叼着满口食物等待孩子破土而出。但事实并非如此。相反，雄鸟的存在其实是一种威胁。琼斯说：“如果雏鸟在离开土堆的时候不幸撞见自己的父亲，那它可有苦头吃了。雄鸟对于雏鸟毫无概念，还以为是土堆上出现了什么可怕的东西。我见过好几次这样的情况——它会一脚把雏鸟踢进灌木丛里。”

雏鸟可以从父亲的攻击下逃脱。对于它们来说，猫、狗、狐狸、巨蜥和周围所有想吃掉它们的动物才是危及生命的敌人；这也是失去亲代抚育的绝对代价。琼斯说：“没有任何人告诉它们，捕食者是什么样子，猫来了该怎么办，如何躲藏，如何生存。”约97%的灌丛塚雉雏鸟活不过第一周。

这看似是一种令人难以置信、无法成功且效率极低的繁殖方式，但它显然是奏效的。

蒂姆·洛写道，在50年前的布里斯班，“灌丛塚雉十分罕见，它们是原始雨林中神秘莫测的隐者，偶尔才会出现在林缘”。当时，只有零星的灌丛塚雉会穿越森林。如今，它们几乎占领了城市周围的每一个郊区。人们将这种鸟的数量激增描述为“塚雉海啸”。

琼斯说：“在过去的20年里，灌丛塚雉的种群数量增长了700%。我不用再跑到偏远的新不列颠[*]，不用再深入丛林；我可以直接打开后门，到院子里去研究它们。灌丛塚雉本属于热带雨林。我没有预料到，它们竟然变成了成功的城市物种。森林里的生活已经十分艰难；而在城市里，它们要面临的威胁太多了——猫、狗、游泳池和汽车。我认为，它们的扩散是陡然攀升的数量压力造成的。每只雌鸟产20枚卵，但它们只需要2枚来维持种群数量；如果存活下来的雏鸟超过2只，那么种群就会不可避免地发生扩张。”

就灌丛塚雉和其他塚雉而言，至少雌雄亲鸟中的一方会在养育过程中投入一些精力。至于巢寄生的鸟类，父母双方都放弃了育雏责任，直接把卵产在其他物种的鸟巢中，也把抚养雏鸟的所有工作丢给了别人。这些鸟被人们视为鸟类繁殖界的“老赖”。然而，这种说法公平吗？ 267

* 新不列颠是巴布亚新几内亚的属岛。——译注

第十三章

世上最强的鸟类观察者

在莫桑比克北部的林地，一名约奥族[*]采蜜人穿过灌丛，发出一声响亮的、带有颤音的“卟叻叻叻叻叻”，接着是一声短促的“哼”。起初，什么都没有发生。但随后，树林中出现了一只椋鸟大小的野鸟。它闪动着黑色的背部和发白的胸脯，逐渐靠近采蜜人。至此，一场人鸟合作的寻宝活动拉开帷幕。这只鸟是黑喉响蜜䴕（*Indicator indicator*）。它用独特的鸣叫来回应采蜜人的召唤；这种鸣叫不同于它在宣示领地时的鸣唱，而是一种尖锐的“叽——叽——叽”声。黑喉响蜜䴕从一棵树飞到另一棵树，引导采蜜人穿越森林。它在栖木间轻快地飞行，持续不断地发出鸣叫。采蜜人紧随其后。双方重复着引导与跟随，直到响蜜䴕抵达宝藏的所在地——隐藏于阔叶树高处、岩石缝或白蚁丘里的蜂巢。一旦接近蜂巢，黑喉响蜜䴕就会停在附近，发出一种音调更柔和、音符间隔时间更长的“指示鸣叫”。

并非任何人的呼喊都能引发这种行为。约奥族呼叫响蜜䴕的暗号是带有颤音的咕噜声“卟叻叻叻叻叻——哼”；而对于使用哈扎语[**]的坦桑尼亚人来说，暗号是一种悠扬的哨音。在最近的实验中，为了 269

* 约奥族是生活在马拉维湖南端的一个主要的班图人种族和语言群体。——译注

** 哈扎语是一种孤立的语言，存在于坦桑尼亚的埃亚西湖畔，由哈扎人使用。——译注

观察黑喉响蜜䴕的反应，进化生物学家克莱尔·斯波蒂斯伍德和她的同事对其播放了三种声音：约奥族采蜜人的召唤声、一声不相关的约奥语呼叫，以及环颈斑鸠（*Streptopelia capicola*）的鸣唱。在播放采蜜人召唤声的实验组中，有三分之二的响蜜䴕做出回应，出现引导行为；其中，超过80%的寻宝行动获得成功，它们直接带着采蜜人找到了蜂巢。

鸟类与人类以这样的方式实现了交流。斯波蒂斯伍德说："通过特殊的召唤声，采蜜人向响蜜䴕表达自己跟随的愿望；而响蜜䴕也利用这些信息，选择一个最可靠的合作伙伴。"这一方式也可以反向作用。响蜜䴕先发出特殊的鸣叫，用响亮的、充满诱惑力的颤音来呼唤人类伙伴。

黑喉响蜜䴕能准确地指出通往隐蔽蜂巢的道路。根据它们的鸣叫、飞行和停栖的方式，采蜜人可以判断出蜂巢的方向和距离。当采蜜人收获蜂蜜（用烟制服蜜蜂）以后，他们会留下能量丰富的蜂蜡，让响蜜䴕大快朵颐。非洲采蜜人与黑喉响蜜䴕的合作关系是独一无二的，很可能具有悠久的历史。这种鸟的拉丁名正是由此得来。* 20世纪80年代，肯尼亚生态学家侯赛因·伊萨克首次证实了这种合作关系。人鸟双方公平交易，互惠互利。黑喉响蜜䴕专门以蜂蜡为食，而采蜜人可以驱赶蜜蜂、打开蜂巢。如果没有采蜜人的帮助，它们就无法获得太多食物。同样地，采蜜人常常需要响蜜䴕的引导，以便快速、高效地找到蜂巢——这是他们重要的热量来源。

据我们所知，没有其他野生动物能以如此直接的方式与人类合作。伊丽莎白·彭尼西在《科学》期刊中写道："在人类与野生动物的

---

* 黑喉响蜜䴕的拉丁名*Indicator indicator*意为"指示"。——译注

所有关系中，几乎没有比这更令人感动的了。”

从人类的角度来看，这或许是一种感动。然而，黑喉响蜜䴕是“杰基尔与海德”[*]；它们对手足相残的癖好可不怎么令人感动。在养父母的鸟巢中，它们会神不知鬼不觉地杀死继兄弟姐妹。 270

黑喉响蜜䴕的繁殖策略为巢寄生。它们的父母采取了最极端的育雏模式，即无所作为的“零养育”。雌鸟将卵产在其他物种的鸟巢中，让毫不知情的宿主为它们抚养后代。对于养父母来说，付出的代价往往是牺牲自己的亲生子女。

巢寄生现象在脊椎动物中极为罕见。它出现在一些鱼类、蚂蚁、蜜蜂、胡蜂、甲虫和蝴蝶身上，但不包括爬行动物或哺乳动物。在鸟类的世界里，只有1%的物种（约为100种）是所谓的专性巢寄生，即完全依赖这种方式进行繁殖。就一些鸟类而言，这种策略似乎是行之有效的。在不同的鸟类谱系中，这种繁殖策略至少独立进化了七次，分别出现在鸭子、响蜜䴕、雀类、牛鹂（*Molothrus*）和杜鹃身上；其中，它在杜鹃的不同分支上进化了三次。

近年来，科学家们发现，这种与众不同的繁殖系统产生了一些错综复杂的行为，堪称动物王国中最耐人寻味的阴谋：精心设计的骗局，敏锐的侦察能力，独创的、隐秘的信息共享系统和复杂的决策手段。这一切都要归功于寄生鸟类和宿主之间的针锋相对。

黑喉响蜜䴕经常将小蜂虎（*Merops pusillus*）作为目标宿主。后者是一种美丽的肉桂色小鸟，体型与麻雀相仿，拥有鲜绿色的背部和黄

---

* “杰基尔与海德”出自《化身博士》，该书讲述了绅士亨利·杰基尔博士在喝了自己配制的药剂后，分裂出邪恶的海德先生人格的故事。后来“杰基尔与海德”成为心理学上“双重人格”的代名词。——译注

色的喉部。它们寻找土豚(*Orycteropus afer*)挖掘出来的洞穴，并在其顶部钻出一条狭窄的甬道，在其中筑巢。在偷袭蜂虎的鸟巢之前，雌性响蜜䴕会让卵在自己的体内多孵化一天。这意味着它们的雏鸟会率先孵化，以便更好地为后续工作——谋杀巢中的同伴做准备。响蜜䴕雏鸟所使用的凶器是位于喙尖的一对倒钩，就如同针尖般锋利。成功出世后，它们就会运用这一武器将继兄弟姐妹逐一刺死。(一位勇敢的动物学家亲身测试了响蜜䴕的杀伤力，结果他的舌头被其上喙的倒
271 钩刺伤了。)

早在几十年前，科学家们就知道响蜜䴕会杀死宿主巢中的其他雏鸟。不过，人们从未在自然条件下看清这一行径，直到克莱尔·斯波蒂斯伍德和她的团队在黑暗的地下蜂虎巢中用摄像机拍下了这一切。

视频中，昏暗的红外镜头给人以希区柯克式的极致观感，我们仿佛是在观看一部令人毛骨悚然的鸟类版《惊魂记》。*在完全黑暗的环境下，响蜜䴕雏鸟对着空气胡乱戳刺，四处搜寻着刚刚孵化的小蜂虎，直到命中目标。随后，响蜜䴕牢牢钳住受害者，不停地撕咬和晃动，直到对方死于皮下大出血。快速的撕咬能在几分钟之内杀死一只小蜂虎；然而，并非所有受害者都能死个痛快。在某些情况下，这场残忍的谋杀能持续7个小时之久。

看了这段影片，你或许无法理解，为何身在附近的养父母不去帮助它们那被欺凌、被钳制、被刺穿的孩子。洞穴中的光线很暗，但小蜂虎的夜视能力并不强。影片还显示，蜂虎亲鸟试图给一只响蜜䴕雏鸟喂食，而这只响蜜䴕正忙着攻击前者的亲生孩子。这种高效的刺杀行为确保响蜜䴕雏鸟独自生存下来，从而霸占整个鸟巢，享受养父母的

* 阿尔弗雷德·希区柯克是英国著名的惊悚片导演。《惊魂记》是他在1960年执导的经典惊悚片，讲述一名精神分裂的狂人犯下杀人命案的故事。——译注

所有关怀。

这种十恶不赦的行径并不只出现在响蜜䴕这一个类群里。很多巢寄生的雏鸟都会在孵化后杀死宿主的后代。拉丁美洲的纵纹鹃（*Tapera naevia*）与响蜜䴕选择了一样的凶器，用喙上的针状钩刺死竞争者。大杜鹃的作案手法让人联想到希区柯克的另一部惊悚电影——《后窗》[*]。与电影中的男主角相似，宿主的后代“被凶手推下了楼”。刚出生的大杜鹃雏鸟凭借着本能，以双腿作为支撑，利用背部中央的轻微凹陷抬起宿主的鸟卵或雏鸟，并倾斜身体将其拱到巢外——这一切都是在它尚未睁开双眼时完成的。它看起来就像一个恶毒的小摔跤手，把襁褓中的婴儿高高举起，推出窗台。这只微不足道、双眼紧闭、全身裸露的雏鸟竟是如此凶残，着实令人惊骇不已。

寄人篱下的雏鸟还有别的花招。为了蛊惑养父母，让它们为自己 272
带回更多食物，亚洲的霍氏鹰鹃（*Hierococcyx nisicolor*）会在接受食物时不断露出翼下的黄色斑块。这种斑块犹如一张嗷嗷待哺的鸟嘴，令养父母高估巢内的雏鸟数量；另外，它还能有效地反射紫外光。这些信号共同形成了一种不可抗拒的刺激，促使宿主为鹰鹃雏鸟带回超量的食物。如果一切进行顺利，鹰鹃的日常食物需求就能得到充分满足；它开始不断发育，体型甚至会远远超出宿主。鹪鹩（*Troglodytes troglodytes*）站在比自己大10倍的大杜鹃雏鸟背上，以便把食物送进后者的嘴里；尽管淡色杜鹃（*Cacomantis pallidus*）雏鸟已经大得连鸟巢都装不下了，但身材娇小的白痣吸蜜鸟（*Ptilotula penicillata*）依然努力地满足着那无底洞般的胃口——这是自然界中最怪异的景象之一，不由得叫人心碎。

---

* 《后窗》上映于1954年，讲述一位摄影记者识破邻居杀妻分尸的故事。——译注

英国博物学家吉尔伯特·怀特将杜鹃的繁殖方式称为“对母爱的极大侮辱”和“对天性的暴力侵犯”。这些鸟是如何背离正常的繁殖行为，又是如何发展出这种古怪的寄生手段呢？为什么宿主这么容易被蒙骗？为什么它们会愉快地为别人孵卵？寄生雏鸟与自己亲生孩子的长相有天壤之别，为什么它们还仍然坚持喂养？为什么它们不驱逐这些冒牌货，将自己的后代从早逝的惨烈结局中解救出来？

小时候，我曾在家附近见过巢寄生的褐头牛鹂（*Molothrus ater*）。当时，我把这种鸟视为真正的“大反派”。它们是一群小偷和骗子，鬼鬼祟祟地接近其他物种的鸟巢。它们的下手目标都是我喜爱的“好鸟”——莺雀、苇莺、森莺、林莺、朱雀和霸鹟，这些鸟能建造出结实的鸟巢。褐头牛鹂偷偷穿过树林和灌丛，故意做出短促而吵闹的飞行动作，模拟猛禽出现时的声音。一旦体型弱小的宿主被吓跑，褐头牛鹂就会落到无人看守的鸟巢中，产下自己的鸟卵。

若是雌性褐头牛鹂看中了一个繁殖进度偏快的鸟巢，它可能会毁掉宿主的一整窝鸟卵，迫使其重新产卵。这样一来，它就可以令宿主
273 的繁殖时间与自己同步。通常来说，褐头牛鹂不会把巢中的其他雏鸟赶出去，但会与它们展开十分激烈的竞争。体型较小的宿主雏鸟无法与褐头牛鹂相抗衡，最终只能饿死。

鸟类学家阿瑟·克利夫兰·本特把褐头牛鹂称作“懒惰的流浪汉和骗子”。它长着一颗棕色的脑袋，一副诡计多端的模样。不知何故，褐头牛鹂能让170多种不同的鸟类放弃亲生后代，转而抚养它们的雏鸟。宿主体型各异，小至戴菊，大至拟鹂科的草地鹨（*Sturnella*）。

不过，寄生的雏鸟是如何知道自己是一只褐头牛鹂，而不是一只戴菊或草地鹨的呢？当鸟类被“跨物种寄养”，成长于其他物种的鸟

巢时，大多数雏鸟都会在潜移默化中受到养父母的影响，学会它们的行为、鸣唱，甚至是择偶标准。伊利诺伊大学厄巴纳-香槟分校的马修·麦金·劳德从事褐头牛鹂的研究，他说："不知为何，巢寄生鸟类不会产生这种错误的印记。它们几乎形成了一种自我意识。"几十年来，人们都以为这是一种简单的本能。但在2019年，劳德和他的同事发表了与此相反的研究结果。他们发现，褐头牛鹂的雌性亲鸟会发出一种特殊的"颤鸣"，为雏鸟提供一些关于自我认知的重要信息。劳德说："雌性褐头牛鹂能在不同的社会环境中发出这种颤鸣。这是它传递给后代的声学密码，指引雏鸟选择正确的学习对象。因此，雏鸟能够学会本物种的鸣唱，继而找到合适的配偶。"聆听颤鸣的过程可以改变雏鸟的大脑，将大脑中的听觉区域转化为一种预备状态，以便学习同类的鸣唱。通过这种方式，雌性褐头牛鹂告诉自己的后代：它们是谁，它们应该变成什么样；它们只是寄生于他人巢中的养子，而非宿主家庭中的一员。

对于被寄生的宿主来说，褐头牛鹂简直就是一场噩梦。最近，研究人员发现，褐头牛鹂雌鸟会对寄养后代的鸟巢进行密切观察。如果宿主把外来的鸟卵丢出巢外，它就可能会对这个鸟巢造成巨大的破坏，啄破宿主的鸟卵。这样一来，宿主被迫重新筑巢，反倒给了褐
头牛鹂更好的下手机会。这种策略被称为"耕作"。这也可能是一种 274
报复——褐头牛鹂通过毁坏鸟巢和整窝鸟卵的手段来折磨宿主。也许，这种黑手党式的策略正是一些宿主鸟类忍气吞声、接纳寄生者的原因。宿主知道，如果不肯遵守这种游戏规则，自己的鸟巢就很可能被怀恨在心的褐头牛鹂大肆破坏。另外，褐头牛鹂是非常高产的繁殖者，最多能在一个季节里产下40枚卵；而典型的宿主红眼莺雀（*Vireo olivaceus*）最多只能产10枚卵。放眼望去，到处都是遭到打击报复的

宿主。

对于自己的工作，褐头牛鹂可谓得心应手。但是，北美有几十种鸣禽因栖息地的退化而濒临灭绝；褐头牛鹂的残酷“剥削”加速了这些物种的灭亡，其中包括极度濒危的贝氏莺雀（*Vireo bellii*）和黑纹背林莺（*Setophaga kirtlandii*）。

然而，这些都只是巢寄生的阴暗面。实际上，寄生鸟类和宿主之间的故事比单纯的竞争更为复杂、有趣，甚至是美好。巢寄生或许是自然界中最了不起的繁殖骗局，但这些鸟类绝不是懒惰或无能之辈，尤其是雌鸟；它们展现出了令人惊叹的狡猾和勇气。这种繁殖手段引领了一场激烈而又迷人的进化对抗，将寄生和被寄生的鸟类都推向了适应与行为的智慧巅峰。这场协同演化的竞赛正在改变一个物种内部的交流本质，刺激了独特的视觉信号和声学密码的发展。或许，它也正在影响不同物种之间的交流，产生新的内容和方式，例如通用的鸟类语言。它甚至可能推动新物种的进化。这些变化如此迅速，仿佛就发生在我们的眼前。

在布里斯班西北部的丛林里，威尔·菲尼正在探索这场史诗般的竞赛。他的主要研究方向是杜鹃与宿主之间的相互作用。在格里菲斯大学的环境未来研究所，他负责一项相关课题——探究巢寄生的性
275 质及其对宿主鸟类的影响。菲尼和他的团队想要了解繁殖于该地区的寄生性杜鹃及其宿主，研究它们的复杂群落。这些鸟类被牢牢束缚在生死攸关的对抗之中，而这场对抗也反过来塑造着它们的身体、卵、后代，以及行为和大脑等。

这场竞争不同于科学家的想象。直到最近，我们对于巢寄生的大部分了解都来自欧洲和北美的研究；而这两个地区分别只有2种和1

种杜鹃。菲尼说：“全世界共有100种寄生性鸟类，我们只能在欧洲和北美找到3种。然而，90%的相关研究都是在那里完成的。澳大利亚境内有10种，其中7种分布在布里斯班。”从菲尼到目前为止的研究来看，这7种杜鹃都并非寄生于单一宿主，而大部分宿主都被这几种杜鹃袭击过。他说：“就巢寄生而言，这片研究区域或许更能反映出整个世界范围内的普遍规律。多种杜鹃对多种不同的宿主构成了威胁；它们之间的相互作用十分有趣。据此，我们可以提出一些疑问——这些系统中究竟发生了什么？这一切真的如我们设想的那样吗？它只是寄生鸟类和宿主鸟类这两个物种间的对抗和协同进化吗？或许，它更像是达尔文所提出的‘蜿蜒河岸’概念？多种杜鹃以相互交叉的方式寄生于多种宿主，经过多代繁殖，不仅推动了个别物种的进化，还推动了整个宿主群体的进化？”

这是菲尼试图在布里斯班破解的谜题之一。他说：“这项研究提供了一个机会，引发出更多新的问题，让我们思考鸟类之间的相互联系，探索信息是如何在同种个体和不同物种之间传递的。这是多么振奋人心的工作。不过它也非常复杂，有点像一场赌博。但我们决定放手一搏。”

菲尼的调查样区是位于尼波山和光荣山下的一片开阔绿地；样区呈条带状，一边与萨姆森维尔湖相邻。这里算不上原始丛林，大部分都是老旧的牧场和农田。它曾被人们开垦、耕种，如今已经荒废，长满了灌木。对于在地面筑巢的鸟类（其中也包括菲尼所研究的细尾鹩莺、丝刺莺和寄生的杜鹃）来说，这是一片完美的栖息地。 276

萨姆森维尔湖是人造的。20世纪60年代，布里斯班政府买下了这片土地，迫使当地居民搬迁，并修建了一座大坝来建造水库，为城市提供水源。当雨水稀少时，湖面的水位非常低；你可以看到一条陈旧的铁路穿过湖底。四周都是围栏，圈养着一些牲畜。马樱丹(*Lantana*)形成了茂密且难以通行的灌木丛；它是原产于中美洲和南美洲的一种大型开花灌木，被评为澳大利亚最糟糕的入侵植物之一。尽管如此，这里依然矗立着高大的南洋杉；这是从恐龙时代幸存下来的物种。另外，这里还有几片雨林，其中生长着古老、壮观的无花果树。当树木结果时，这里就会成为eBird*的热门观鸟点。人们在这里记录了240余种鸟类，其中不同寻常地混合了大量栖息于灌丛和水域边缘的物种。当天气变得干燥时，这里甚至成了淡色杜鹃之类的内陆鸟类的避难所。菲尼讲道，飞抵布里斯班的旅客会在中转停留时造访此处，以期遇见一只淡头玫瑰鹦鹉(*Platycercus adscitus*)、一对斑翅食蜜鸟或纹翅食蜜鸟(*Pardalotus striatus*)，或许还能看到一大群鲜艳夺目的绯红摄蜜鸟；后者是澳大利亚最小的食蜜鸟。一些家养鸟类也偶尔在附近游荡，比如被人遗弃在旧坟场的珠鸡(*Numida meleagris*)。菲尼指出，这种鸟与《星球大战》中的笨拙奔儿加·加·宾克斯惊人地相似。他由衷地怀疑这个角色是以珠鸡为原型的。

进化军备竞赛的一方是细尾鹩莺、丝刺莺和其他被寄生的小型鸟类。另一方是7种杜鹃，包括麻雀大小的棕胸金鹃(*Chrysococcyx minutillus*)和身长2英尺的沟嘴鹃(*Scythrops novaehollandiae*)。沟嘴鹃是世界上最大的巢寄生鸟类，它通常选择体型较大的鸟类为宿主，比如斑噪钟鹊、黑背钟鹊、乌鸦和渡鸦。

目前，菲尼的注意力集中在扇尾杜鹃身上。这种鸟体态修长，通体呈蓝灰色，喉部呈淡橘色，以几种细尾鹩莺、丝刺莺和刺嘴莺为宿主，尤其是褐刺嘴莺。他也在观察几种金鹃，其中包括霍氏金鹃

---

* eBird是由康奈尔大学的鸟类学实验室和奥杜邦学会研发的鸟类线上数据库。——译注

(*Chrysococcyx basalis*)。这是一种小型候鸟，只会在繁殖地停留几个星期，然后在10个到12个不同的宿主鸟巢中各产下一枚卵——大部 277
分是在细尾鹩莺的巢。金鹃雏鸟通常会提早一两天孵化，随即将细尾鹩莺的卵和雏鸟推出巢外。于是，细尾鹩莺失去了所有的亲生后代，并花费将近50天的时间来养育一只寄生的金鹃雏鸟。

不论以哪种标准来看，细尾鹩莺（英文名为fairy-wren）都是令人钦佩的小鸟。它们总是活力四射、神经紧绷，气势汹汹地保卫着自己的鸟巢。多个世纪以来，“wren”这个词语在旧大陆一直是指鹪鹩，它是世界上体型最小的鸟类之一。尽管澳大利亚的细尾鹩莺与鹪鹩毫无关联，但二者具有相似的蓬勃朝气。思乡情切的移民们自然为细尾鹩莺倾倒，并为它取了与鹪鹩相同的名字。名中的“fairy”[*]一词，大约出现在20世纪的某个时间点，并从此保留了下来。不过，鸟类学家伊恩·罗利并不认可这个用法；他表示，“对于普通的澳大利亚人来说，这个词在日常用语的使用中显得太过拘谨”。它们狡猾、大胆、活泼、多动，让我想起家乡的卡罗苇鹪鹩。不过，细尾鹩莺拥有一条细长、灵动的尾巴，它能像嘲鸫的尾巴一样高高翘起。不同于北美和欧洲的鹪鹩，它们的羽毛无比鲜艳。雄性华丽细尾鹩莺和辉蓝细尾鹩莺（*Malurus splendens*）的顶冠和背部呈绚丽的孔雀蓝色，而杂色细尾鹩莺（*Malurus lamberti*）具有蔚蓝色的羽冠和耳羽，红背细尾鹩莺带有些许猩红色，紫冠细尾鹩莺（*Malurus coronatus*）头戴一顶具有帝王气概的淡紫色冠冕。安德鲁·卡齐斯是专攻细尾鹩莺的研究员；用她的话来说，“它们看起来就像是太阳马戏团[**]里的小丑”。

---

* “fairy”有仙女、精灵之意。——译注

** 太阳马戏团是加拿大蒙特利尔的一家娱乐公司及表演团体，也是全球最大的戏剧制作公司。——译注

我们在长满桉树和相思树的灌丛林地中缓步向前，各种细尾鹩莺的鸣叫和鸣唱接二连三地冒了出来：华丽细尾鹩莺发出尖细的叽叽声，随后声音不断加速，成为一串欢快、杂乱、犹如阵阵涟漪般的音符。带有金属音色的颤音来自杂色细尾鹩莺，听起来就像一台小小的打字机。红背细尾鹩莺的鸣唱则是微弱、高亢且婉转的。细尾鹩莺都是兼性合作繁殖者（这意味着它们不需要一直采取这种繁殖方式，而会根据环境条件做出反应）。每对亲鸟通常都会有帮手协助，它们共同保卫鸟巢、抚育雏鸟。在这里，典型的繁殖季是8月到次年2月。雌性细尾鹩莺会建造多达8个圆顶巢，每窝产卵3枚到4枚，并独自进行孵化。
278 虽然这种说法听起来有点过分，但它们的繁殖效率实在是太高了，仿佛整个世界都要被这些小丑占领了一样。然而，捕食者会夺去三分之二的雏鸟。如果雌鸟不够谨慎，虎视眈眈的巢寄生鸟类将会夺走剩下三分之一的雏鸟。

菲尼密切关注着竞争双方，观察它们对彼此的身体、大脑和行为所产生的深远影响。

10位来自研究团队的"寻巢人"为这里的鸟巢做了标记。我们排成一列纵队，沿着小径在干枯的杂草和灌丛中穿行，寻找作为标记的橙色小旗。一只澳洲鸢（*Elanus axillaris*）从我们头顶飞过，然后是一只啸鸢。现在正是8月下旬，南半球的冬天即将结束，春天悄然临近。温暖多雨的冬天有利于昆虫暴发，提前开启了这里的鸟类繁殖季。去年11月11日，就在澳大利亚的春天快结束时，霍氏金鹃才刚刚产下它们的第一枚卵。而今年，它们早早地就开始繁殖，菲尼甚至都没来得及让他的研究团队就位。一些鹩莺和杜鹃雏鸟已经长出了羽毛，它们都是躲过了天敌袭击的少数幸存者。蛇、宽足袋鼩、饰纹巨蜥

(*Varanus varius*)、鹰、鸢、钟鹊、小型隼、冠鸫和笑翠鸟等捕食者的利爪獠牙无处不在。

对于这里的杜鹃和宿主来说，成功繁殖是一条艰难的路。

菲尼告诉我："据我推测，英国有10%到15%的鸟巢由于捕食者而繁殖失败。在这里，该比例接近70%或80%。多年来，由于天敌的捕食，每个繁殖季的前50个鸟巢都没有雏鸟存活。我曾见过一只绿啸冠鸫在狂暴地撕扯一个鸟巢。"

这时，我注意到菲尼团队中的美国成员都穿着高筒橡胶靴。我提出了心中的疑问，他们互相使了使眼色，说道："蛇。"而来自澳大利亚的组员似乎并不太在意蛇，甚至没有被这里常见且致命的澳洲棕蛇吓倒。在昆士兰州，几乎每个小镇和城市的郊区都有这种毒蛇的身影；
它们所造成的蛇咬伤是最为严重的。一旦被激怒，澳洲棕蛇就会立起 279
来野蛮地咬人。不过，很少有人类因此而死亡。但最近的一则新闻报道称，一名男子在郊区后院试图保护自己的狗时被一条澳洲棕蛇咬伤，不到一个小时就死亡了。

我低头看了看自己的牛仔裤和运动鞋。

菲尼对我说："你不会有事的。"我也只能相信他的话。作为土生土长的昆士兰人，菲尼在十几岁的时候就能与蛇周旋。当澳洲棕蛇钻进房屋底下的架空层时，他常要负责驱赶工作。他和他的团队给这种蛇取了一个绰号——"危险的面条"。人们普遍认为澳洲棕蛇具有攻击性，但菲尼说："其实它们很害羞，还会给你让路。"他停顿了一下，说道："不管怎样，它们的毒牙很小，即使咬了你的牛仔裤，也无法穿透布料。"

在地面筑巢的鸟类就没有这么幸运了。澳洲棕蛇会通过鸟巢的入口发动袭击，或直接在鸟巢背后钻出一个小洞。然后，它们将吃光巢内的鸟卵或雏鸟。在菲尼的网站上，研究细尾鹩莺的工作人员劳伦·史密斯写了一首俳句：

小小的细尾鹩莺
谁才是你的父亲？（毒蛇钻进巢中饱餐一顿）
我们永远不会知晓

这些鸟巢十分隐蔽，尤其是丝刺莺的巢；它们往往会藏匿在灌丛和杂草的深处。詹姆斯·肯纳利是剑桥大学的安德烈亚·马尼卡教授和菲尼手下的博士生，他说："我们就坐在这里等候，观察鸟类的行为，跟随它们的脚步。有一次，我们看到一只雌性丝刺莺正在收集巢材，啃咬着池塘里长出的马利筋（*Asclepias*）。顺着它的路线，我们在相思树丛的深处找到了鸟巢。除此之外，我们还可以辨认雏鸟乞食的叫声。"

菲尼和康奈尔鸟类学实验室的迈克·韦伯斯特共同管理这片野外研究基地。一年中，研究小组一共发现了约700个鸟巢。在为期8个月的繁殖季里，他们随时监控着这些鸟的动态，检查宿主和杜鹃的卵，
280 对发现的卵进行统计和拍照存档（肯纳利正在建立一个鸟卵图库）。他们还要从巢中取出杜鹃雏鸟，测量它们的体长，并把它们倒塞进一个装胶片的小罐里，放在体重计上称重。最后，他们会采集雏鸟的血样。研究小组希望，他们的调查工作能够尽可能地覆盖所有细节，以便了解这场激烈的生存斗争，了解这些物种的繁殖成功率，了解孰胜孰负，了解它们的游戏规则。

尽管有橙色小旗的指引，红背细尾鹩莺的鸟巢还是很难被发现。那是一个迷你、精致的圆顶巢，由干草、树叶和树枝构成，带有一个很

小的洞口；它隐藏在茂密的灌丛和厚实的杂草中，几乎完全看不见。菲尼伸出两根手指，探入洞中，轻轻地从里面拿出三枚卵。这些卵都是粉白色的，上面布满了细细的红褐色斑点。有两枚属于宿主；另一枚稍大一些，来自霍氏金鹃。

从传统上讲，卵被视为巢寄生鸟类和宿主在进化军备竞赛中的主战场。其中的逻辑大概是这样的：一种巢寄生鸟类以一种新的宿主为目标，通过欺骗和诡计，令对方接受自己的卵，为自己抚养后代；宿主最终进化出了识别外来鸟卵的能力，并将其逐出巢外。随后，巢寄生鸟类开始在卵的外形上下功夫，模拟宿主鸟卵的颜色和图案，以便蒙混过关。另一方面，宿主也有两种防御措施：一是改变卵的外观；二是提高自己的侦查能力，从而将不同物种的卵区分开来。这是一场风险极高的赌博，一场你来我往的进化对抗。对于宿主进化出的每一种防御手段，杜鹃都能以牙还牙，进化出更狡猾的手段来瞒天过海。这就是所谓的兵来将挡，水来土掩。

这种相互作用的过程导致了一些令人震惊的结果。

一方面，世界各地的杜鹃都进化出了高超的鸟卵伪装术。另一方面，宿主也进化出异常敏锐的辨别能力；尽管杜鹃的鸟卵与自己的几 281
乎一模一样，但它们依然能找到其中的细微差异。这是一个复杂的学习过程——不仅要迅速发现巢中的外来鸟卵，还要了解自己的鸟卵的外观细节。

一些被寄生的鸟类还进化出了其他的防御手段：它们的鸟卵具有独特的斑点和曲线，令雌鸟们所产的卵看起来各不相同。最近，玛丽·卡斯韦尔·斯托达德和她的同事研究了几种英国的鸣禽，而这些鸟类正是大杜鹃寄生的目标。斯托达德想知道，它们如何利用带有特殊图案的鸟卵来反击杜鹃的伪装术。她说:“如果宿主难以与杜鹃相抗衡,那么其中一个方法就是进化出一种更为复杂的、可供自身识别的图案,让它们能够确切地认出自己的鸟卵。”

宿主会在产卵的时候印上自己的特殊图案吗?

斯托达德说:“若想回答这个问题,我们需要一种专门针对鸟卵的辨识软件,就好比做面部识别。”这些鸟卵在图案和颜色上的差异过于细微,人类通常无法察觉。她说:“我们的眼睛做不到这一点,你只能通过电脑进行分析。”因此,斯托达德和剑桥大学的计算机科学家克里斯·汤合作,开发了一款名为NaturePatternMatch(自然图案匹配)的软件。它可以识别鸟卵外观的各项特征,其中或许就包含了对鸟类十分重要的关键信息。就像地图描绘重要的自然地貌(湖泊、山峰、树林)一样,这款软件也能将鸟卵上的特征一一记录下来——只不过它们的表现形式是斑点或波浪线罢了。斯托达德解释道:“记录某个图案之后,哪怕图像发生旋转、移动或尺寸改变,该程序都能再次识别出来。这是一种非常强大的识别算法。它对图案的分析方式大致类似于鸟类和其他动物处理视觉信息的方式。”

这个项目得出了斯托达德和同事们所希望的结果:有明确的证据表明,一些宿主物种在卵壳上添加了个性化的签名。“就像银行在美钞上增加特殊的水印。”她说。个体差异令鸟卵的图案变得难以伪
282 造。最鲜明的一些特征出自那些深受杜鹃所害的物种,例如雀科的燕雀(*Fringilla montifringilla*);杜鹃能将这些物种鸟卵上的颜色和图案模仿得惟妙惟肖。

这场“鸟卵军备竞赛”正在以惊人的速度进行着。马丁·史蒂文斯来自埃克塞特大学,是克莱尔·斯波蒂斯伍德的同事。他们发现,在仅仅40年的时间里,非洲的寄生织雀(*Anomalospiza imberbis*)及其宿主

褐胁鹪莺 (*Prinia subflava*) 都改变了鸟卵的颜色和图案——这只不过是进化时间线中的弹指一瞬，但二者都紧紧咬住了彼此的进化方向。

"'鸟卵军备竞赛'的核心是一个关乎生死的视觉问题，"斯托达德说，"杜鹃的模仿必须与原版毫无二致；否则，它们的卵就会被发现并丢弃。同样地，对于宿主来说，如果不能识别并驱逐杜鹃的卵，它们就会一败涂地。因此，杜鹃必须具备出色的模仿能力，而宿主必须拥有过人的辨识能力。"

这就是竞争的终点。人们假设，不论是大杜鹃还是其他的巢寄生鸟类，这一切归根结底都是卵的竞争。

威尔·菲尼说："没错，世界范围内的大量研究工作都集中在鸟卵上。"如果大杜鹃或寄生织雀在燕雀或褐胁鹪莺的巢中产卵，并成功骗过宿主的眼睛，那么巢寄生就是箭在弦上，不得不发了。大杜鹃的宿主几乎从不排斥这些寄生的雏鸟——尽管它们与自己长得一点儿也不像。甚至在孵化几周后，杜鹃雏鸟已经逐渐发育成熟，宿主还是认不出这只洗劫了自家鸟巢的小怪物；它们会继续提供照料，直到杜鹃羽翼丰满。

有一个理论模型可以解释其中的原因。人们假设，亲鸟会在自己产下的第一窝卵所孵化出的雏鸟身上留下"印记"；从那以后，它们就会排斥其他的雏鸟。宿主的第一窝卵若被杜鹃寄生，它们就会不幸地在杜鹃雏鸟身上留下印记，不再接受自己的后代。宿主会为"错误的印记"付出高昂的代价；因此，它们无法进化出排斥雏鸟的能力。这 283
一理论诞生于欧洲和北美，适用于所有的巢寄生鸟类。

"但澳大利亚的情况有所不同。"菲尼说。

詹姆斯·肯纳利把手伸进丝刺莺的圆顶小巢，发现了两枚卵。他说:“有希望。”这两枚卵看似一样,但实际上很容易区分——一枚属于丝刺莺,另一枚属于扇尾杜鹃。它们的卵都是白色的,带有红褐色斑点;但杜鹃卵的斑点清晰而分明,丝刺莺卵的斑点混乱而模糊。在二者的底部,都有一圈集中的斑点。霍氏金鹃的伪造能力也相当不错。但就总体的鸟卵模仿水平而言,澳大利亚的杜鹃比海外的同类稍逊一筹。另外,金鹃(*Chrysococcyx lucidus*)和棕胸金鹃完全不依赖模仿;它们为卵涂上一层厚厚的深色颜料,试图将其隐藏起来。对于宿主的眼睛来说,这种色素令鸟卵在颜色和亮度上都与巢中的内衬融为一体,有效地起到隐身效果。

通常,细尾鹩莺不会因外观而排斥或遗弃外来的鸟卵。如果雌性杜鹃将自己的产卵时间校准得与宿主一样,那细尾鹩莺就更加无法拒绝这些鸟卵了。若不能在昏暗的巢穴中准确找到杜鹃卵,雌性细尾鹩莺会怎么做呢?它们的行为是绝无仅有的。

如果杜鹃长期寄生于一个物种,宿主将会进化出排斥异种鸟卵的能力——这一理论在21世纪初是公认的真理。当时,澳大利亚国立大学的内奥米·朗莫尔正在本土展开关于杜鹃的研究。随着野外工作的深入,她发现了许多与“真理”相悖的证据。事实上,澳大利亚的大
284 多数宿主物种并不排斥杜鹃的卵。她说:“这与进化论完全相反。二者之间的对抗为宿主施加了巨大的压力,理应促使其识别并排斥异类的鸟卵。”

难道澳大利亚的宿主鸟类真的无法区分自己的卵和杜鹃的卵吗?

为了找到答案,朗莫尔制作了大量的蓝色塑料鸟卵——不同于澳大利亚所有宿主鸟类的卵——并把它们放在许多不同宿主的鸟巢中。

她发现，建造杯状巢的宿主可以轻易地识别并拒绝孵化这些塑料鸟卵。而像细尾鹩莺这样的建造圆顶巢的鸟类做不到这一点。这一现象不无道理：圆顶巢的内部光线昏暗，很难在视觉上做出区分。

后来，朗莫尔又有了震惊科学界的新发现，令这项研究获得了不菲的回报。在对建造圆顶巢的鸟类（主要是细尾鹩莺和刺嘴莺）进行进一步的观察时，她惊奇地发现，它们尽管无法拒绝杜鹃的鸟卵，却能够精确识别并排斥杜鹃的雏鸟。小小的宿主鸟类要么抓住入侵者，将其拖到巢外，要么放弃鸟巢，重新繁殖。

朗莫尔告诉我：“就巢寄生当中的协同进化而言，这一现象与我们先前所学的一切背道而驰。由于印记机制带来的风险，宿主不应进化出排斥雏鸟的行为。因此，全球各地的宿主鸟类都不曾在对雏鸟的识别能力上发生进化。这是我们所一直坚信的理论。”

然而，这里是澳大利亚，到处都是“不守规矩”的鸟类。

朗莫尔说：“在这里，杜鹃和宿主之间的军备竞赛已经升级了。现在，宿主可以辨认出杜鹃的雏鸟。”另外，她还告诉了我一件更酷的事情。在澳大利亚，打破规则的不仅是宿主，就连杜鹃雏鸟也不按常理出牌。“由于宿主具备良好的识别能力，杜鹃雏鸟也开始模仿宿主的雏鸟。不论是外形还是乞食鸣叫，它们都有样学样。而其他地方还没有出现这种现象。”金鹃的寄生目标是细尾鹩莺、刺嘴莺和刺莺。她说：
“在体型大小、皮肤颜色、绒羽颜色，甚至是嘴巴的颜色方面，寄生的雏 285
鸟几乎与宿主的雏鸟一模一样，我们很难发现其中的区别。”

随着时间的推移，霍氏金鹃的雏鸟甚至学会了宿主雏鸟的乞食鸣叫；二者听起来如出一辙。朗莫尔说：“早在金鹃雏鸟听到宿主雏鸟发出鸣叫之前，它们就已经把对方赶出鸟巢了。因此，这是一种相当不可思议的行为。它们似乎会注意到那些令养父母最为敏感的声音，并迅速改变自己的乞食鸣叫。短短几天内，它们的声音就变得真假难辨了。”这真是一种非凡的学习方式。啸声牛鹂（*Molothrus rufoaxillaris*）是来自南美洲的物种，主要寄生于栗翅牛鹂（*Agelaioides badius*）；不论是外观还是声音，其雏鸟都与宿主的雏鸟十分相似。

朗莫尔怀疑，杜鹃雏鸟对宿主后代的模仿是进化军备竞赛中的“特殊武器”，甚至能推动澳大利亚的杜鹃形成新的物种。她说：“每当金鹃选择了一个新的宿主，它们就不得不进化出相应的雏鸟形态和相应的乞食鸣叫。这有可能会令它们分化为不同的亚种。”

杜鹃的宿主没有坐以待毙，它们进化出了相应的制衡手段。黛安娜·科隆贝利·内格雷尔是南澳大利亚弗林德斯大学的一名研究员；她和她的同事发现，为了反击杜鹃雏鸟的拟声行为，细尾鹩莺运用了一种巧妙的手段：在雏鸟尚未破壳时，亲鸟就会教给它们一套特殊的密码。

华丽细尾鹩莺和红背细尾鹩莺的雌成鸟都会在孵卵时发出特别的鸣叫。它们每隔几分钟就会唱出同样的曲调，一遍又一遍地重复。这串叫声中包含一个特殊的音符，就像家族独有的密码；而尚在胚胎期的雏鸟将其牢记在心。雄成鸟也会学习这套密码。在雏鸟孵化并开始乞食之后，它们的鸣叫声中必然包含这个标志性的音符。因此，它们的父母就能清楚地知道：“啊！这确实是我的孩子。”

为了确定这种乞食鸣叫是先天遗传还是后天习得，科学家们设计
286 了一项交叉育雏的实验，让22个不同鸟巢中的卵交换了位置。在这些改变位置的卵孵化后，雏鸟所使用的鸣叫来自养母，而非生母。

巢中的杜鹃鸟卵也能听见宿主的鸣声，但它们没能学到其中的密码；人们还不清楚其中的缘由。也许，它们没有足够的时间，短短数日的训练不足以让它们掌握这种声音；也许，它们不像细尾鹩莺那样具

备在胚胎期进行学习的能力。因此，细尾鹩莺的亲鸟可以利用乞食鸣叫中的密码，揪出冒名顶替的杜鹃雏鸟。

内奥米·朗莫尔和她的同事发现，在鸟卵孵化后的2天到6天内，华丽细尾鹩莺抛弃了近40%的霍氏金鹃雏鸟，然后到其他地方重新筑巢。通常是雌鸟率先离开。雄鸟也会在数小时或数日后飞走，而杜鹃雏鸟只能饿死于巢中。它们的尸体会在几个小时内被食肉蚂蚁吃掉。

若是错误地遗弃亲生后代，亲鸟会付出极其高昂的代价。为了将犯错的风险降到最低，雌性细尾鹩莺似乎要依赖一个精密的决策过程和一套复杂的规则，整合来自雏鸟自身、外界环境及自身经验的各种线索。

首先，巢中仅有一只雏鸟可不是什么好兆头。细尾鹩莺的窝卵数为3枚到4枚；因此，仅有“一棵独苗”可能意味着其余的雏鸟都被赶走了。其次，如果有一只成年杜鹃在宿主的鸟巢附近游荡，那似乎也有些不妙。细尾鹩莺只有在杜鹃成鸟出没时才会排斥杜鹃的雏鸟。或许，个体的亲身经历才是最重要的判断依据。若是雌成鸟有机会了解雏鸟的长相，即便巢中仅有一只单独的雏鸟，它也不会像未经世事的新手父母那样抛弃自己的后代。

在做出“抛巢弃子”的高风险决策之前，宿主必须将所有的线索整合起来。

为什么细尾鹩莺能进化出识别并排斥杜鹃雏鸟的能力，而苇莺却没有呢？朗莫尔说：“细尾鹩莺在这场对抗赛的鸟卵阶段中‘败北’了——它们无法拒绝杜鹃的鸟卵。因此，它们必须在雏鸟阶段采取更
有力的防御措施。” 287

不过，即使是在澳大利亚，抛弃雏鸟的情况也相对少见——它毕竟是一种效率低且成本高的做法。对于澳大利亚的宿主鸟类来说，真

正的防御手段被应用于这场对抗赛的早期，即雌性杜鹃产卵之前。保护好自己的鸟巢，确保杜鹃没有接近的机会，才能从源头上杜绝被寄生的可能。菲尼和他的团队正在研究宿主进化出的充满智慧的新手段，其中包括社会学习和物种间的信息交换。

8月的一个清晨，菲尼带领我走上一条狭窄的小路，穿过相思树、白千层（*Melaleuca*）和桉树林，找到一个隐匿于灌丛之中的丝刺莺巢。我们听见黄鸲鹟（*Eopsaltria australis*）发出单调的“噫——噫——噫”声，扇尾杜鹃唱出哀伤的下行颤音。他检查了鸟巢，发现一枚冰凉的鸟卵，“希望它没有被遗弃”。

如果鹪鹩在鸟巢附近发现了一只杜鹃，并在产卵前发现了来路不明的鸟卵，它们可能就会弃卵而去，或是拆除鸟巢，把这枚卵移到附近的某个地方。若是美洲黄林莺（*Setophaga aestiva*）怀疑牛鹂在自己的鸟巢中产卵，它们就会把牛鹂和自己的卵全都埋起来，然后在顶上叠加一个新的鸟巢。詹姆斯·肯纳利曾观察过一对反其道而行之的鹪鹩；显然，它们意识到鸟巢周围有杜鹃在场，也清楚地意识到巢内有一枚不知名的鸟卵。“它们拆除了整个鸟巢，那枚卵被孤零零地遗弃在灌木丛中。”肯纳利说道。

在离鸟巢30英尺的地方，菲尼突然打开了一个小型的圆顶伪装帐篷，取出一只经过冷冻干燥的、闪闪发光的金鹃模型。这个模型虽然有些损坏，但并不影响辨认。他将模型放在一个由铁丝网制成的保护笼里，再把笼子置于距鸟巢几米的地方。然后，我们退回帐篷中等候，录下听到的声音。

当丝刺莺看见鸟巢附近的金鹃，它不一定会展开身体上的攻击，而是会不断发出刺耳、急促、犹如训斥般的颤鸣。这种声音能引来其他的鸟类。另一方面，华丽细尾鹩莺则倾向于直接攻击杜鹃，所以菲尼的金鹃模型才会变得破破烂烂。它们运用锋利的喙尖，径直攻击金 288
鹃的头部。

我们听到了澳洲啄花鸟（澳大利亚境内唯一的啄花鸟）的高亢音符，还有一对冠鸫的二重唱。除此之外，灌丛中一片寂静。

菲尼说："这个过程可能会很无聊。"守在巢边的华丽细尾鹩莺具有很高的警惕性，每隔30分钟就会过来查看情况。它们不会错过附近发生的事情。而丝刺莺每次离开鸟巢的时间可能长达3小时到4小时。菲尼说："我们只能等，直到它们下定决心出现。"由于杜鹃通过宿主的活动来定位鸟巢，因此，这可能是针对寄生者的一种防御。"不过，这也让我们的研究变得非常难熬。"他说。

在一项关于细尾鹩莺社会行为的实验中，菲尼的任务是观察鸟巢周围的雄性亚成鸟。他讲道："亚成雄鸟不经常独自回巢。有一次，我足足等了三天才有机会进行实验。它们不会在鸟巢周围发出太多噪声，所以我必须聚精会神。我就像一个白痴一样傻坐在那里，汗流浃背，死死地盯着鸟巢，别的什么也不做。这个实验简直是人间炼狱。"在等待的过程中，有许多其他鸟类碰巧经过，其中包括一只鸸鹋。它用喙刺穿了伪装帐篷的布，吓了菲尼一跳。他咒骂道："该死的傻大个儿！从侏罗纪来的恐龙鸟！"

在我们躲了约半个小时之后，菲尼放弃了。"真倒霉。我们去下一个鸟巢看看。"

我们在树林里的一小片空地上重新搭起伪装帐篷。在附近，一只雌性丝刺莺已经产下了三枚卵。菲尼再次摆出金鹃模型，退回帐篷内。但这次，他播放了一段录音，即丝刺莺对杜鹃的告警声。瞬时间，灌丛中有了反应。雌性丝刺莺突然出现，发出一长串愤慨的鸣叫。其他鸟也突然出现在周围的灌木低枝上。菲尼记下了距离金鹃模型不足15英尺远的每一只鸟——越来越多的丝刺莺、一只利氏吸蜜鸟(*Meliphaga lewinii*)、一只黄鸲鹟、一只灰扇尾鹟(*Rhipidura*
289 *albiscapa*)、一对华丽细尾鹩莺,还有两只高声叫喊的褐刺嘴莺。甚至有一只灌丛塚雉闲逛着穿过了空地。相对而言,它们的反应还是较为温和的。菲尼曾经历过更为喧闹的应答现场;当时多达30只其他种类的鸟前来一探究竟,仿佛是街坊邻里集体发怒一样。

菲尼说,华丽细尾鹩莺所制造的动静是最大的。它们离金鹃模型只有几米远,而且“永远不会闭嘴”。它们向金鹃发出的围攻鸣叫并不是与生俱来的,而是后天习得的技能。这一发现来自菲尼和内奥米·朗莫尔的一项合作,类似于罗布·马格拉思在细尾鹩莺和黑额矿吸蜜鸟身上做的实验。他们观察了两个不同的细尾鹩莺种群:一个是繁殖于堪培拉植物园的“空白”种群,它们不曾受过杜鹃的侵扰;另一个种群位于坎贝尔公园附近的一片桉树林地,那里到处都是杜鹃。就像上述的研究那样,他们放置了一些杜鹃的模型。菲尼说,“空白”种群完全忽视了模型的存在,“它们一会儿看看模型,一会儿站在那里发呆,或在模型身上蹦蹦跳跳,再落回自己的鸟巢”。相反,坎贝尔公园的细尾鹩莺对模型发起了猛烈的攻击。“杜鹃令它们失去了理智。哪怕我把模型放在笼子里,它们也会想方设法地挤进去。后来,模型脑后的羽毛都被拔光了。如果我把杜鹃模型拿在手上,细尾鹩莺就会攻击我的手。这实在是太疯狂了。一个种群产生了如此剧烈的反应,而另一个种群却无动于衷。”

菲尼和朗莫尔还发现,年幼且不认识杜鹃的华丽细尾鹩莺可以通过观察,从经验丰富的个体身上学习相关认知,从而将杜鹃视为威胁。这一点也适用于苇莺。一开始,“空白”种群的细尾鹩莺完全不拿杜鹃模型当回事；但在看到其他个体围攻杜鹃后，它们就开始拼命地围攻模型本身。菲尼说："这项实验提供了第一个直接的证据，证明宿主可以通过社会学习来认清巢寄生鸟类的威胁。"这种学习的效果是永久的。一旦细尾鹩莺知道了敌人的身份，即使从来不与杜鹃接触，它也能在数年后做出同样的反应。 290

菲尼注意到，华丽细尾鹩莺向杜鹃发出的围攻鸣叫包含一种非常特殊的声音，"绝对不可能认错"。它们是否针对杜鹃发出了独特的叫声？为了解开这个谜题，菲尼向细尾鹩莺展示了几个模型，并记录它们的反应。这些模型是它们在野外可能会遇到的不同威胁——蛇、钟鹊、鹰和杜鹃。

"我们发现，这些鸟会在杜鹃面前彻底失控。在5分钟的实验里，它们只对蛇和鹰的模型发出了几声警报，然后就安静地看着这些威胁。面对杜鹃时，它们变得极其聒噪，发出大量不同的叫声——更像是一种喋喋不休的抱怨。"菲尼说。显然，它们确实会对巢寄生鸟类发出非常特殊和强劲的鸣叫。"如果鸟巢被捕食者破坏，它们可以明天就开始重建。但若是被寄生，它们就要花费6周的时间和精力来养大别人的孩子，对自己的繁殖没有任何帮助。这完全是两码事。"

其他鸟类会被这种鸣叫吸引，联手对抗威胁。群体围攻可以有效地阻挠杜鹃。剑桥大学的贾斯廷·韦尔贝根和尼克·戴维斯发现，在一些高风险地区，杜鹃鬼鬼祟祟地监视着宿主的一举一动，而这种鸣叫将寄生的概率降低了4倍。一场激烈的围攻可以对杜鹃造成严重的打击，导致羽毛缺失、受伤，甚至是死亡。它还能警告临近的宿主，吸引猛禽和其他捕食者，从而阻止杜鹃产卵。附近的宿主可能会加入围攻行动，用更吵闹的声音来守卫自己的鸟巢。

一些种类的杜鹃已经掌握了围攻的大致情况，并进化出巧妙的方式来操控它。有些杜鹃会模仿掠食性的猛禽，把宿主吓跑。亚洲的普通鹰鹃（*Hierococcyx varius*）常发出吵闹的、令人发狂的响亮叫声，因而被人们称为“脑热鸟”。它们形似褐耳鹰（*Accipiter badius*），还能模仿猛禽飞行的姿态和栖息的方式。普通鹰鹃的手法极具欺骗性，能让看到它的鸟类发出“猛禽警报”，而非“杜鹃警报”。接近宿主的鸟
291 巢时，它也会采用猛禽一般的飞行方式。然而，它的诡计可不只如此。2017年，戴维斯和他的同事珍妮·约克发现，雌性普通鹰鹃会发出特有的惊悚笑声，就像雀鹰的“咯——咯”或“嘻——嘻”声；这种声音能扰乱苇莺的思绪，好让它们注意不到巢中的杜鹃卵。

牛鹂则采取了相反的策略，但同样具有操控能力。它们表现出“邀请对方整理羽毛”的姿态，这样似乎可以降低宿主的攻击性。

其他巢寄生鸟类运用“披着羊皮的狼”策略，模仿无害物种的外形，从而躲避宿主的围攻。在撒哈拉以南的非洲，卑鄙的沃氏蜜䴕（*Prodotiscus regulus*）看起来就像无害的非洲灰鹟（*Melaenornis microrhynchus*）。非洲南部的叉尾乌鹃（*Surniculus dicruroides*）鸟如其名，与叉尾卷尾长得十分相似。叉尾卷尾虽然经常从混合鸟群中偷取食物，但也可以充当预示天敌的哨兵，因而被其他鸟类所容忍。在赞比亚，为了模拟该地区的常见鸟类红巧织雀（*Euplectes orix*），寄生织雀进化出了一模一样的羽毛颜色和图案。菲尼说：“寄生织雀完美地复制了红巧织雀的长相。作为被寄生的目标，褐胁鹪莺根本分不清二者的区别。这表明寄生织雀的进化颇有成效；它们可以在褐胁鹪莺的鸟巢附近徘徊，却不引起丝毫的怀疑。”

这些年，菲尼在澳大利亚的鸟类身上做了许多模型试验。他开始注意到，不同物种之间的“杜鹃警报”非常相似。他回忆道：“我时常

问自己：‘刺嘴莺的叫声听起来是不是很像细尾鹩莺？’这种想法一直困扰着我。‘这是我的幻觉吗？’有时候，身处野外会让我觉得自己看到或听到的东西并不存在。”但后来，当他在非洲观察褐胁鹪莺对寄生织雀的反应时，这种想法再次击中了他的内心。“我想：‘我一定是疯了，但褐胁鹪莺的声音确实与细尾鹩莺对金鹃的叫声很像。’随后，我到瑞典参加一个会议，与朋友小酌了几杯。他是乌普萨拉大学的戴维·惠特克罗夫特，一直在喜马拉雅山开展工作。我向他描述了那些 292
古怪的‘杜鹃警报’，以及它们在不同地区的相似性。于是，这位朋友问道：‘那这种声音是什么样的？’在我告诉他之后，他说：‘哦？是这样的吗？’他拿出手机，播放了一段鸣叫声。我沉默了，呆呆地坐在那里。他说：‘这是喜马拉雅山的莺类对杜鹃发出的声音。’”

现在，菲尼正在进行实验，收集来自世界各地的“杜鹃警报”，包括非洲、印度、中国、印度尼西亚和日本的。他想知道，不同国家的鸟类是否会对彼此的“杜鹃警报”做出反应。

“世界不同地区的宿主物种都采用同一种警报声——从进化的角度来看，这是有意义的，”菲尼说，“杜鹃是一种独特而古怪的致命威胁。它们不会给成鸟带来危险，而只会伤害雏鸟。因此，在考虑告警声的进化时，我们会问：‘宿主所面临的压力是什么？’在面对斑噪钟鹊这样的捕食者时，一只鸟不得不游走于发出警报和被捕食者发现之间。‘我想让朋友们知道危险的存在，却又不想被捕食者发现。’而在面对杜鹃时，这种担忧并不存在。它们只想大声呼喊，闹得尽人皆知，召唤大家一起来把杜鹃赶尽杀绝。若真是如此，最响亮、最刺耳的叫声基本上就是最佳的选择；这样一来，它们就有希望引来尽可能多的种类。”

这种叫声听起来像什么呢？如果海马会嘶叫，大概就是这样的声音——一种高亢、尖锐的哀鸣。

菲尼认为，巢寄生鸟类可能正在推动告警声的趋同进化。在任何鸟类的语言中，这种告警声都能有效地震慑寄生者。他说："我们知道，在一个物种内部，传播寄生者的相关信息是非常重要的。但是，如果寄生者对多个物种造成了威胁，那么这一信息就需要在不同的物种之间进行传递。这或许有助于形成一种行为上的群体免疫。"他提到
293 了一个科学家团队在2016年发表的一项研究。这篇论文分析了数千种人类语言，试图寻找声音和含义的关联。研究团队发现了大约100个原始词汇；它们在各个大陆和语言谱系中都很相似，其中包括"星星"、"树叶"、"膝盖"、"骨头"、"舌头"和"鼻子"。这些关联的分布和历史表示，原始词汇并不是继承或借用的，而是分别独立出现的。

同样的事情会发生在鸟类身上吗？菲尼问道："杜鹃能拥有一个全球鸟类通用的'国际词汇'吗？"

菲尼从一个丝刺莺巢中拿出了一枚杜鹃卵，并用手机的闪光灯从下往上照。我们看到了胚胎的轮廓，一只正在发育的杜鹃雏鸟在里头蠕动。这是一个很常见的景象，却莫名地美丽与神奇。为了把卵产到这个巢里，杜鹃的雌成鸟花费了许多心思。这枚卵在铺满羽毛的鸟巢中发育，在养父母的体温下孵化；幸运的话，它将一直受到宿主的照料，直到羽翼丰满。想到这里，我不由得感到更加奇妙。

内奥米·朗莫尔说："这真是一种非常艰难的繁殖策略。有趣的是，这些巢寄生鸟类总被人们看作骗子和懒虫。实际上，它们的工作非常困难，具有很高的挑战性，尤其是对雌鸟来说。"

假设你是一只杜鹃雌鸟——

"为了找到足够的鸟巢，它忙得不可开交。"朗莫尔说。鸟巢的位

置通常是非常隐蔽或刁钻的。而大多数证据表明，杜鹃雌鸟需要观察筑巢的过程，追踪成年宿主的行动，在不被注意的情况下找到鸟巢。

一些巢寄生鸟类的雌性对于下手目标十分挑剔，它们往往要在一个种群当中选择最好的养父母——经验丰富的成鸟具有更高的育雏成功率。它们该如何做到这一点呢？也许，它们可以衡量前一年的繁殖状况，并锁定成功率较高的养父母。人们认为，雌性褐头牛鹂会评估上一年的后代存活率，从而再次寄生于表现良好的宿主，避开育雏失败的宿主。或许，它们可以偷听和观察亲鸟之间的性信号，比如装 294
饰、鸣唱和求偶炫耀的质量，在群体中的地位，筑巢时的活跃度，鸟巢的尺寸和结实程度——这些都是评判父母资质的可靠指标。它们只需要站在远处观望，无须惊动附近的鸟类，就能收集到所有信息。

在朗莫尔所研究的种群内，每一对杜鹃寄生在10只到15只细尾鹩莺的鸟巢中。因此，雌性杜鹃不得不造访十多个不同的地点，以便监视细尾鹩莺的筑巢过程。一些巢寄生鸟类必须跟黄尾刺嘴莺(*Acanthiza chrysorrhoa*)之类的宿主竞争。为了防止被寄生，黄尾刺嘴莺会选择一些特殊的邻居——在雕的大型领空下筑巢，或靠近其他的捕食者。非洲的织巢鸟也是如此，它们把巢建造在带有攻击力的昆虫附近。北美的美洲黄林莺紧挨着红翅黑鹂筑巢，因为后者对褐头牛鹂具有极强的攻击性。

杜鹃每选择一个巢址，都会关注雌性细尾鹩莺的筑巢进度。当细尾鹩莺完成工作后，杜鹃就会趁其不备潜入巢中，检查宿主是否产卵。细尾鹩莺的产卵期只有短短的3天，所以雌性杜鹃必须把握好自己产卵的时机。它一定要在细尾鹩莺开始产卵的时候行动，否则它的卵就会被拒之门外，甚至成为巢材的一部分。詹姆斯·肯纳利说：“杜鹃必须找准时机，才能与宿主的繁殖精确同步。如果卵孵化得太早，宿主很有可能弃巢而去。当然，如果卵孵化得太迟，杜鹃雏鸟就无法与宿主的后代争夺食物了。”

杜鹃会定期巡视宿主的鸟巢，查看巢中的鸟卵数量。一旦时机成熟，它会移走巢中的一枚卵，再换上自己的；这样一来，细尾鹩莺就察觉不到其中的“猫腻”了。丝刺莺每隔一天产一次卵，令杜鹃的诡计难以得逞；这可能也是一种避免被寄生的方式。如果宿主在产卵的“间隔日”发现巢中多出一枚鸟卵，那它就很可能弃巢。

在实际的产卵过程中，杜鹃必须动作敏捷，做得神不知鬼不觉。
295 它落在离巢一两米的灌丛里，再飞到圆顶巢上，从前侧的洞口钻进巢内。它将尾巴伸展开来，暴露在洞口外。一眨眼的工夫，它就产好了卵，后退着离开鸟巢，用嘴叼着宿主的卵飞走了。

它只在鸟巢里待了6秒钟。

即使疲惫，杜鹃也不能休息。它还要寻找更多的鸟巢，为接下来的产卵做准备。它必须记住每个鸟巢的准确位置和工作进度，以免在已经被寄生的鸟巢里再次产卵。否则，它可能会导致自己的后代相互残杀。

寻找鸟巢、观察宿主的行动、校准自己的产卵时间——这一切都要神不知鬼不觉地完成。一旦事情败露，附近的鸟类就会大闹一场，对它群起而攻之。在一个繁殖季内，杜鹃要将这个过程重复10次到12次；这意味着它最多要监视12对亲鸟和12个鸟巢。它留意着所有监视对象的活动，敏锐地观察，四处奔走，并在脑子里做好详细的笔记。

与非寄生性的鸣禽相比，巢寄生鸟类的大脑更小一些。朗莫尔说：“但是，它们有着绝妙的空间意识。这可能与大脑空间的配置不同有关。鸣禽具有惊人的神经回路，用于学习鸣唱；杜鹃则不具备这一点。但巢寄生鸟类拥有更大的海马体，这一大脑区域主要参与学习和记忆环境的空间方位。”针对牛鹂的研究表明，雌鸟的海马体体积比雄鸟更大。其中的原因显而易见——雌性牛鹂正是搜寻鸟巢的一方。在一项实验中，研究人员模拟了牛鹂在野外寻找宿主鸟巢的情形，让雄鸟和雌鸟在一片区域内活动，并于24小时内记住特定的位置。结果显示，雌性牛鹂在空间记忆方面的表现也优于雄性牛鹂。

在野外工作的这段时间里，我发现自己更支持小小的细尾鹩莺，
强烈地鄙夷杜鹃的生存方式。但事实上，后者的处境更为艰难。即使 296
雌性杜鹃想方设法地抓住时机，把自己所有的卵都塞进宿主巢中，其中大多数的卵还是会成为捕食者的口粮——这个比例约为68%。就算杜鹃的雏鸟成功孵化，细尾鹩莺也可能会抛弃它。朗莫尔说：“因此，杜鹃的成功率非常低。一年中能有三四只杜鹃健康长大，就足以让我们激动万分了。”

空间信息、时间信息、社会信息、敏锐的观察力——雌性杜鹃闯过重重难关，将这一切安排得井然有序、严丝合缝，以保证本物种的繁衍。

朗莫尔说：“这是一类多么精确的生物啊。通过这场光怪陆离的
进化军备竞赛，它们已经成了世上最强的鸟类观察者。” 297

第十四章

女巫与开水壶的托儿合作社

试想一下，你待在鸟类的树状谱系图上，穿梭于树枝之间，寻找一种特别的育儿风格。这种风格与灌丛塚雉或扇尾杜鹃的极简主义有着天壤之别，为后代提供最大限度的关注、养育、奉献和保护。你可能不会立刻在杜鹃的另一条进化分支上安顿下来。毕竟，雕、鹭、帝企鹅、鹗和燕鸥都付出了大量的时间与精力，为自己的卵提供温暖，为后代提供无私的照料，甚至到了一种“过分”的地步。

然而，大犀鹃是一个特例。这是一种大型的黑色鸟类，拖着长长的尾巴，喙上还有一个硕大的隆起——它们因这个特征而被西印度群岛的土著称为“女巫鸟”。大犀鹃是杜鹃科的一员，总是吵闹而笨拙。博物学家阿奇·卡尔曾写道，这种鸟的“降落方式极为不连贯，仿佛是被扔进灌丛里一样”。不过，它们以奇特且卓越的群体育雏系统而闻名。大犀鹃会展现出非比寻常、惹人喜爱的集体凝聚力，就像是意气风发的动员大会。

大犀鹃聚集在巢边，进行令人震撼的集体演出，每天重复好几次。 299
这种炫耀行为是独一无二的。克里斯蒂娜·里尔说：“它们看起来就像是在比赛前相互鼓劲的橄榄球运动员。”它们肩并肩地围成一个圆圈，所有个体都将喙指向中心，然后开始齐声合唱。它们发出一长串咯咯声，仿佛是水沸腾的声音或舷外发动机的嗡鸣。于是，南美洲人民给大犀鹃取了另一个外号——“开水壶”。这种合唱能持续10分钟以上。

大犀鹃是杜鹃家族中的异类，具有令人陶醉和放松的魔力。里尔是普林斯顿大学的生态学和进化生物学助理教授。10多年来，她一直在研究这种鸟。她凭借自身的智慧和莫大的勇气，聚焦于大犀鹃背后的三个有趣谜团，以及这些谜团当中潜藏的问题——鸟类的合作可以达到怎样一种程度？其中的原因又是什么？

在里尔向我展示的一段视频中，四只笨拙的大鸟挤在一个篮子状的鸟巢里。鸟巢位于树木的主枝，由枝条搭建而成，悬挂在巴拿马的一条沼泽性河流上。巢中有一大堆鸟卵，分别来自多对不同的亲鸟。大犀鹃是合作繁殖者。鸟类在兄弟姐妹、后代或（放弃自我繁殖的）其他个体的帮助下养育后代，曾被认为是极其罕见的育雏方式。如今，我们知道世上有9%的鸟类（超过900种）会进行合作繁殖，共同分担亲代抚育的职责，其中包括橡树啄木鸟、丛鸦（*Aphelocoma coerulescens*）、西蓝鸲（*Sialia mexicana*）和澳大利亚境内的多种细尾鹩莺。大多数合作繁殖者都是“兼性”的，也就是说它们可以在没有帮手的情况下成功繁殖。相对而言，像大犀鹃这样的“专性”合作者较为少见，它们只有在其他个体的协助下才能把雏鸟抚养长大。

这种行为已经困扰了生物学家几个世纪。人们总在思考：为什么个体会放弃自己的繁殖机会，心甘情愿地充当辅助性角色，帮助其他个体抚养后代？达尔文担心，存在于蜜蜂和其他昆虫当中的类似行为可能会对他的自然选择理论造成致命的打击。20世纪60年代，红肋绿鹦鹉的羽色几乎让威廉·汉密尔顿丧失了信心；但在后来，他
300 的广义适合度理论拯救了达尔文的学说。这一理论也被称为亲缘选

择——亲属与自身具有较高的基因相似性，因此，协助亲属繁殖也是将自身基因遗传下去的一种方式。我们可以从一位生物学家的寥寥数语中看到这一理论的影子。他写道："我准备为两个亲兄弟、四个堂亲或八个表亲奉献生命。"通过照料亲属，不参与繁殖的帮手获得了"间接"的适合度：即使它们没有直接将自身基因遗传给后代，它们的部分基因也会间接地在家族谱系中延续。

大多数合作繁殖者都处在紧密结合、以家族为单位、由遗传亲属所组成的群体中，而上一窝出生的个体会协助它们的父母抚养新的一窝雏鸟。

然而大犀鹃不属于大多数，它们的合作成员在基因上并没有什么联系。为了得到这一结论，里尔经历了艰难而繁重的工作。通过野外追踪，她对40个到60个公用鸟巢进行了长达10个繁殖季的观测，记录每个鸟巢的繁殖状况，从成鸟和幼鸟身上采集血样，对巢中的每只个体进行DNA测序，确定每只雏鸟的生母身份，以揭开它们的遗传关系。

对于鸟类形形色色的繁殖和社会系统，尤其是合作繁殖，里尔表现出了浓厚的兴趣。10年前，她开始了自己博士生阶段的研究；她说："人们假设，合作繁殖中的个体之间往往有亲戚关系。合作只在家庭成员当中进化。这完全是一种亲缘选择：通过协助亲属繁殖，个体也能将自身的基因遗传下去。"

但正如里尔所发现的那样，大犀鹃并不符合这个假设。它们似乎更喜欢与陌生的个体长期生活在一起，并合作营巢。这就是第一个谜团：为什么鸟类会和不相关的个体联合起来，共同完成抚养后代的重任？

里尔从小就喜欢鸟类。她说："我最大的爱好就是拿起双筒望远

301 镜，走出家门，辨识各种各样的鸟类。”大学毕业后，她来到肯尼亚工作，致力于研究高度群居的白腹灰蕉鹃，记录该物种的利他行为。这种鸟具有独特的鸣声，听起来就像“g’way!”（走开！）；它们的英文名(go-away bird) 正是由此而来。当里尔和她的博士生导师第一次到巴拿马研究动物的运动时，她就被大犀鹃深深地吸引了。虽然大犀鹃是一种相当常见的鸟类，但没有人对它们做过野外研究，这让里尔感到十分惊喜。她说：“我明白，它们总是待在原地不动，根本就不适用于动物运动研究。不过，它们却是研究社会行为和繁殖行为的绝佳对象。”

在从阿根廷到巴拿马境内的亚马孙流域，大片潮湿的热带雨林郁郁葱葱。沿着湖泊、河流和小溪两岸的林地，我们就能找到大犀鹃的身影。里尔的研究样地位于其分布区的北端，即巴拿马中部的巴罗科罗拉多岛。在这座岛边缘的湿地中，大犀鹃的数量十分可观。

里尔说：“它们确实是一种群居鸟类。”在非繁殖季，大犀鹃会形成包含约100只个体的庞大群体，共同栖息。但到了雨季，育雏的时节来临，它们就会结成紧密的小团体，其中包括两到四对没有亲戚关系的伴侣和一对不打算繁殖的帮手。另外，它们也是一种社会单配制的动物。它们一起筑巢，一起产卵，几乎每只雌鸟都达到了同步的状态。它们共同分担育雏的工作，把这窝来自不同父母的雏鸟抚养长大。里尔表示，这种繁殖团体非常稳定，通常能够维持10年，甚至更久。它们不会迁徙。相反，“它们长时间地待在一起。这样一来，它们就有机会相互了解，分享合作育雏的经验”。

里尔向我展示了几张鸟巢的照片。巢中铺着鲜绿色的树叶，堆叠着十几个缀有蓝色花纹的雪白鸟蛋；它们分别来自三只没有亲戚关系的雌鸟。她解释道：“这些鸟卵包含了一群互不相关的兄弟姐妹。其中三枚来自一对亲鸟，另外三枚来自另一对亲鸟——它们是没有亲属关系的合作伙伴，却住在同一个屋檐下。”

成鸟无法从这堆鸟卵或稍后孵化的雏鸟中辨认出自己的后代。与苇莺或鹪莺不同，大犀鹃的鸟卵不带有任何的个体特征。里尔说：
“没人知道巢中的鸟卵或雏鸟究竟属于谁。”所有的成鸟一同分担育 302
雏工作，可谓无微不至。它们为巢中的鸟卵保暖，轮流站岗放哨，寻找体大多汁的蚱蜢、螽斯、蝉和蜘蛛，以确保雏鸟获得身体发育所需的营养。刚孵化的雏鸟还未睁开双眼，全身裸露；但五六天后，它们就可以爬到巢外，学会游泳和爬树。雏鸟从鸟巢跳到下方的水里，游回树的根部，然后再爬回鸟巢，一边爬一边用喙钩住树枝，利用翅膀将自己向上推。成鸟警觉地看着它们，轮流放哨，以防捕食者的袭击。

这是一个极端的鸟类版《我们欢聚一堂》*，就像人类在一个安稳的、秩序良好的集体住宅中抚养孩子。与各种类型的公社一样，它需要一定的协调和合作。里尔想知道，大犀鹃是如何组织运作这一切的？在合作繁殖的初期，这么多不同的个体是如何就做法达成一致的呢？

这就是第二个谜团。她表示，人们非常了解圈养动物的行为，知道它们如何学习，如何解决问题，如何共同做出选择；但我们对野外的状况知之甚少。“蜜蜂就是一个很好的例子，向我们展示了达成共识的方式。它们通过跳舞来交换信息，评估合适的巢址，为群体选择一个新家。”

那大犀鹃是怎么做到的呢？

对于它们来说，最重要的群体决策就是选择巢址。安全的巢址十

---

* 《我们欢聚一堂》是美国电影《歌舞青春》的一首插曲。——译注

分稀少，却是繁殖成功的关键。大犀鹃喜欢在水面之上筑巢，比如在河边和湖边的沼泽植被中，或是在悬垂于水面的树枝或藤本植物上。这些地方不易受到蛇和猴子的攻击。不过，这种巢址也给野外研究人员带来了严峻的挑战。

2006年，里尔开始了她的研究。在此之前，人们对大犀鹃的了解十分有限。生物学家大卫·戴维斯早在几十年前就试图研究这一物
303 种，却因为实地调查的困难而放弃了。他写道："哪怕我们一直划着独木舟，想要跟上大犀鹃也几乎是不可能的事情。当它们钻进茂密的灌丛，或是进入河道两边的沼泽平原时，我们束手无策。"小型的平底摩托艇帮助里尔攻克了这一难题。她可以沿着河岸缓慢移动，跟随成年的大犀鹃。在过去的10年里，她和她的团队通过这种方式成功地监测了40多个鸟巢，记录了每一颗鸟卵和每一只雏鸟的情况，采集了大量的血液样本，并用巢内摄像机捕捉到珍贵的影像资料。除了寻常的蜜蜂、胡蜂、蚊子、红尾蚺（*Boa constrictor*）和中暑之外，他们还要面临前所未有的后勤挑战和其他危险，比如一片淹没于水下的树林。

在巴罗科罗拉多，里尔的野外研究站坐落于加通湖中央。这是一座建于1914年的人工水库；当时，人们在查格雷斯河上修建大坝，令船只可以双向通行。在现场，你可以看到巨大的货柜船在开阔的水域上来回穿行。这座岛屿曾经是一座小山包，被潮湿的热带森林重重环绕。如今，它已经被大坝所蓄的水隔绝成一座岛了。里尔说，岛屿周围的水域看起来十分平静，船只似乎可以通行无阻；事实上，在这波澜不惊的水面之下，竖立着成千上万的树桩。它们都有上百年的历史了。"我们必须不断地调整方向，躲开水下的树桩。碰撞是常有的事故，船只损坏的次数连我都快记不清了。"

另一个重大的威胁也隐藏于水面之下——

鳄鱼。

“我们无法保证下水的安全，因为到处都是鳄鱼——张着血盆大口的鳄鱼。因此，我们的工作都只能在摩托艇上进行，还必须时刻保持警惕。”当里尔团队打算在岸边架网捕捉成年大犀鹃时，真正的挑战开始了。研究人员在与河岸平行的浅水区中插上杆子，布设鸟网，以便捕捉飞越水面的大犀鹃。里尔说：“架设鸟网的过程实在是太痛苦了。我们要确保杆子插在正确的位置，还要确保鸟网在杆子之间形成恰到好处的张力。然而，摩托艇在水上漂浮不定，大大增加了我们的工作难度。” 304

在一次工作中，里尔刚刚竖起一张鸟网，一只大犀鹃便径直撞了上去，并开始奋力挣扎。她说：“在回收撞网的鸟时，我们会乘坐小型的塑料独木舟。这是一项非常棘手的任务。我们要划着独木舟靠近鸟网，小心翼翼地站在晃晃悠悠的小船上，把网上的鸟解下来。”那一次，里尔划着船来到网前；当她正准备站起来时，一只巨大的鳄鱼忽然从水中扑了出来。她回忆道：“那简直就像《大白鲨》[*]里的场景。它几乎吞噬了一切，包括挂在网上的大犀鹃和杆子之间的整张鸟网。眼前的东西都被它扯了下来。我坐在小小的塑料独木舟里，呆呆地看着这场突如其来的浩劫，心想，或许架设鸟网不是个好主意……”

在美国将运河移交给巴拿马并结束了对鳄鱼的管控措施后，它们的数量上升了。沿着河岸捕捉大犀鹃成鸟变得越来越危险。里尔说：“我们曾被迫暂停这项工作。我甚至会因此做噩梦，梦到划着小船的野外助理被鳄鱼一下子掀翻。但后来，我们又重新开始了。每个人都

* 《大白鲨》是上映于1975年的一部美国惊悚电影，讲述一只食人大白鲨与人类之间的斗争故事。——译注

能意识到危险的存在，也变得格外谨慎。”

虽然鳄鱼偶尔会捕食大犀鹃的成鸟，但巴拿马的白脸卷尾猴(*Cebus imitator*)和蛇才是大犀鹃真正的敌人。里尔在鸟巢中发现过藤蛇和鼠蛇；它们的身体明显隆起，显然是刚刚吞下了大犀鹃的蛋。一般来说，热带鸟类的被捕食率很高。而在巴拿马，约有70%的大犀鹃巢遭到了攻击。蛇总会频频出现，日复一日地光顾同一个鸟巢，直到它被彻底掏空。规模较大的群体能够降低被捕食的概率，从而提高繁殖成功率。大的鸟群甚至可以杀死小型蛇类。

这可能是第一个谜团的答案：没有血缘关系的大犀鹃成鸟联合起来保护自己，运用群体的力量来击退威胁鸟巢的捕食者。里尔说：“群体成员越多，巢中的雏鸟就越有可能平安长大。”

但是，大型群体中的任何事情，尤其是繁殖、育雏和共同保护后代
305 之类的复杂工作，都需要有组织的团队合作。

哪怕只是一对亲鸟，也要为繁殖进行一丝不苟的协调与合作。雄鸟和雌鸟共同参与到一系列的行为当中，为求偶、交配和筑巢做好准备。早在20世纪50年代，针对鸽子的研究表明，这些行为必须达到高度同步。雌鸟要听到并看到配偶的炫耀行为，才能激发自己筑巢和产卵的欲望。来自雌鸟的诱导因素会反过来作用于它的配偶，促使其开始孵卵。里尔说：“通过行为和炫耀，这种精确匹配的相互作用推动它们在生理上同时进入下一个繁殖阶段。”这种阶段的改变实际上是生殖激素的变化。

“大犀鹃也有类似的反馈程序，但它们必须在两到三对伴侣中完成这项任务。”群体中的繁殖个体可能是4只、6只或8只；不论是雄鸟还是雌鸟，都要在同一个巢址安顿下来，同时做好繁殖的准备。

接着，它们要开始分配照看鸟巢的工作：现在轮到谁来孵卵？接

下来该由谁来喂食?

在成对育雏的鸟类中，孵卵和觅食是无缝衔接、紧密穿插的。例如，许多鸣禽的亲鸟轮流孵卵和喂养雏鸟。在卵孵化后的短短几周内，两只亲鸟分别要带回2 000种食物，其中包括昆虫、果实和蠕虫。有了这些食物，雏鸟从弱小、裸露和脆弱一步步走向羽翼丰满。某些雏鸟的体型甚至能发育到原来的20倍。

长久以来，科学家们认为，无论是孵卵还是喂食，亲鸟都付出了一定程度的劳动，而工作量的大小仅仅是由基因决定的。但在20世纪80年代和90年代，关于鸣禽的几项实验推翻了这一观点。亲鸟以相似的频率回到巢中，轮流给雏鸟喂食。但如果你移除其中一只亲鸟，另一只亲鸟就会有意地做出补偿，通过更加勤奋的工作来弥补空缺。这意味着亲鸟双方会审视对方的投入程度，并据此来调整自己的投入程度。对于配偶的工作量，不同物种的敏感度各有差异，就连个体之间也存在区别。蓝脚鲣鸟 (*Sula nebouxii*) 是这个领域的佼佼者，它们总能公平地分配工作量。家麻雀没有达到协作和平均主义的最佳平衡点，常常忽略配偶在工作效率上的变化。(除非它们察觉到不忠行为 306
的存在。在这种情况下，它们都会抑制自己的工作强度。研究表明，若是配偶产生出轨的倾向，雄性家麻雀会减少提供给后代的食物。) 另一方面，大山雀站在了平等的制高点；每只亲鸟都能灵活地适应配偶，配合对方的努力。不过，大山雀中也存在着所谓的“协调连续统” (negotiation continuum) [*]；一些个体能对配偶的行为做出快速反应，而另一些个体就不那么灵敏了。

---

* “协调连续统”用于描述亲鸟中的一方对另一方行为的反应程度。个体在“协调连续统”上的位置，部分取决于它对另一方所表现出的行为做出身体反应的程度，部分取决于对方提供的信息质量。因此，个体的位置是某个范围内的连续值。——译注

从协同育雏的角度来讲，微妙的配偶间相互作用不仅出现在鸣禽当中。侏海雀（*Alle alle*）的亲鸟会轮流进行长时间和短时间的外出觅食。环颈鸻（*Charadrius alexandrinus*）是一种在地面筑巢的水鸟，繁殖于炎热的沙地；为了避免鸟卵升温过高，亲鸟之间也要进行适当的相互配合。

把这些工作的组织难度乘以二、乘以三或乘以四，我们就会看到大犀鹃所面临的现状。里尔会告诉你：观看大犀鹃群体把这些烦琐的工作组合起来，实在是一件令人沉醉的事。在大多数合作繁殖、以家庭为基础的鸟类群体中，只有一对亲鸟占主导地位，而其他成员的工作是帮助这对亲鸟抚养后代。大犀鹃的做法要平等得多，每只个体都有繁殖的权利。在完成每项任务的过程中，它们似乎具有一种团队精神。里尔表示，所有的群体成员都会参与到筑巢工作中；每对亲鸟轮流上阵，用树枝堆砌出一个庞大的巢，就像接力一般。一对亲鸟所花费的时间从几分钟到一个多小时不等——雄鸟负责搬运，雌鸟负责堆砌——直到另一对亲鸟前来接手，上一对就会不假思索地离开，里尔说，“仿佛双方协商一致”。只要有一个成员发出警报，整个团队会迅速集结起来，共同应对危机。

然而，一旦巢中出现第一枚卵，事情就会突然发生转变，它们开始变得不那么和谐了。还没开始产卵的雌鸟会毫不客气地将巢中的卵移除。里尔向我展示了这一惊人的片段：一只雌性大犀鹃落到巢中，赫然发现一枚单独的卵。它低头检查一番，用喙把卵推向自己，再将其滚到鸟巢边缘，最终推出巢外。扑通一声，这枚卵掉进了下方的水
307 里。里尔指出：“它们的行动非常笨拙。我曾见过雌鸟把卵夹在两腿之间，用力地往外推，结果卵从腿缝中溜走，又掉回了鸟巢里。”

这就是第三个谜团。在这种紧密结合、追求平等的合作关系中，

准备繁殖的雌鸟为什么要排斥其他成员所产的卵呢?

人们发现,其他集群筑巢的鸟类也有类似的行为。鸵鸟生活于地面环境,会把其他成员的卵滚到鸟巢边缘——就像扔掉碍事的废弃物一样。康奈尔大学的沃尔特·凯尼格曾目击另一个案例:同样是集群筑巢的橡树啄木鸟探出巢洞,嘴里衔着一枚卵,正准备将其丢弃。在脊椎动物的世界中,橡树啄木鸟的合作繁殖系统可以称得上是最复杂的系统之一。一个家庭团体由多达7只的有血缘关系的雄鸟和3只有血缘关系的雌鸟组成,外加一堆帮手;它们都在一个鸟巢中产卵。与大犀鹃一样,如果一只雌性橡树啄木鸟尚未产卵,却在巢中发现了提前出现的鸟卵,它就会将其毁灭。这种做法导致了三分之一以上的鸟卵被毁。不过,凯尼格和他的同事罗恩·穆默发现,被打碎的鸟卵并不会就此浪费。橡树啄木鸟将所有的鸟卵碎片带回树上,与所有的群体成员一同享用,包括这枚卵的母亲。穆默称之为"集体食卵"。

至于提前产卵的雌性大犀鹃,尽管其后代被其他雌鸟杀死,但它们并没有表现出反抗。里尔说:"它们既没有保护自己的卵,也不会采取报复行动。"大犀鹃卵的尺寸特别大,几乎占雌鸟体重的20%。因此,它们的牺牲可不是一件无足轻重的小事。

至少这种安排是平等的。里尔说:"哪只不幸的雌鸟会第一个产卵呢?这似乎是个随机事件。"产卵的先后顺序与年龄、经验或加入群体的时间长短都没有关系。当一只雌鸟产卵后,它就不会再排斥其他个体的卵;一旦所有雌鸟都开始产卵,这种破坏就彻底结束了。它们的本性仿佛在激素、生理和精神方面进行了调整。所有群体成员都进入关爱、守护、照料这一窝卵的状态,几对亲鸟开始各司其职,协调育雏工作的方方面面。 308

如何让每个人都唱出同一首歌呢?

显然，大犀鹃的做法与球队一样——让群体成员时常聚在一起。一只大犀鹃发出响亮而独特的鸣叫，召唤自己的“队友”。那是一种音调很高的“咔——咔——咔”声，仿佛是传令官吹响了号角，并且只在发生炫耀行为的时候出现。群体中的任何一只鸟都可以发出这种鸣叫。里尔解释道：“这是一种召集或呼唤的声音，就好像在说：‘来吧，朋友们！让我们聚到一起，让我们开始表演，让我们一同歌唱！’”其他的群体成员都飞了过来，就连距离很远的个体也不例外。它们停在发出召唤的大犀鹃身旁，喙朝内围成一个圈——但有一只个体除外；它站在外围的边缘放哨，谨防捕食者偷袭。有时，圆圈中的大犀鹃会触碰彼此的喙；有时，它们进进出出，爬上爬下，争抢位置，或围着其他个体跳来跳去。但不论怎样，它们总是把喙指向圆圈的中心。然后，“传令官”将高亢的咔咔声换成了低沉的、带有机械音色的咯咯声，所有个体都参与进来。

里尔曾观察过30多个不同群体的140多场环形大合唱。她发现，这种炫耀行为会在一天当中多次出现。一旦“传令官”发出召唤，群体成员就会蜂拥而至，加入合唱。里尔说：“这种洪亮的信号具有共享性和同步性。显然，所有的个体都参与其中。它的同步性具有什么意义吗？不同个体间存在擅长程度方面的差异吗？在这一声学信号当中，还有许多我们尚未理解的信息。”

在很大程度上，大犀鹃集群合唱的原因仍是一个未解之谜。里尔说，非洲的绿林戴胜（*Phoeniculus purpureus*）也是合作繁殖者，它们会表现出类似的集体合唱行为，并将其运用于邻近群体之间的领地争夺。但在面对领地冲突时，大犀鹃很少用炫耀的方式做出回应。

里尔说：“我们正在尝试一些控制实验，以明确这一行为的具体功能。我猜测，它与整个群体的协调有关。在选择巢址、开始产卵之前、完成产卵之后，以及繁殖周期再次开始的时候，大犀鹃的炫耀次数都会显著增多。”一旦开始产卵，它们就几乎不再有炫耀行为了。 309

里尔怀疑，这种炫耀行为拥有不止一种功能。她说，“它或许还能加强成员之间的社会联系”——就像某个团队的例会一样。在其他以家族形式进行合作繁殖的鸟类中，亚成鸟充当成鸟的帮手，只待一年就会离开；群体中的成员来来去去，并不具有固定性。里尔说，相反，“大犀鹃的群体会维持很长时间。我们的研究开始于2006年，有些群体从始至终都没有变过”。在遭遇蛇或猴子之后，这种炫耀行为可以增强集体的凝聚力、巩固成员之间的关系，仿佛在说：“还好，我们都从捕食者手中活了下来。一切都会好起来的。”它可能还有更深层次的生物学功能（“我准备好产卵了，你呢？”）和更深层次的社会功能，可以促进群体决策——比如对巢址的选择（“我想在这里筑巢，你呢？”）。里尔的初步发现表明，群体中的不同亲鸟通常会在领地内筑造多个鸟巢，而这种行为影响了最终的巢址选择。

里尔想知道：“在这种集体讨论会上，每只大犀鹃是如何‘投票’的呢？它们又该如何解决分歧，协调相互冲突的意见？”

最近，就多方决策问题的其中一个层面，里尔发现了大犀鹃的解决办法。当涉及最重要的孵卵工作时，它们不会均等地分配工作量。一只雄鸟将完成大部分的孵卵工作，而另一只雄鸟将充当唯一的夜间孵卵工。里尔说：“到了夜晚，坐在巢中的大犀鹃总是同一只。从效率和安全的角度来看，这都是一种恰当的做法。假设它们每晚都要做决定，‘今晚由谁来保护和孵化鸟卵呢？’——那么在六七只大犀鹃当中协调这项工作就非常难了。或许，在夜间工作的雄鸟会付出一定的代价，但这个方法的优点是消除了鸟卵被暴露在外的风险。”

里尔还发现，团队合作的好坏存在着巨大差异。她说：“有些群体

高度同步，能做到步调一致。它们一同做出重大决策，擅长于育雏工
310 作的组织协调。而有些群体做得一塌糊涂。它们不明白产卵的时间，无法同步繁殖。雌鸟A产下一枚卵，雌鸟B将其移除。两天后，A又产了一枚卵，B再次将其推出巢外。又过了两天，A产下第三枚卵，却还是被B丢掉。到了某个时刻，雌鸟A终于忍无可忍，说道：‘我已经产了五枚卵，现在却一个也不剩。我要离开这里！’这样的不同步可能会导致整个群体的溃散，为所有个体带来无妄之灾。它们只能把巢中的鸟卵全都丢弃，而雏鸟将会葬身于捕食者之口，群体成员最终各奔东西。”

为什么一些群体能够团结协作，而另一些却分崩离析？里尔说：“我们目前还无法回答这个问题。但令人兴奋的是，大犀鹃为人们提供了一个机会，让我们可以了解这些复杂的社会群体，探索它们的合作方式及成功的必要条件。”

在一个复杂的社会中生活，会对鸟类的认知能力产生很大的影响。科学家们发现，动物的社会生活确实改变了大脑，增强了作为认知基础的神经机制——神经调质的合成与释放、神经元之间的突触形成与强化、新神经元的产生。群居生活需要大量的认知技能，比如学习、记忆，甚至还包括以其他个体的视角看待问题的能力。个体还需要识别群体中的每个成员，记忆发生过的社会互动，预测对方的行为，甚至掌握群体当中其他成员之间的关系。

通常来说，生活在大型群体中的鸟类已经发展出复杂的信号系统，其中包括听觉信号和视觉信号。或许，它们还能修改自己的声学信号，以便对更新、更详细的信息进行编码。它们解决问题的能力也得到了提升。我们从蜜蜂和鱼类研究当中获悉，在较大的群体中搜集

信息，可以提升解决问题时的表现。比起单打独斗，能够合作应对挑战的鸟类可能更具优势。这也许能解释澳大利亚的许多鸟类为何具有极端的行为和高超的智商。作为复杂社会中的常住居民，它们与群体成员建立了终身的联系，而且拥有很长的繁殖季。因此，它们的群 311
体互动比北半球的鸟类更为复杂。后者多为迁徙的候鸟，只有在相对短暂的繁殖季中才会成对地生活在一起。

西澳大利亚州的黑背钟鹊也是采用合作繁殖策略的鸟类。针对该物种的最新研究表明，在智力发展方面，群体当中的个体越多，它们的智力水平就会越高。埃克塞特大学的亚历克斯·桑顿和西澳大学的本·阿什顿、阿曼达·里德利在野外测试了黑背钟鹊的认知能力。他们在不同规模的群体中选取实验对象，这些群体所包含的个体从3只到12只不等。研究人员发现，生活在大型群体中的个体更善于解决认知问题。该团队测试了黑背钟鹊的各项能力，其中包括把特定的颜色与食物的存在联系在一起、记住食物的所在位置的能力，以及自我控制的能力——它们能否迅速采用迂回的方式获得透明障碍物后面的食物，而非直接去啄障碍物——这是衡量智力的可靠指标。成长于大型群体的鸟类能够更快地学习和记忆，也更能控制自身饥饿的冲动。桑顿说："结果表明，大型群体对于个体成长所提出的挑战推动了认知能力的发展。"智商更高的雌性黑背钟鹊也会成为更好的母亲，孵化出更多的卵，成功地养育更多后代。此外，该团队于2019年表明，这些鸟类中的大型群体能够做出更多的创新性行为，进而促进社会当中的信息传播。

复杂的社会生活需求可能也激发了大犀鸟的智力进化。首先，认识并了解所有群体成员并不是一件容易的事。里尔说："它们不是一起长大的同伴，而是成年后才走到一起的陌生人。它们要学着了解彼此——‘噢，你是我的伙伴，但它不是’——这可能需要个体掌握识别鸣声的技巧。”在大犀鹃的合唱中，复杂的交流里也包含着一些细致的
312 认知，就像它们的集体决策一样。

里尔表示，动物进行集体决策的方式依然是科学界的一大难题。“不同动物拥有不同的决策机制。有时，某个占主导地位的个体率先做出选择，‘就这样吧，其他人都跟着我做’。有时，决策是一个群体达成了共识。集体决策涉及一种能力，即个体能否在该过程当中意识到‘多数派’的含义或共识达成的阈值。我们不知道大犀鹃的决策机制是怎样的，但它肯定涉及认知上的判断——‘这里发生了什么？’‘大家都认为这里是/不是一个筑巢的好地方吗？’——这是一件很难理清的事情。”为了弄清楚大犀鹃如何处理如此复杂的智力任务，里尔开始为它们设计一套认知测试。

里尔认为，在家族谱系上，我们能从其他杜鹃的寄生生活中发现大犀鹃的影子，找到这种合作繁殖系统的起源。她说：“但有趣的是，大犀鹃不仅表现得像一种巢寄生生物，也充当了自己的宿主。它们就像是同种之间的巢寄生鸟类——把卵产在同类的鸟巢中，但不会离开自己的雏鸟，也不会抛下亲代抚育的工作。寄生者留在鸟巢中，为卵和雏鸟提供照料。”与宿主相同，它们也会排斥其他个体的卵。这就是第三个谜团的答案。里尔说：“如果雌鸟在自己产卵前发现巢中已有鸟卵存在，它就会将其视为寄生的鸟卵，除之而后快。”大犀鹃不喜欢这样的情况；这就像临盆的孕妇回到家中，发现婴儿床里突然多出了一个孩子——那多半不是自己的后代。正如大卫·戴维斯所说，“大犀鹃寄生在自己身上，并产生了宿主专一性”。

大犀鹃的群体炫耀行为在鸟类世界中是不同凡响的，也是在合作

繁殖开始后才出现的。

换句话说，大犀鹃的繁殖方式正在进化。里尔说："这是一种非常
具有可塑性的行为。目前，寄生行为的部分残留与对集体生活的适应
混合在一起，后者包括了群体炫耀和集体决策。然而，它们做不到完 313
美的协作繁殖。"

"这是我最感兴趣的部分，"里尔讲道，"我常常思考，这种怪异的行为组合该如何进化？最初的选择压力为它们指出了怎样的方向？随着时间的推移，它们将会如何变化？原始的寄生行为真的会转变成共生系统和真正的社会生活吗？"

数十年来，人们坚信合作繁殖全然依赖于血缘关系。但是，大犀鹃的案例代表了一条截然不同的道路。

里尔调查了数百种鸟类的合作繁殖系统。她将所有的类型归纳出来：有些种类只在单一的家庭结构中进行繁殖（成鸟按照一夫一妻制进行交配，亚成鸟充当抚养弟妹的帮手），比如细尾鹩莺和丛鸦；有些种类只与非亲属的个体合作，比如大犀鹃和林岩鹨；还有介于以上两者之间的种类，比如斑鱼狗和栗头丽椋鸟。斑鱼狗分布于非洲和亚洲；亲鸟拥有各种类型的帮手，包括亲属和非亲属。栗头丽椋鸟生活在无比喧闹的大型社会群体中；它们的群体最多可以包含40只个体，并且主要以血缘关系为基础。不过，其中也有许多不相关的雌鸟，以及有血缘关系和无血缘关系的混合雄鸟群。在里尔调查的213个物种当中，有94个物种具备复杂的亲属和非亲属关系，它们大多生活在澳大利亚、马达加斯加和新热带地区。换句话说，它们都不属于北半球。由不相关的个体所组成的合作繁殖群体，其实并不像我们过去以为的那样罕见。

那是另一个基于北半球的偏见假设。

为什么一只陌生的鸟会加入一个没有血缘关系的群体呢？里尔说,这当中的缘由因鸟的种类而异。

有时,鸟儿别无选择。就拿灰噪鸦(*Perisoreus canadensis*)来说,只有一窝中最年长的个体才有资格留在出生地。老大将所有的弟妹
314 逐出领地,迫使它们与没有血缘关系的个体合作。

有时,独立生活的成本太高了。阿曼达·里德利和她的同事发现,独自外出的斑鸫鹛会生活得非常艰难,孤苦无依。当觅食过程中没有了放哨的同伴,斑鸫鹛就必须依靠自己,变得更加警惕。它们获得的食物逐渐减少,体重也随之下降。从长期来看,独自游荡是一种不可持续的做法。因此,它们会以不繁殖的助手身份加入其他群体。

有时,单独的个体——尤其是雄鸟——会加入外来的伴侣或群体,以寻求交配的机会。它经常为雌鸟或雌鸟的后代带来食物,从而接近自己的目标。它将一直待到下一个繁殖季;等到那时,这种良好的品行可能会令它继承交配权。这种现象在斑鱼狗当中最为常见,但也出现在灰背隼、戴胜、刺鹩(*Acanthisitta chloris*)和波多黎各短尾鸿身上。独身的矿吸蜜鸟通常会成为合作繁殖的帮手里最勤奋的那一个。比起相互之间有血缘关系的其他帮手,它总能送来更多的昆虫和果实。等到繁殖雌鸟的配偶死后,独身者的行为增加了自己获得交配权的可能性。对于雌鸟来说,是否接受一名帮手作为配偶,取决于后者带给最后一窝雏鸟的食物数量。尽管独身者的机会很渺茫,但这种方法总比徒留在毫无繁殖机会的近亲群体中要好。

那么,为什么群体会接受陌生人呢？大犀鹃和其他合作繁殖者告诉我们,在抚养后代这件事上,集体合作比简单的雌雄配对效率更高,而且能提供更多的警戒,更好地抵御捕食者和巢寄生。(2013年,科学

家发现巢寄生鸟类和合作繁殖者的全球分布紧密重叠，证明了合作繁殖也许是针对巢寄生而进化出来的一种防御手段。）另外，大群体在争夺资源和巢址的过程中取代了小群体。正如我们所见，群体当中的个体数量越多，解决问题的能力就越强。最终，合作育雏的收益超过了共同繁殖的成本。

有时，一个大型群体的优势或必要性大得超乎想象。于是，鸟类甚至会绑架其他群体的幼雏，从而增加自己的成员数量。白翅澳鸦便是如此。 315

罗伯特·海因索恩说，白翅澳鸦是他的初恋。一天，他正在苦思冥想博士论文的课题，却偶然间在澳大利亚国立大学附近的小溪里撞见了这些鸟。他回忆道："它们的行为真是太奇怪了。那是一种引人注目、匪夷所思的炫耀：它们挥舞着翅膀和尾巴，露出白色的翼斑，跳着细碎的舞步，并瞪大双眼。瞪眼令它们的眼球开始充血，看起来就像是要从头骨中蹦出来一样。一只成鸟向刚学会飞行的幼鸟展示了这种行为。我想：'这是在干什么呢？'于是，我在那里坐了好几个小时，呆呆地看着它们。"

海因索恩恰好目睹了白翅澳鸦绑架幼雏的骇人行径。然而，这只是第一个阶段；他要经过多年的观察和研究才能看到事情的全过程。

在合作繁殖的另一个极端，白翅澳鸦形成了高度的专一性。没有多个帮手的协助，它们就无法养育后代。这与它们的觅食方式——挖掘土壤表面之下的甲虫幼体和蚯蚓有关。(这是一种高难度的取食方法，需要长期的技能训练——这也是白翅澳鸦常年与家人生活在一起的原因之一。）抚养一只雏鸟需要四只成鸟夜以继日地劳动，以搜集到足够的食物。对于白翅澳鸦来说，在这个充满挑战的环境中，它们只能通过集体生活来勉强维持生存。海因索恩表示，即使是在气候温和、土壤潮湿的年份，白翅澳鸦还是会不断地招兵买马，好凑出神奇的“四人工作组”。“它们总要跑到其他的群体里，试图把别人都引诱过来。”但在大多数情况下，一切都平静而祥和。它们每天都有条不紊地在落叶中翻找食物，几乎没有争吵或打斗。年幼的亚成鸟待在家中帮助它们的父母。

当干旱来袭，土地变得又干又硬，食物也不再充足时，情况可就大
316 不相同了。海因索恩说：“这样的年份简直是兵荒马乱。一些年长的繁殖个体死于饥饿，造成了彻底的社会动荡。白翅澳鸦的群体四分五裂。一些帮手带着年幼的个体组成了四处游荡的小群体，却因为个体数量过少而无法繁殖。这种临时的小团体很快就会再次解散。零星的个体到处乱飞，不断地组团、解体、重组，以寻找足够的帮手。”

这就是白翅澳鸦群体的至暗时刻。海因索恩说：“它们互相开战，破坏彼此的巢穴。”较大的群体偷袭较小的群体，欺凌、骚扰它们，偷走它们的雏鸟。

绑架始于一只雏鸟在地上蹒跚学步之时。此时，本群体的成鸟都会围在它身边。刚长出羽毛的雏鸟十分脆弱，无法飞行。海因索恩说：“它们只能扑腾两下，又落回地上。”因此，在捕食者和诱拐者面前，雏鸟都只能任人宰割。“白翅澳鸦的群体具有很强的凝聚力，成鸟会纷纷聚集到雏鸟身边。但是，一旦这只雏鸟稍稍走开一点，其他群体的成鸟就会盯上它。隶属于另一个群体的年长帮手会飞过来，做出舞翼摆尾的炫耀行为。雏鸟被眼前的景象牢牢吸引住，完全无法抗拒，最终被这只帮手带走。”从此以后，这只雏鸟将为新的群体效劳。“我认为，白翅澳鸦的行为与蚂蚁的‘奴隶制造’一样。蚂蚁也会偷走同种的其他个体，并让它们为自己工作。从家族中被绑架的雏鸟只能为一

群与自己没有血缘关系的鸟工作。它在这场交易中一无所获。”

白翅澳鸦的故事指出了合作繁殖的成因之一。或许，严酷、难以预测的环境有利于利他行为的进化——这可以被称作“严苛生活理论”。

最近，大量研究论文提出了合作繁殖的可能成因。里尔说：“这就是进化生物学家的研究目的，我们要找到确凿的证据和事物的一般驱动力。”也许，合作繁殖的出现是为了保护后代免受巢寄生鸟类、捕食者或恶劣天气的伤害，在处境窘迫的年份起到缓冲的作用。也许，它 317
是从条件适宜的环境中进化出来的；在这种环境下，配对繁殖的种群变得过于庞大，令栖息地达到饱和，超出了有限的巢址或食物资源。年幼的亚成鸟无法占有领地，只能充当辅助性角色。也许，当鸟类生活在稳定、温暖、雨水丰沛、生长期较长的环境中时，它们更有可能从简单的配对繁殖转向家庭生活。有了充足的资源，成鸟可以把雏鸟留在身边，雏鸟也可以长时间地与父母相处，并学习生活技能。一旦它们形成群居，残酷或多变的环境可能会促进繁殖过程中的利他行为发生进化。或许也可以反过来说：一旦建立群体，它们就能在个体无法承受的不利条件下生存。

里尔怀疑，不同类型的因素影响着不同种类的合作繁殖者。她说：“如果你把合作繁殖看作一种行为，你就会为这种行为寻找一个驱动力。但如果你把它看作一个涵盖性术语，囊括由不同的原因、不同的选择压力而引发的多种社会系统，它就可能会有多个驱动力。”集体育雏有种种益处：通过帮助亲属来传播自身的基因；获得更多的食物，加强对抗捕食者和寄生者的防御力，从而提高繁殖成功的概率。而代价就是竞争：在团队协作中，谁的基因获益最大？里尔说：“这不是一道难懂的数学题，但不同物种的具体成本和收益之间存在着差异。”

让我们再回顾一下鸟类的树状谱系图。有一个分支另辟蹊径，选择了合作繁殖的道路。事实上，鸟类群体中有许多并排的细小分支；它们是亲缘关系相近的物种，却走上南辕北辙的生存之路。丛鸦和褐
318 头鸸采用合作繁殖策略，而它们的近亲西丛鸦和红胸鸸则不然。红腹
啄木鸟 (*Melanerpes carolinus*) 通常成对繁殖，但它的表亲橡树啄木鸟拥有脊椎动物中最复杂的集体筑巢系统。一个物种进化出一种生活策略；与此同时，它的近亲在树状谱系图上与它只有咫尺之隔，做法却有天壤之别。即使是单一物种，个体的繁殖方式也不一定完全一致。以黑背钟鹊为例，它们的西部种群进行合作繁殖，而东部种群选择配对繁殖。哪怕在完全不同的进化支上，也会有细小的分支出于不同的原因、沿着不同的路径而通往相似的方向。叉尾卷尾和华丽琴鸟这两个迥然不同的物种，都将模仿作为日常生活的重要工具。鹦鹉和鸦科在树状谱系图上相距甚远，却都进化出高智商的大脑，善于玩耍和解决问题。

这就是我喜欢鸟类的原因。它们与地球上的任何一类动物一样，
319 充满着矛盾与神秘，变化无穷，难以预料。

尾 声

这里是阿巴拉契亚山脉的山麓。8月下旬，筑巢季已接近尾声，但仍有东蓝鸲成双成对地出入于巢箱。在这里，它们的育雏方式十分寻常。然而，与近亲西蓝鸲、橡树啄木鸟、丛鸦，以及其他的合作繁殖者相比，它们却又显得独树一帜。

有一天，我在后院看到一只正在鸣唱的雌性主红雀。它的性别极易分辨，因为该物种的羽毛具有雌雄二型性。然而它引发了我的思考。当我看到一只雌性的棕顶雀鹀、雪松太平鸟（*Bombycilla cedrorum*）或椋鸟在鸣唱时，它们的表现与雄鸟别无二致。因此，我常以为那是雄鸟的歌声。

撰写这本书的过程改变了我看待鸟类的方式，甚至可以说是给了我一副新的望远镜。哪怕只有一天，我也想尝试着用鸟类的方式来体验这个世界——看看紫外光照射下的绿叶，倾听它们的歌声，理解乐句当中的细微差异，以及复杂鸣声中的声学结构变化。我想闻一闻海鸟所能闻到的气味——某天清晨在大海中央醒来，拥有如暴风海燕般的敏锐嗅觉，让丝丝缕缕的弥漫的气味和海上的云朵为我导航。正如伟大的散文家刘易斯·托马斯所写的那样，嗅觉是一种认知方式，就像思考这一行为本身。鸟类运用感官的方式为我们展示了另一种认知。

321 鸟类具有超乎寻常、高深莫测的能力。我刚刚了解到，筑巢的棕夜鸫能够预测即将到来的飓风季节的严重程度，其精度甚至比气象学家还要高。鸟类学家克里斯托弗·赫克舍发现，繁殖于特拉华州的棕夜鸫会在飓风次数最多、强度最大的年份中缩短繁殖期。在飓风到来的数月前，它们就根据自己的判断来调整迁往南美的时间，以便在穿越墨西哥湾和加勒比海的途中避开最严重的飓风。它们也会在强飓风季节的早期产下更多的卵。棕夜鸫是如何在5月预判8月的自然灾害的呢？这是一个很深的谜团，或许与它们在南美越冬时获得的线索有关。就预测热带风暴的能力而言，棕夜鸫对于时间的判断与美国国家海洋和大气管理局的天气预报一样准确——也许还要更好一点。这里指的是雌性的棕夜鸫，它们决定了筑巢和产卵的时间安排。

过去的偏见和错误假设正在逐渐地被颠覆，人们开始对鸟类及其行为进行更加细致和深入的理解。这是一件值得庆幸的事。通过最新的科学技术，我们有了以下发现：雌鸟不是附属品；鸟类不只是“长着翅膀的眼睛”，它们的其他感官也发挥着作用；鸟类的“口腔”和爪子并非天生是红色的；它们与其他个体、其他物种之间的相互作用也不完全是“你死我活”的竞争。如今，我们知道有些鸟类非常善于合作。它们可以合作觅食，一起捕捉昆虫或猎杀野兔。它们也可以合作繁殖，在没有明显收益的前提下扮演助攻，费尽心思完成求偶炫耀，甚至是抚养其他个体的后代。它们运用自己的嗓音来解决冲突、界定领域、平息争端，并传播关于食物和危险的信息。它们轮流歌唱，轮流工作和玩耍。

鸟类告诉我们，尽管人类总是将行为划分为二元对立面，但这通常是徒劳的。就像人类一样，鸟类的生活和行为也是某个范围中的连
322 续值。它们定义规则，却又打破规则，展现了非常规的力量。

鸟类也向我们表明，人类并不像自己过去认为的那样独一无二。通过啄羊鹦鹉的玩闹与嬉戏，我们可以发现，不论是觉察他人思想的能力，还是与他人玩耍的欲望，都不是人类所独有的。在使用语言或工具，筑造复杂的建筑，理解、操控和欺骗其他个体等方面，我们也不是唯一的。然而，在坚信自己具有特殊性并竭力寻找理由这一方面，我们可能真的是孤独的。

我们现在明白了，鸟类不仅有生物学上的区别，也有文化上的区别——甚至在一个物种内部也是如此。不同地区、不同种群的鸟类会学习不同的鸣唱曲目、建筑风格和游戏方式。棕树凤头鹦鹉、啄羊鹦鹉、黑背鸥、大山雀、华丽细尾鹩莺和华丽琴鸟告诉我们，鸟类利用社会学习来掌握不同的觅食技巧，识别天敌的身份，精通所在地区的方言，掌握具有个人风格的鼓点。

显然，做一只鸟没有唯一的途径，正如做人也不只有一条路可走。我们有不同的文化理念和跨文化的共同实践，一切都处于变化和发展当中。鸟类拥有个体身份、独特的行为和文化实践，也同样是变化和发展的。它们可以通过社会学习来分享这些动态。然而，所有鸟类都通过“鸟的天性”这一共同主线串联在一起，就像我们被“人性”联系在一起一样。

全方位地观察鸟类行为，就是在为人类的行为寻找一些新的视角。正如罗伯特·海因索恩指出的那样，鸟类在资源匮乏或面临生态压力时的行为与人类在面对环境压力时的做法没有太大的区别。对于白翅澳鸦来说，干旱等严酷的生态条件撕裂了它们的社会结构，为社会解体、权力斗争和马基雅维利式的政治手段（比如绑架）埋下了隐患。于是，暴力事件开始了。海因索恩说，有些个体获得了成功，然而，“它们几乎不可能在和平、稳定的社会中生活和繁殖，骚乱始终存

在”。一个在繁荣时期运行良好、维持鸟类生活的社会结构被转变为
323 一个残酷、暴力、分裂的系统；少数个体占有大部分资源，恃强凌弱，而大部分种群都面临着艰难的生存困境。

随着气候的变化、栖息地的缩小、物种的灭绝，这个类比可能还会变得更加贴切。

每当我想到人类对地球上的其他动物及地球本身所做的一切，我就感到一阵绝望。

卡尔·雷滕迈尔是研究行军蚁相关物种的世界顶尖专家。就在2009年去世之前，他刚刚完成第一份完整的名单，列出了与鬼针游蚁相伴而生的所有动物。这种栖息于新热带森林的蚂蚁又被称为“迷你雄狮”，而雷滕迈尔记录了557种与之相关的物种，包括螨虫、昆虫，以及种类繁多的鸟类。迄今为止，这是人类围绕单一物种所描述的最大动物群。在这些物种当中，至少有300种依赖鬼针游蚁而生存，其中包括魅力非凡的眼斑蚁鸟。在这片广阔的栖息地上，鬼针游蚁的消失将引发数百种鸟类和其他动物的灭绝。

这种情况可能会很快发生。在过去的几十年里，鸟类学家发现，以昆虫为食的鸟类正在迅速减少。纵纹腹小鸮、蜂虎、戴胜和8种鹨类从欧洲的农田与乡村中消失了。歌鸲和斑鸠的种群锐减。罪魁祸首不是栖息地的破坏，而是食物匮乏所导致的饥荒；它们的主要食物包括甲虫、蜻蜓和其他昆虫。2019年的一项研究发现，在过去的25年里，整个欧洲的食虫鸟类数量下降了13%，丹麦的食虫鸟类数量下降了近30%。

就在同一年，科学家公布了一个令人震惊的消息：自1970年以来，美国和加拿大损失了四分之一的鸟类——将近30亿只。从草地鹨、莺和燕子，到后院里常见的鸫、鸲和麻雀，不计其数的物种消失了。

海滩、森林、草原、沙漠、苔原——我们在所有的栖息地中都找不到它们的身影，其主要原因可能是发展和农业导致的栖息地丧失，以及杀虫剂的使用。最近的一项研究发现，名为新烟碱的杀虫剂令候鸟无法 324
及时获得足够的体重和脂肪，而这些能量储备正是它们迁徙所需的重要条件。人们不禁会想起蕾切尔·卡森在《寂静的春天》中写下的具有预见性的话语："曾经，旅鸫、园丁鸟、鸽子、松鸦、鹪鹩和其他鸟儿会在黎明进行充满律动的大合唱。而如今，什么声音也没有了。"

同样是在2019年，丛林大火席卷了澳大利亚，致使10亿只以上的鸟类、哺乳动物和爬行动物死亡，摧毁了大片的自然栖息地。

气候变化的灾难将影响千千万万的物种。红腹滨鹬（*Calidris canutus*）之类的候鸟对气候模式的变化高度敏感，迁徙的同时性容易受到扰乱。以花蜜为食的鸟类必须将自己的生理周期与花期精准同步，而开花的时间受到气候影响。当猎物的数量和分布被突如其来的环境变化所彻底改变，海燕和鹱等食性特化的海鸟可能会面临觅食与育雏的困难。伍兹·霍尔海洋研究所的一项最新研究向人们发出了警告：气温升高和海冰消失可能会导致南极的帝企鹅在本世纪末灭绝。

尽管如此，我们仍有一线希望。白头海雕和水鸟的数量出现了回升。莺雀的种群数量出现了令人费解的爆炸式增长，比1970年多出了8 900万。与此同时，它的其他莺类近亲却在急剧减少。作为一种雨林鸟类，灌丛塚雉在城市环境中表现出了超乎想象的旺盛生命力。当体型较大且更具优势的眼斑蚁鸟消失后，体型较小的点斑蚁鸟能够迅速填补该地区空缺的生态位。在酷热的年份，斑胸草雀亲鸟向尚未破壳、正在发育的雏鸟发出信号；雏鸟做出相应的调整，控制自己的体型大小，以便更好地散热降温。还有许多鸟类的繁殖行为也是灵活多变的；或许，某些物种可以通过改变繁殖策略来战胜厄运。也许，山

雀和其他鸟类的社会学习可以让信息传播得更快，令它们跑在进化之
325 前，更快地适应充满挑战的新环境。这种灵活性可以让一些物种有能力应对一个瞬息万变、更加不可预测的世界。鸟类的个体差异可能会带来一些抗逆性。这是一种进化变异，也是一种创新和解决问题的方式。

在从农场开车回隆德的路上，马蒂亚斯·奥斯瓦特从自己的鸟类工作中总结出一些特殊的观点。他半开玩笑地说，鸦科正处于认知突破的边缘。它们已经在这个星球上存在了数百万年。而作为一个物种，我们人类最多只存在了几十万年——从地质学的角度来说，这只是一段转瞬即逝的时间，在统计学上毫无意义。但在这短短的时间里，乌鸦、渡鸦和其他鸦科鸟类已经学会了把人类当作食物和住所的来源。奥斯瓦特说，假如人类消失，鸦科鸟类就会失去这种资源；它们之间的选择性压力可能会促进认知能力的发展。它们的脑容量可以扩大到2倍至3倍；凭借其超高效的信号传导和密集分布的神经元，它们可能会成为下一个伟大的思想家，成为动物界的主宰。他说，这也许就是不远的将来。“我们挖掘恐龙，试图了解它们的历史。也许有一天，鸦科模样的恐龙会来挖掘我们的遗骸，研究我们的过去。”他希望鸦科鸟类不会重蹈我们的覆辙。

“auspicious”一词意为“有利或有希望成功的”；它来自拉丁语“*auspex*”，后者指的是“鸟的观察者”。在古罗马，观鸟者就是祭司或占卜师，他们根据鸟类的飞行模式来预测未来。16世纪英语中的名词“auspice”最初是指观察鸟类以发现征兆的行为。我们能从中察觉到一种深深的预感。趁着还有希望，我们应当更多地观察鸟类，了解它们寻常与不寻常的行为，从那些不可思议、神秘莫测的生存方式当中
326 感悟和学习。

致谢

感谢在野外和实验室中研究、观察鸟类的博物学家和科学家们。因为他们的善意、慷慨和奉献精神，这本书才有了存在的可能。他们是揭开种种谜团的英雄，让我们对鸟类有了新的认识。在我搜集资料的过程中，所有研究人员都非常乐意付出时间和专业知识，与我分享他们对工作的热情。我要特别感谢那些让我亲身参与野外调查的人员，他们不辞辛劳地向我全面介绍了自己所研究的物种。

首先，我要感谢安德鲁·斯基欧奇。在我就虎皮鹦鹉的照片向他提出简单的问题之后，他给了我温暖的问候，并邀请我在巴拉丁的澳大利亚野生动物鸣声录制组会议上发言。在参加会议的途中，他和他的伴侣莎拉·科沙克热情地接待了我，让我近距离观赏庭院中的细尾鹩莺，紧接着又安排了为期2周的新南威尔士州风光、鸟类和自然天籁之旅。在那次旅行中，声学景观大师安德鲁为我开启了一种聆听鸟鸣的新方式，在我的双耳上留下了永远的印记。他还阅读了整本书稿，提出了富有洞察力的意见。

衷心地感谢安娜·达尔齐尔。她从工作和家庭当中抽出时间，带我前往蓝山腹地的琴鸟研究地。随后，她和贾斯廷·韦尔贝根坐在我身边，回答了大量关于琴鸟的问题，向我展示了精彩的炫耀行为视频。

我还要深深地感谢蒂姆·洛，首先是因为他撰写了一本关于澳大利亚鸟类的著作——《歌声从何处来》，其次是因为他花了漫长的一天来向我介绍自家附近的野生鸟类。他不仅向我展示了后院的灌丛塚雉（他告诉我，这只鸟的土堆现在已经大了1倍），还提供了迷人而专业的视角，让我首次领略到澳大利亚的食蜜鸟、钟鹊、凤头鹦鹉、矿吸蜜鸟和其他几十种鸟类的魅力。

格里菲斯大学的威尔·菲尼花了整整3天的时间，带我到他的野外样地，向我介绍了杜鹃与宿主之间的奇妙关系，以及他的研究方法。我要对他和他的研究团队成员——詹姆斯·肯纳利、玛姬·格兰德勒、妮可·理查森、德里克·塔瑟、乔·韦克林、朱利安·卡普尔、马修·马什、丽贝卡·布雷肯、扎克·戴维斯、温迪·德普图拉、斯蒂芬妮·勒奎尔、赖利·尼尔和诺亚·亨特——表示真诚的谢意。尤其要感谢詹姆斯、德里克、乔和朱利安向我描述了他们各自的鸟类研究。

感谢墨尔本大学的米歇尔·霍尔、格里菲斯大学的布拉尼·伊吉奇和达里尔·琼斯、悉尼皇家植物园的约翰·马丁（他让我第一次见到了猛鹰鸮）、澳大利亚国立大学的罗伯特·海因索恩、内奥米·朗莫尔和罗布·马格拉思。这些来自澳大利亚的研究人员也奉献出时间和精力，向我展示了各自的研究样地或研究内容。

在普林斯顿大学的实验室里，玛丽·卡斯韦尔·斯托达德花了很长的时间来向我描述她在鸟类色觉、鸟卵和其他许多课题上的非凡工作，并亲切地邀请我一同前往科罗拉多州的哥特镇，参观落基山生物实验室。在那里，她与本尼迪克特·霍根、哈罗德·艾斯特展示了宽尾煌蜂鸟的俯冲炫耀，以及他们的研究方法。与这些有才华的年轻科学家共度时光，令我深感荣幸。

我只身前往瑞典隆德，受到了马蒂亚斯和海伦娜·奥斯瓦特的热烈欢迎。他们带我参观了家中的鸟舍和渡鸦。我非常感谢他们，感谢马蒂亚斯慷慨地分享他关于渡鸦和鸟类玩耍行为的渊博知识。我也非常感谢拉乌尔·施温和阿梅莉亚·魏因；他们热心地介绍了啄羊鹦鹉，让我有机会了解他们的工作，了解那只最淘气、最可爱、最贪玩的鸟。

许多科学家不吝赐教，与我深入探讨了他们的研究内容，其中有梅西大学的詹姆斯·戴尔、佛罗里达州立大学的埃米莉·杜瓦尔、西部野生动物自然公园的范·格雷厄姆、剑桥大学的杰西卡·麦克拉克兰、科罗拉多大学的安吉拉·梅迪纳·加西亚、阿卡迪亚大学的博尔德和肖恩·麦肯、加利福尼亚大学的加布里埃尔·内维特、德雷塞尔大学的戴维斯和肖恩·奥唐奈、布宜诺斯艾利斯大学的胡安·雷博雷达、普林斯顿大学的克里斯蒂娜·里尔、奥克兰大学的亚历克斯·泰勒、生物学家保罗·特贝尔、太平洋大学的克里斯托弗·坦普尔顿、康奈尔鸟类学实验室的迈克·韦伯斯特、新墨西哥州立大学的蒂姆·赖特。

由衷地感谢圣安德鲁斯大学的休·希利。她不仅与我探讨了关于蜂鸟、筑巢、野外认知的研究与想法，还仔细地阅读了整部书稿，提供了许多有益的建议。

许多人在百忙之中与我通信，详细地介绍了自己的研究，提供参考资料，并反复阅读书中的相关段落。他们当中除了上述的所有科学家和博物学家外，还有柳岸野生动物保护区的尼克·阿克罗伊德和柯斯蒂·威尔斯、梅西大学的菲尔·巴特利、马克斯·普朗克鸟类研究所的伊扎克·本·摩卡、民族鸟类学家马克·邦塔、马里兰大学的杰拉尔德·博尔贾、蒙特霍利约克学院的帕特里夏·布伦南、南丹麦大学的西格·布林克洛夫、维也纳大学的托马斯·布格尼亚尔、国际教育交流委员会哥斯达黎加热带生态与保护海外研究计划的约赫尔·查韦斯-坎波斯、迪肯大学的约翰·恩德勒、维也纳大学的萨布里纳·恩格泽、鸟类学家罗伯特·戈斯福德、阿拉斯加大学和佛蒙特大学的乔治·哈普、特拉华州立大学的克里斯托弗·赫克舍、范德比尔特大学的苏珊娜·埃尔库拉诺–乌泽尔、伊利诺伊大学厄巴纳–香槟分校的贾森·贾吉、埃克塞特大学的劳拉·凯利、东京大学的马修·I. M. 劳德、美国国家航空航天局的杰西卡·迈尔、格勒诺布尔大学的朱利安·梅耶尔、鹿特丹自然历史博物馆的基斯·莫里克、坎特伯雷大学的希梅纳·尼尔森、康奈尔鸟类学实验室的卡兰·奥多姆、加利福尼亚州立大学圣克鲁斯分校的保罗·庞加尼斯、隆德大学的西蒙·波捷、康奈尔鸟类学实验室的埃德·斯科尔斯、野生动物保护协会的乔纳森·斯拉特、开普敦大学和剑桥大学的克莱尔·斯波蒂斯伍德、加利福尼亚州立大学圣迭戈分校的迭戈·苏斯泰塔、京都大学的铃木俊贵、太平洋大学的克里斯托弗·坦普尔顿、埃克塞特大学的亚历克斯·桑顿、得克萨斯大学奥斯汀分校的茱莉娅·约克、动物学家兼摄影师克里斯蒂·扬克、明尼苏达大学的马琳·朱克。

这些科学家的建议和付出极大地丰富了本书的内容，保障了本书的准确性。如果书中还有错误，那就是我一个人的问题。

非常感谢澳大利亚野生动物鸣声录制组的成员们在2017年巴拉丁年会上的分享，让我了解录制鸣声的过程，以及他们与澳大利亚鸟类和其他野生动物相处的亲身经历。为此，我要特别感谢罗斯·班德、莉亚·巴克莱、托尼·贝利斯、杰西·卡帕多纳、露西·法罗、苏·古尔德、维姬·哈雷特、迈克尔·马奥尼、鲍勃·汤姆金斯、安德鲁·斯基欧奇和弗雷德·范·格塞尔。我永远不会忘记，在澳大利亚的最后一个夜晚，我静静地坐在长满灌木的小水坝边，望着十几只乌黑发亮的凤头鹦鹉下来喝水。

感谢落基山生物实验室的伊恩·比利克为我介绍当地的情况。也要感谢组织和参与各式鸟类活动的工作人员，感谢他们为大家提供精彩的鸟类导赏、讲座和介绍。我要特别感谢西班牙加泰罗尼亚三角洲观鸟节的亚伯·朱利安、弗朗西斯·基希纳和米格·拉法，延帕谷观鹤节的南希·梅里尔，罗杰·托里·彼得森野性美洲自然观察节的乔纳森·韦斯顿，温哥华国际鸟类节的鲍勃·埃尔纳和罗布·巴特勒，卡彻马克湾水鸟节的马洛里·普里姆和罗比·米克森。衷心地感谢阿尔宾·格拉恩陪伴我前往瑞典的安贡奎利恩保护区，一同观赏了骨顶鸡（*Fulica atra*）、苍鹭（*Ardea cinerea*）、灰鹤（*Grus grus*）、白尾鹞（*Circus cyaneus*）和一只白尾海雕（*Haliaeetus albicilla*），并在斯坎森赋予我和乌林鸮珀西共处的奇妙时刻。

我要感谢许许多多的朋友和同事。他们提供了各式各样的支持、灵感、资料、想法、照片和观鸟经历。他们当中有苏珊·艾莉森、苏珊·巴齐克、罗斯·凯西、凯西·克拉克、丹尼尔·德拉诺、劳拉·德拉诺、马克·埃德蒙森、安德鲁·弗洛伊德、泰德·弗洛伊德、格雷格·盖尔伯德、多里特·格林、罗宾·汉斯、罗杰·赫斯兰、苏珊·希区柯克、布莱恩·霍夫斯泰特（他贡献了自己的鸟类异常行为记录）、里奇·霍夫斯特、约翰娜·霍尔达克、梅格·杰伊、凯伦·B. 伦敦、唐娜·卢西、米歇尔·马丁、莱斯利·米德尔顿、南希·墨菲–斯派塞、米丽亚姆·尼尔森、德布拉·尼斯特伦、丹·奥尼尔、黛安娜·奥伯、迈克尔·罗德梅尔、桑迪·施密特、戴维·斯派塞、艾伦和保罗·瓦格纳、乔·怀特、亨利·维恩塞克、安德鲁·温德姆。特别感谢桑迪·库什曼、莉兹·登顿、莎朗·赫斯兰和皮特·迈尔斯与我进行持续且富有启发性的谈话——再次感谢皮特慷慨地分享精彩照片。

我想感谢我亲爱的朋友凯瑟琳·玛格罗。她在2019年4月由于癌症去世，为这个世界留下勇敢而充满爱心的力量。能拥有她这样的朋友，能认识她的女儿艾玛和格蕾丝，我感到非常幸运。她们是很棒的女孩，给我们家带来了温暖、快乐和光明。我爱她们。

写书的这3年里充满了挑战，我庆幸自己拥有一个亲密的家庭。在科罗拉多山脉，感谢霍伊和罗尼出现在我的生活中，他们为我提供了强有力的帮助和友好的陪伴。感谢纳恩主动提供医疗帮助、温馨的话语和源源不断的盛情邀请。感谢约翰用无限的耐心、创造力和斗志帮助了我的大家庭。感谢金、南希和萨拉对我的支持。感谢亲爱的盖尔和比尔为我提供无穷的爱和支持。

对于南斯和史蒂夫，我每一天都心存感激。他们的爱与关怀是我生命当中不可或缺的一部分。

我更要感谢我的经纪人梅拉妮·杰克逊，感谢她那闪耀的智慧和困难时的大力支持，感谢她那无懈可击的编辑视角和建议。梅拉妮向我引荐了安·戈多弗，那是每个作家都梦寐以求的编辑。感谢你，安。感谢你那非凡的智慧、清晰的逻辑和优雅的风度。感谢凯西·丹尼斯专业而充满创意地帮助手稿通过出版流程。感谢达伦·哈加尔设计精美的封面。感谢埃尼克·努格罗霍用优美的画作装饰封面。感谢约翰·伯戈因为全书创作插图。

最后，我要感谢我的两个女儿——佐薇和内尔。如果没有她们的歌单、卡通片、家务辅助、友情、幽默、观点、建议、诚实、爱意、肯定和支持，这本书就不会存在。我要向内尔致以特别的感谢。作为正式的编辑助理，她出色而耐心地完成了这份工作。她认真地记录了几十份采访录音，组织演讲活动，计划和安排行程；最重要的是，她提供了敏锐的编辑眼光和睿智的建议。哪怕是在健康和幸福面临巨大挑战的时候，她都没有放下这个任务。感谢你，内尔。你是猫头鹰、渡鸦、鹰隼、蜂鸟、大犀鸟和棕夜鸫的合体化身。

延伸阅读

引言　当你看见一只鸟

G. F. Barrowclough, et al., "How many kinds of birds are there and why does it matter?" *PLOS ONE* 11, no. 11 (2016): doi/10.1371/journal.pone.0166307.

N. J. Boogert et al., "Measuring and understanding individual differences in cognition," *Philosophical Transactions of the Royal Society B* 373 (2018): 20170280.

J. Dale, "Plumage Color in Males and Females" (keynote lecture, 54th Annual Conference of the Animal Behavior Society, Toronto, 2017).

R. E. Gill et al., "Extreme endurance flights by landbirds crossing the Pacific Ocean: Ecological corridor rather than barrier?" *Proceedings of the Royal Society B: Biological Sciences* 276, no. 1656 (October 2008): 447–457.

J. Gould, *The Birds of Australia*, 7 vols. (London: Richard and John E. Taylor, 1848).

D. Griffin, *Animal Thinking* (Cambridge, MA: Harvard University Press, 1984).

S. D. Healy, "Animal cognition," *Integrative Zoology* 14, no. 2 (2019): 128–131.

S. D. Healy et al., "Explanations for variation in cognitive ability: Behavioural ecology meets comparative cognition," *Behavioural Processes* 80, no. 3 (2009): 288–294.

R. Heinsohn, "Ecology and evolution of the enigmatic eclectus parrot (*Eclectus roratus*)," *Journal of Avian Medicine and Surgery* 22, no. 2 (2008): 146 –150.

R. Heinsohn, "Eclectus' True Colors Revealed," *Bird Talk*, February 2009, 38.

R. Heinsohn et al., "Extreme reversed sexual dichromatism in a bird without sex role reversal," *Science* 22, no. 309 (2005): 617–619.

S. Herculano-Houzel, "Numbers of neurons as biological correlates of cognitive capacity," *Current Opinion in Behavioral Sciences* 16 (2017): 1–7.

L. Lefebvre, "Taxonomic counts of cognition in the wild," *Biology Letters* 7, no. 4 (August 2011): 631–633.

T. Low, *Where Song Began: Australia's Birds and How They Changed the World* (New Haven, CT: Yale University Press, 2016).

J. U. Meir, "Physiology at the Extreme: From Ocean Depths to Mountain Peaks Among the Stars" (plenary lecture, North American Ornithological Conference, Washington, DC, August 17, 2016).

J. U. Meir and W. K. Milsom, "High thermal sensitivity of blood enhances oxygen delivery in the high-flying bar-headed goose," *Journal of Experimental Biology* 216 (2013): 2172–2175.

J. U. Meir et al., "Heart rate and metabolic rate of bar-headed geese flying in hypoxia," *Federation of American Societies for Experimental Biology Journal* 27 (2013).

J. U. Meir et al., "Reduced metabolism supports hypoxic flight in the high-flying bar-headed goose (*Anser indicus*)," *eLife* 8 (2019): e44986.

K. J. Odom et al., "Female song is widespread and ancestral in songbirds," *Nature Communications* 5 (2014): 3379.

D. J. Pritchard et al., "Why study cognition in the wild (and how to test it)?," *Journal of the Experimental Analysis of Behavior* 105, no. 1 (2016): 41–55.

D. J. Pritchard et al., "Wild rufous hummingbirds use local landmarks to return to rewarded locations," *Behavioural Processes* 122 (2016): 59–66.

K. Riebel et al., "New insights from female bird song: Towards an integrated approach to studying male and female communication roles," *Biology Letters* 15, no. 4 (2019): doi/full/10.1098/rsbl.2019.0059.

L. Robin, R. Heinsohn, and L. Joseph, eds., *Boom & Bust: Bird Stories for a Dry Country* (Canberra, Australia: CSIRO Publishing, 2009).

G. R. Scott et al., "How bar-headed geese fly over the Himalayas," *Physiology* 30(2) (2015): 107–115.

S. Shaffer discovery reported in the *East Bay Times*: P. Rogers, "Hitchhiking Gull Takes 150-Mile Truck Ride Along California Freeways," July 13, 2018, https://www.eastbaytimes.com/2018/07/13/hitchhiking-seagull-takes-150-mile-truck-ride-along-california-freeways/.

L. Swan, *Tales of the Himalaya: Adventures of a Naturalist* (La Crescenta, CA: Mountain N' Air Books, 2000), 90.

J. F. Welklin, "Neighborhood bullies: The importance of social context on plumage in redbacked fairy-wrens" (Sigma Xi Mini-Symposium, Cornell University, Ithaca, NY, February 2015).

J. F. Welklin et al., "Social environment, costs, and the evolution of sexual signals" (EvoDay Sympo-sium, Cornell University, Ithaca, NY, May 8, 2015).

交 流

第一章 黎明大合唱

K. S. Berg et al., "Phylogenetic and ecological determinants of the neotropical dawn chorus," *Proceedings of the Royal Society B: Biological Sciences* 273, no. 1589 (2006): 999–1005.

D. Colombelli-Négrel et al., "Embryonic learning of vocal passwords in superb fairy-wrens reveals intruder cuckoo nestlings," *Current Biology* 22 (2012): 2155–2160.

D. Colombelli-Négrel et al., "Prenatal learning in an Australian songbird: Habituation and individual discrimination in superb fairy-wren embryos," *Proceedings of the Royal Society B: Biological Sciences* 281, no. 1797 (2014): 20141154.

J. Dale, "Ornamental plumage does not signal male quality in red-billed queleas," *Proceedings of the Royal Society B: Biological Sciences* 267, no. 1458 (2000): 2143–2149.

A. H. Dalziell and A. Cockburn, "Dawn song in superb fairy-wrens: A bird that seeks extrapair copulations during the dawn chorus," *Animal Behaviour* 75, no. 2 (2008): 489–500.

K. Delhey et al., "Cosmetic coloration in birds: Occurrence, function, and evolution," supplement, *American Naturalist* 169, no. S1 (2007): S145– S158.

C. Dreifus, "Luis Baptista, 58, an Author and an Expert on Bird Song," *The New York Times*, June 27, 2000.

G. Happ, *Sandhill Crane Display Dictionary: What Cranes Say with Their Body Language* (Dunedin, FL: Waterford Press, 2017).

S. Hoffmann et al., "Duets recorded in the wild reveal that interindividually coordinated motor control enables cooperative behavior," *Nature Communications* 10, no. 2577 (2019): doi:10.1038/s41467-019-10593-3.

S. Keen et al., "Song in a social and sexual context: Vocalizations signal identity and rank in both sexes of a cooperative breeder," *Frontiers in Ecology and Evolution* 4, no. 46 (2016): doi:10.3389/fevo.2016.00046.

E. Kemmerer et al., "High densities of bell miners *Manorina melanophrys* associated with reduced diver-sity of other birds in wet eucalypt forest: Potential for adaptive management," *Forest Ecology and Management* 255, no. 7 (2008): 2094–2102.

D. M. Logue and D. B. Krupp, "Duetting as a collective behavior," *Frontiers in Ecology and Evolution* (2016): doi.org/10.3389/fevo.2016.00007.

B. Mampe et al., "Newborns' cry melody is shaped by their native language," *Current Biology* 19, no. 23 (2009): 1994–1997.

M. M. Mariette et al., "Parent-embryo acoustic communication: A specialised heat vocalisation allowing embryonic eavesdropping," *Scientific Reports* 8, no. 10 (2018): 17721.

J. P. Myers, "One deleterious effect of mobbing in the southern lapwing *(Vanellus chilensis)*," *Auk* 95, no. 2 (1978): 419–420.

S. A. Nesbitt, "Feather staining in Florida sandhill cranes," *Florida Field Naturalist* (fall 1975): 28–30.

C. Pérez-Granados et al., "Dawn chorus interpretation differs when using songs or calls: The Dupont's lark *Chersophilus duponti* case," *Peer Journal* 6 (2018): e5241.

K. D. Rivera-Cáceres, "The Ontogeny of Duets in a Neotropical Bird, the Canebrake Wren" (PhD diss., University of Miami, 2017), Open Access Dissertations, 1830.

K. D. Rivera-Cáceres and C. N. Templeton, "A duetting perspective on avian song learning," *Behavioural Processes* 163 (2019): 71–80.

K. D. Rivera-Cáceres et al., "Early development of vocal interaction rules in a duetting songbird," *Royal Society Open Science* 5, no. 2 (2018): 171791.

A. C. Rogers et al., "Function of pair duets in the eastern whipbird: Cooperative defense or sexual conflict?," *Behavioral Ecology* 18, no. 1 (2007): 182–188.

O. Tchernichovski et al., "How social learning adds up to a culture: From birdsong to human public opinion," *Journal of Experimental Biology* 220 (2017): 124–132.

C. N. Templeton et al., "An experimental study of duet integration in the happy wren, *Pheugopedius felix*," *Animal Behaviour* 86, no. 4 (2013): 821–827.

R. J. Thomas et al., "Eye size in birds and the timing of song at dawn," *Proceedings of the Royal Society B: Biological Sciences* 269 (2002): 831–837.

J. A. Tobias et al., "Territoriality, social bonds, and the evolution of communal signaling in birds," *Frontiers in Ecology and Evolution* 24 (2016): doi: 10.3389/fevo.2016.00074.

第二章　拉响警报

B. E. Byers and D. E. Kroodsma, "Avian Vocal Behavior," in *The Cornell Lab of Ornithology Handbook of Bird Biology*, eds. I. J. Lovette and J. W. Fitzpatrick, 3rd ed. (Hoboken, NJ: Wiley, 2016): 355–405.

S. S. Cunningham and R. D. Magrath, "Functionally referential alarm calls in noisy miners communicate about predator behaviour," *Animal Behaviour* 129 (2017): 171–179.

E. Curio et al., "Cultural transmission of enemy recognition: One function of mobbing," *Science* 202, no. 4370 (1978): 899–901.

F. S. E. Dawson Pell, "Birds orient their heads appropriately in response to functionally referential alarm calls of heterospecifics," *Animal Behaviour* 140 (2018): 109–118.

S. Engesser et al., "Chestnut-crowned babbler calls are composed of meaningless shared building blocks," *PNAS* 116, no. 39 (2019): 19579—19584: doi.org/10.1073/pnas.1819513116.

S. Engesser et al., "Experimental evidence for phonemic contrasts in a nonhuman vocal system," *PLOS Biology* 13, no. 6 (2015): e1002171.

S. Engesser et al., "Internal acoustic structuring in pied babbler recruitment cries specifies the form of recruitment," *Behavioral Ecology* 29, no. 5 (2018): 1021—1030.

M. Hingee and R. D. Magrath, "Flights of fear: A mechanical wing whistle sounds the alarm in a flocking bird," *Proceedings of the Royal Society B: Biological Sciences* 276, no. 1676 (2009): 4173—4179.

B. Igic et al., "Crying wolf to a predator: Deceptive vocal mimicry by a bird protecting young," *Proceedings of the Royal Society B: Biological Sciences* 282, no. 1809 (2015): doi.org/10.1098/rspb.2015.0798.

B. Jones, "Long-lasting cognitive and behavioral effects of single encounter with predator," (presentation, International Ornithological Congress, Vancouver, August 26, 2018).

S. L. Lima and L. M. Dill, "Behavioral decisions made under the risk of predation: A review and prospectus," *Canadian Journal of Zoology* 68, no. 4 (1990): 619—640.

R. D. Magrath and T. H. Bennett, "A micro-geography of fear: Learning to eavesdrop on alarm calls of neighbouring heterospecifics," *Proceedings of the Royal Society, B: Biological Sciences* 279, no. 1730 (2012): 902—909.

R. D. Magrath et al., "An avian eavesdropping network: Alarm signal reliability and heterospecific response," *Behavioral Ecology* 20, no. 4 (2009): 745—752.

R. D. Magrath et al., "Eavesdropping on heterospecific alarm calls: From mechanisms to consequences," *Biological Reviews* 90, no. 2 (2015): 560 —586.

R. D. Magrath et al., "Recognition of other species' aerial alarm calls: Speaking the same language or learning another?," *Proceedings of the Royal Society B: Biological Sciences* 276, no. 1657 (2009): 769—774.

R. D. Magrath et al., "Wild birds learn to eavesdrop on heterospecific alarm calls," *Current Biology* 25, no. 15 (2015): 2047—2050.

J. R. McLachlan, "Alarm Calls and Information Use in the New Holland Honeyeater" (PhD thesis, University of Cambridge, 2019).

J. R. McLachlan, "How an alarm signal encodes for when to flee and for how long to hide," symposium at the International Ornithological Congress, Vancouver, August 26, 2018.

J. Meyer and D. D. Reyes, "Geolingüística de los lenguajes silbados del mundo, con un enfoque en el español silbado," *Géolinguistique* 17 (2017): 99—124.

T. G. Murray et al., "Sounds of modified flight feathers reliably signal danger in a pigeon," *Current Biology* 27, no. 22 (2017): P3520–3525.E4.

D. A. Potvin et al., "Birds learn socially to recognize heterospecific alarm calls by acoustic association," *Current Biology* 28 (2018): 2632–2637.

R. M. Seyfarth et al., "Vervet monkey alarm calls: Semantic communication in a free-ranging primate," *Animal Behaviour* 28, no. 4 (1980): 1070 –1094.

R. M. Seyfarth et al., "Monkey responses to three different alarm calls: Evidence of predator classification and semantic communication." *Science* 210, no. 4471 (1980): 801–803.

T. N. Suzuki, "Semantic communication in birds: Evidence from field research over the past two decades," *Ecological Research* 31, no. 3 (2016): 307–319.

T. N. Suzuki et al., "Wild birds use an ordering rule to decode novel call sequences," *Current Biology* 27, no. 15 (2017): 2331–2336.

C. N. Templeton et al., "Allometry of alarm calls: Black-capped chickadees encode information about predator size," *Science* 308, no. 5730 (2005): 1934–1937.

第三章　模仿大师

R. W. Byrne and N. Corp, "Neocortex size predicts deception rate in primates," *Proceedings of the Royal Society B: Biological Sciences* 271, no. 1549 (2004): 1693–1699.

T. Caro, "Antipredator deception in terrestrial vertebrates," *Current Zoology* 60, no. 1 (2014): 16 –25.

A. H. Chisholm, *Nature's Linguists: A Study of the Riddle of Vocal Mimicry* (Burwood, Australia: Brown, Prior, Anderson, 1946).

A. H. Dalziell, "Avian vocal mimicry: A unified conceptual framework," *Biological Reviews* 90, no. 2 (2015): 643–658.

A. H. Dalziell and R. D. Magrath, "Fooling the experts: Accurate vocal mimicry in the song of the superb lyrebird, *Menura novaehollandiae*," *Animal Behaviour* 83, no. 6 (2012): 1401–1410.

A. H. Dalziell and J. A. Welbergen, "Elaborate mimetic vocal displays by female superb lyrebirds," *Frontiers in Ecology and Evolution* (2016): doi.org/10.3389/fevo.2016.00034.

A. H. Dalziell et al., "Dance choreography is coordinated with song repertoire in a complex avian display," *Current Biology* 23, no. 12 (2013): 1132–1135.

N. J. Emery and N. S. Clayton, "The mentality of crows: Convergent evolution of intelligence in corvids and apes," *Science* 306, no. 5703 (2004): 1903–1907.

T. P. Flower et al., “Deception by flexible alarm mimicry in an African bird,” *Science* 344, no. 6183 (2014): 513–516.

M. Goller and D. Shizuka, “Evolutionary origins of vocal mimicry in songbirds,” *Evolution Letters* 2, no. 4 (2018): 417–426.

V. A. Gombos, “The cognition of deception: The role of executive processes in producing lies,” *Genetic, Social, and General Psychology Monographs* 132, no. 3 (2006): 197–214.

B. Igic and R. D. Magrath, “Fidelity of vocal mimicry: Identification and accuracy of mimicry of hetero-specific alarm calls by the brown thornbill,” *Animal Behaviour* 85, no. 3 (2013): 593–603.

B. Igic and R. D. Magrath, “A songbird mimics different heterospecific alarm calls in response to different types of threat,” *Behavioral Ecology* 25, no. 3 (2014): 538–548.

A. C. Katsis et al., “Prenatal exposure to incubation calls affects song learning in the zebra finch,” *Scientific Reports* 8 (2018): 15232.

L. A. Kelley and S. D. Healy, “Vocal mimicry in male bowerbirds: Who learns from whom?,” *Biology Letters* 6, no. 5 (2010): 626 –629.

J. F. Prather et al., “Precise auditory-vocal mirroring in neurons for learned vocal communication,” *Nature* 451, no. 7176 (2008): 305–310.

D. A. Putland et al., “Imitating the neighbours: vocal dialect matching in a mimic-model system,” *Biology Letters* 2, no. 3 (2006): 367–370.

R. M. Sapolsky, *Behave: The Biology of Humans at Our Best and Worst* (New York: Penguin Press, 2017).

R. A. Suthers and S. A. Zollinger, “Producing song: The vocal apparatus,” *Annals of the New York Academy of Sciences* 1016 (2004): 109–129.

R. Zann and E. Dunstan, “Mimetic song in superb lyrebirds: Species mimicked and mimetic accuracy in different populations and age classes,” *Animal Behaviour* 76, no. 3 (2008): 1043–1054.

工 作

第四章　食物的香气

J. J. Audubon, “Account of the habits of the turkey buzzard, Vultur aura, particularly with the view of exploding the opinion generally entertained of its extraordinary power of smelling,” *Edinburgh New Philosophical Journal* 2 (1826): 172–184.

B. G. Bang, “Anatomical adaptations for olfaction in the snow petrel,” *Nature* 205 (1965): 513–515.

B. G. Bang, “Anatomical evidence for olfactory function in some species of birds,” *Nature* 188 (1960): 547–549.

B. G. Bang, "The olfactory apparatus of tubenosed birds (Procellariiformes)," *Acta Anatomica* 65, no. 1 (1966): 391–415.

D. Bakaloudis, "Hunting strategies and foraging performance of the short-toed eagle in the Dadia-Lefkimi-Soufli National Park, north-east Greece," *Journal of Zoology* 281, no. 3 (2010): 168–174.

F. Bonadonna et al., "Evidence that blue petrel, *Halobaena caerulea*, fledglings can detect and orient to dimethyl sulfide," *Journal of Experimental Biology* 209 (2006): 2165–2169.

S. Brinkløv et al., "Echolocation in oilbirds and swifts," *Frontiers in Physiology* 4 (2013): 123.

S. Brinkløv et al., "Oilbirds produce echolocation signals beyond their best hearing range and adjust signal design to natural light conditions," *Royal Society Open Science* 4, no. 5 (2017): 170255.

G. C. Cunningham and G. A. Nevitt, "Evidence for olfactory learning in procellariiform seabird chicks," *Journal of Avian Biology* 42, no. 1 (2011): 85–88.

S. J. Cunningham and I. Castro, "The secret life of wild brown kiwi: Studying behaviour of a cryptic species by direct observation," *New Zealand Journal of Ecology* 35, no. 3 (2011): 209–219.

J. L. DeBose and G. A. Nevitt, "The use of odors at different spatial scales: Comparing birds with fish," *Journal of Chemical Ecology* 34, no. 7 (2008): 867–881.

G. De Groof et al., "Neural correlates of behavioural olfactory sensitivity changes seasonally in European starlings," *PLOS ONE* 5, no. 12 (2010): e14337.

P. Estók et al., "Great tits search for, capture, kill and eat hibernating bats," *Biology Letters* 6, no. 1 (2010): 59–62.

D. R. Griffin, "Acoustic orientation in the oil bird, *Steatornis*," *Proceedings of the National Academy of Sciences* 39, no. 8 (1953): 884–893.

D. R. Griffin, "How I Managed to Explore the 'Magical' Sense of Bats," *Scientist*, October 3, 1988.

N. P. Grigg et al., "Anatomical evidence for scent guided foraging in the turkey vulture," *Scientific Reports* 7 (2017): 17408.

H. Gwinner et al., "Green plants in starling nests: Effects on nestlings," *Animal Behaviour* 59 (2010): 301–309.

J. C. Hagelin and I. L. Jones, "Bird odors and other chemical substances: A defense mechanism or overlooked mode of intraspecific communication?," *Auk* 124, no. 3 (2007): 741–761.

K. A. Hindwood, "A feeding habit of the shrike-tit," *Emu* 46 (1946): 284–285.

R. A. Holland et al., "The secret life of oilbirds: New insights into the movement ecology of a unique avian frugivore," *PLOS ONE* 4, no. 12 (2009): e8264.

G. R. Martin et al., "The eyes of oilbirds (*Steatornis caripensis*): Pushing at the limits of sensitivity," *Naturwissenschaften* 91, no. 1 (2004): 26–29.

R. Montgomerie and P. J. Weatherhead, "How robins find worms," *Animal Behaviour* 54, no. 1 (1997): 143–151.

G. A. Nevitt, "Sensory ecology on the high seas: The odor world of the procellariiform seabirds," *Journal of Experimental Biology* 211 (2008): 1706–1713.

G. A. Nevitt and J. C. Hagelin, "Symposium overview: Olfaction in birds: A dedication to the pioneering spirit of Bernice Wenzel and Betsy Bang," *Annals of the New York Academy of Sciences* 1170, no. 1 (2009): 424–427.

G. A. Nevitt et al., "Evidence for olfactory search in wandering albatross, *Diomedea exulans*," *Proceedings of the National Academy of Sciences* 105, no. 12 (2008): 4576–4581.

R. S. Payne, "Acoustic location of prey by barn owls (*Tyto alba*)," *Journal of Experimental Biology* 54 (1971): 535–573.

S. Potier et al., "Sight or smell: Which senses do scavenging raptors use to find food?," *Animal Cognition* 22, no. 1 (2019): 49–59.

J. C. Slaght et al., "Global Distribution and Population Estimate of Blakiston's Fish Owl," in *Biodiversity Conservation Using Umbrella Species: Blackiston's Fish Owl and the Red-Crowned Crane*, ed. F. Nakamura (New York: Springer, 2018): 9–18.

J. C. Slaght et al., "Ecology and Conservation of Blakiston's Fish Owl in Russia," in *Biodiversity Conservation Using Umbrella Species: Blackiston's Fish Owl and the Red-Crowned Crane*, ed. F. Nakamura (New York: Springer, 2018): 47–70.

K. E. Stager, "The role of olfaction in food location by the turkey vulture (*Cathartes aura*)," *Los Angeles County Museum Contributions in Science* 81 (1964): 3–63.

M. S. Stoddard and R. Prum, "Evolution of avian plumage color in a tetrahedral color space: A phylogenetic analysis of New World buntings," *American Naturalist* 171, no. 6 (2008): 755–776.

D. Sustaita et al., "Come on baby, let's do the twist: The kinematics of killing in loggerhead shrikes," *Biology Letters* 14, no. 9 (2018).

C. Tedore and D.-E. Nilsson, "Avian UV vision enhances leaf surface contrasts in forest environments," *Nature Communications* 10 (2019): 239.

R. W. Van Buskirk and G. A. Nevitt, "The influence of developmental environment on the evolution of olfactory foraging behavior in procellariiform seabirds," *Journal of Evolutionary Biology* 21, no. 1 (2008): 67–76.

A. von Humboldt, *Personal Narrative of a Journey to the Equinoctial Regions of the New Continent: Abridged Edition*, trans. and ed. Jason Wilson (New York: Penguin Classics,

1996).

H. Weimerskirch et al., "Use of social information in seabirds: Compass rafts indicate the heading of food patches," *PLOS ONE* 5, no. 3 (2010): e9928.

S.-Y. Yang et al., "Stop and smell the pollen: The role of olfaction and vision of the oriental honey buzzard in identifying food," *PLOS ONE* 10, no. 7 (2015): e0130191.

第五章　趁手的工具

L. Aplin, "Culture and cultural evolution in birds: A review of the evidence," *Animal Behaviour* 147 (2019): 179—187.

P. Barnard, "Foraging site selection by three raptors in relation to grassland burning in a montane habitat," *African Journal of Ecology* 25, no. 1 (1987): 35—45.

M. Bonta et al., "International fire-spreading by 'firehawk' raptors in northern Australia," *Journal of Ethnobiology* 37, no. 4 (2017): 700 —718.

N. J. Emery and N. S. Clayton, "Effects of experience and social context on prospective caching strategies by scrub jays," *Nature* 414, no. 6862 (2001): 443—446.

D. C. Gayou, "Tool use by green jays," *Wilson Bulletin* 94 (1982): 595—596.

C. Green, "Use of tool by orange-winged sitella," *Emu* 71, no. 1 (1972): 185—186.

R. Gruber et al., "New Caledonian crows use mental tool representations to solve metatool problems," *Current Biology* 29, no. 4 (2019): 686 —692.

J. N. Hobbs, "Use of tools by the white-winged chough," *Emu* 71, no. 2 (1971): 84—85.

T. J. Hovick et al., "Pyric-carnivory: Raptor use of prescribed fires," *Ecology and Evolution* 7, no. 21 (2017): 9144—9150.

B. Kenward et al., "Development of tool use in New Caledonian crows: Inherited action patterns and social influences," *Animal Behaviour* 72, no. 6 (2006): 1329—1343.

J. S. Marks and C. S. Hall, "Tool use by bristle-thighed curlews feeding on albatross eggs," *Condor* 94, no. 4 (1992): 1032—1034.

F. F. Marón et al., "Increased wounding of southern right whale (*Eubalaena australis*) calves by kelp gulls (*Larus dominicanus*) at Península Valdés, Argentina," *PLOS ONE* 10, no. 10 (2015): 1—20.

A. Skutch, *The Minds of Birds* (College Station, TX: Texas A&M University Press, 1996).

A. M. P. von Bayern et al., "Compound tool construction by New Caledonian crows," *Scientific Reports* 8, no. 1 (2018): 15676.

第六章　跟随蚂蚁的脚步

M. Araya-Salas et al., "Spatial memory is as important as weapon and body size for territorial ownership in a lekking hummingbird," *Scientific Reports* 8, no. 2001 (2018): doi:10.1038/s41598-018-20441-x.

H. J. Batcheller, "Interspecific information use by army-ant-following birds," *Auk* 134, no. 1 (2017): 247—255.

J. C. Bednarz, "Cooperative hunting Harris' hawks (*Parabuteo unicinctus*)," *Science* 239, no. 4847 (1988): 1525—1527.

S. Boinski and P. E. Scott, "Association of birds with monkeys in Costa Rica," *Biotropica* 20, no. 2 (1988): 136—143.

J. Chaves-Campos, "Ant colony tracking in the obligate army ant-following antbird *Phaenostictus mcleannani*," *Journal of Ornithology* 152, no. 2 (2011): 497—504.

J. Chaves-Campos, "Localization of army-ant swarms by ant-following birds on the Caribbean slope of Costa Rica: Following the vocalization of antbirds to find the swarms," *Ornitologia Neotropical* 14, no. 3 (2003): 289—294.

J. Chaves-Campos et al., "The effect oflocal dominance and reciprocal tolerance on feeding aggregations of ocellated antbirds," *Proceedings of the Royal Society B* 276, no. 1675 (2009): 3995—4001.

L. G. Cheke and N. S. Clayton, "Mental time travel in animals," *Wiley Interdisciplinary Reviews: Cognitive Science* 1, no. 6 (2010): doi.org/10.1002/wcs.59.

N. S. Clayton and A. Dickinson, "Episodic-like memory during cache recovery by scrub-jays," *Nature* 395, no. 6699 (1998): 272—278.

M. A. W. Hornsby et al., "Wild hummingbirds can use the geometry of a flower array," *Behavioural Processes* 139 (2017): 33—37.

C. J. Logan et al., "A case of mental time travel in ant-following birds?," *Behavioral Ecology* 22, no. 6 (2011): 1149—1153.

A. E. Martínez et al., "Social information cascades influence the formation of mixed-species foraging aggregations of ant-following birds in the Neotropics," *Animal Behaviour* 135 (2018): 25—35.

S. O'Donnell, "Evidence for facilitation among avian army-ant attendants: Specialization and species associations across elevations," *Biotropica* 49, no. 5 (2017): 665—674: doi.org/10.1111/btp.12452.

S. O'Donnell et al., "Specializations of birds that attend army ant raids: An ecological approach to cognitive and behavioral studies," *Behavioural Processes* 91 (2012): 267—274.

F. Otto, "5 Things to Know About Being Bitten by a Viper," *Drexel University News Blog*, December 21, 2015.

D. J. Pritchard and S. D. Healy, "Taking an insect-inspired approach to bird navigation," *Learning and Behavior* 46, no. 1 (2018): 7—22.

T. Suddendorf and M. C. Corballis, "The evolution of foresight: What is mental time travel, and is it unique to humans?," *Behavioral and Brain Sciences* 30, no. 3 (2007): 299–351.

M. B. Swartz, "Bivouac checking, a novel behavior distinguishing obligate from opportunistic species of army-ant-following birds," *Condor: Ornithological Applications* 103, no. 3 (2001): 629–633.

J. Tooby and I. DeVore, "The Reconstruction of Hominid Behavioral Evolution Through Strategic Modeling," in *The Evolution of Human Behavior: Primate Models*, ed. W. G. Kinzey (Albany: State University of New York Press, 1987): 183–237.

J. M. Touchton and J. N. M. Smith, "Species loss, delayed numerical responses, and functional compen-sation in an antbird guild," *Ecology* 92, no. 5 (2011): 1126 –1136.

J. M. Touchton and M. Wikelski, "Ecological opportunity leads to the emergence of an alternative behavioural phenotype in a tropical bird," *Journal of Animal Ecology* 84, no. 4 (2015): 1041–1049.

E. Tulving, "Episodic memory: From mind to brain," *Annual Review of Psychology* 53 (2002): 1–25.

E. O. Willis, *The Behavior of Ocellated Antbirds* (Washington, DC: Smithsonian Institution Press, 1973).

E. O. Wilson, *A Window on Eternity, A Biologist's Walk Through Gorongosa National Park* (New York: Simon & Schuster, 2014).

E. O. Willis and Y. Oniki, "Birds and army ants," *Annual Review of Ecology and Systematics* 9 (1978): 243–263.

P. H. Wrege et al., "Antbirds parasitize foraging army ants," *Ecology* 86, no. 3 (2005): 555–559.

玩 耍

第七章　玩耍的鸟儿

J. E. C. Adriaense et al., "Negative emotional contagion and cognitive bias in common ravens (*Corvus corax*)," *PNAS* 116, no. 23 (2019): 11547–11552.

A. C. Bent, *Life Histories of North American Jays, Crows, and Titmice* (Mineola, NY: Dover, 1964).

K. Bobrowicz and M. Osvath, "Cognition in the fast lane: Ravens' gazes are half as short as humans' when choosing objects," *Animal Behavior and Cognition* 6, no. 2 (2019): 81–97.

A. Bond and J. Diamond, *Thinking Like a Parrot: Perspectives from the Wild* (Chicago:

University of Chicago Press, 2019).

T. Bugnyar et al., "Ravens attribute visual access to unseen competitors," *Nature Communications* 7, no. 10506 (2016): doi: 10.1038/ncomms10506.

T. Bugnyar et al., "Ravens judge competitors through experience with play caching," *Current Biology* 17, no. 20 (2007): 1804–1808.

G. M. Burghardt, "Defining and Recognizing Play," article in the *Oxford Handbook of the Development of Play* (Oxford: Oxford University Press, 2012).

N. J. Emery and N. S. Clayton, "Do birds have the capacity for fun?," *Current Biology* 25, no. 1 (2015): R16–R20.

M. S. Ficken, "Avian play," *Auk* 94 (1977): 573–582.

E. H. Forbush and John Bichard May, *A Natural History of American Birds of Eastern and Central North America* (New York: Bramhall House, 1955).

K. Groos, *The Play of Animals*, trans. Elizabeth L. Baldwin (New York: D. Appleton and Company, 1898).

E. Gwinner, "Über einige Bewegungsspiele des Kolkraben," *Zeitschrift für Tierpsychol* 23 (1966): 28–36.

B. Heinrich, *Mind of the Raven* (NY: HarperCollins, 1999).

B. Heinrich, "Why do ravens fear their food?", *The Condor* 90 (1988): 950–952.

J. Hutto, *Illumination in the Flatwoods: A Season with the Wild Turkey* (Guilford, CT: Lyons and Burford, 1995).

I. Jacobs et al., "Object caching in corvids: Incidence and significance," *Behavioural Processes* 102 (2014): 25–32.

C. Kabadayi and M. Osvath, "Ravens parallel great apes in flexible planning for tool-use and bartering," *Science* 357, no. 6347 (2017): 202–204.

M. L. Lambert et al., "Birds of a feather? Parrot and corvid cognition compared," *Behaviour* 156, nos. 5–8 (2018): 508–594.

R. Miller et al., "Differences in exploration behaviour in common ravens and carrion crows during development and across social context," *Behavioral Ecology and Sociobiology* 69, no. 7 (2015): 1209–1220.

E. P. Moreno-Jiménez et al., "Adult hippocampal neurogenesis is abundant in neurologically healthy subjects and drops sharply in patients with Alzheimer's disease," *Nature Medicine* 25, no. 4 (2019): 554–560.

M. Osvath and M. Sima, "Sub-adult ravens synchronize their play: A case of emotional contagion?" *Animal Behavior and Cognition* 1, no. 2 (2014): 197–205.

M. Osvath et al., "An exploration of play behaviors in raven nestlings," *Animal Behavior and Cognition* 1, no. 2 (2014): 157–165.

S. M. Pellis et al., "Is play a behavior system, and, if so, what kind?," *Behavioural Processes*

160 (2019): 1–9.

L. Riters et al., “Song practice as a rewarding form of play in songbirds,” *Behavioural Processes* 163 (2017): doi.org/10.1016/j.beproc.2017.10.002.

S. M. Smith, “The behavior and vocalizations of young turquoise-browed motmots,” *Biotropica* 9, no. 2 (1977): 127–130.

M. Spinka et al., “Mammalian play: Training for the unexpected,” *Quarterly Review of Biology* 76, no. 2 (2001): 141–168.

D. Van Vuren, “Aerobatic rolls by ravens on Santa Cruz Island, California,” *Auk* 101, no. 3 (1984): 620–621.

第八章　山上的小丑

J. Diamond and A. B. Bond, *Kea, Bird of Paradox: The Evolution and Behavior of a New Zealand Parrot* (Oakland: University of California Press, 1999).

G. K. Gajdon et al., “What a parrot’s mind adds to play: The urge to produce novelty fosters tool use acquisition in kea,” *Open Journal of Animal Sciences* 4 (2014): 51–58.

M. Goodman et al., “Habitual tool use innovated by free-living New Zealand kea,” *Sci Rep.* 8, no. 1 (2018): 13935: doi:10.1038/s41598-018-32363-9.

M. Heaney et al., “Keas perform similarly to chimpanzees and elephants when solving collaborative tasks,” *PLOS ONE* 12, no. 2 (2017): e0169799: doi.org/10.1371/journal.pone.0169799.

J. R. Jackson, “Keas at Arthurs Pass,” *Notornis* 9, no. 2 (1960): 39–58.

G. Marriner, *The Kea: A New Zealand Problem* (Christchurch, NZ: Marriner Bros., 1908).

M. O’Hara et al., “Kea Logics: How These Birds Solve Difficult Problems and Outsmart Researchers,” in *Logic and Sensibility*, ed. S. Watanabe, (Keio, Japan: Center for Advanced Research on Logic and Sensibility, 2012).

J. Panksepp, “Beyond a joke: From animal laughter to human joy?,” *Science* 308, no. 5718 (2005): 62–63.

S. M. Pellis et al., “The function of play in the development of the social brain,” *American Journal of Play* 2, no. 3 (2010): 278–297.

R. Schwing, “Scavenging behavior of kea (*Nestor notabilis*),” *Notornis* 57, no. 2 (2010): 98–99.

R. Schwing et al., “Kea (*Nestor notabilis*) decide early when to wait in food exchange task,” *Journal of Comparative Psychology* 131, no. 4 (2017): 269–276.

R. Schwing et al., “Positive emotional contagion in a New Zealand parrot,” *Current Biology* 27, no. 6 (2017): R213–R214.

R. Schwing et al., “Vocal repertoire of the New Zealand kea parrot *Nestor notabilis*,”

Current Zoology 58, no. 5 (2012): 727–740.

A. Wein et al., "Picture—object recognition in kea (*Nestor notabilis*)," *Ethology* 121, no. 11 (2015): 1059–1070.

求 爱

第九章 交配行为

P. Abbassi and N. T. Burley, "Nice guys finish last: Same-sex sexual behavior and pairing success in male budgerigars," *Behavioral Ecology* 23, no. 4 (2012): 775–782.

D. G. Ainley, "Displays of Adélie Penguins: A Re-interpretation," (1974) in *The Biology of Penguins*, ed. B. Stonehouse (London: Macmillan, 1975), 503–534.

N. W. Bailey and M. Zuk, "Same-sex sexual behavior and evolution," *Trends in Ecology and Evolution* 24, no. 8 (2009): 439–446.

Y. Ben Mocha and S. Pika, "Intentional presentation of objects in cooperatively breeding Arabian babblers (*Turdoides squamiceps*)," *Frontiers in Ecology and Evolution* (2019): doi.org/10.3389/fevo.2019.00087.

Y. Ben Mocha et al., "Why hide? Concealed sex in dominant Arabian babblers (*Turdoides squamiceps*) in the wild," *Evolution and Human Behavior* 39 (2018): 575–582.

T. Birkhead, "Uncovered: The Secret Sex Life of Birds," BirdLife International, February 13, 2018.

P. L. R. Brennan, "The Hidden Side of Sex," *Scientist*, July 1, 2014.

P. L. R. Brennan and R. Prum, "The limits of sexual conflict in the narrow sense: New insights from waterfowl biology," *Philosophical Transactions of the Royal Society B* 367, no. 1600 (2012): 2324–2338.

G. M. Levick, *Antarctic Penguins: A Study of Their Social Habits* (London: William Heinemann, 1914).

G. R. MacFarlane et al., "Homosexual behaviour in birds: Frequency of expression is related to parental care disparity between the sexes," *Animal Behaviour* 80, no. 3 (2010): 375–390.

D. MacLeod, "Necrophilia among ducks ruffles research feathers," *The Guardian*, March 8, 2005.

C. W. Moeliker, "The first case of homosexual necrophilia in the mallard *Anas platyrhynchos* (Aves: Anatidae)," *DEINSEA* 8 (2001): 243–247.

A. P. Møller, "Copulation behaviour in the goshawk, *Accipiter gentilis*," *Animal Behaviour* 35, no. 3 (1987): 755–763.

N. Ota, "Are the neural mechanisms shared between singing and dancing in Blue-Capped Cordon-Bleu Finches?", Presentation at the International Ornithological Congress

2018.
N. Ota et al., "Tap dancing birds: the multimodal mutual courtship display of males and females in a socially monogamous songbird," *Scientific Reports* 5 (16614) (2015).
D. G. D. Russell et al., "Dr. George Murray Levick (1876 —1956): Unpublished notes on the sexual habits of the Adélie penguin," *Polar Record* 48, no. 4 (2012): 387—393.
K. Swift and J. M. Marzluff, "Occurrence and variability of tactile interactions between wild American crows and dead conspecifics," *Philosophical Transactions of the Royal Society B: Biological Sciences* 373, no. 1754 (2018): 20170259.

第十章　狂野的求爱

F. J. Aznar and M. Ibáñez-Agulleiro, "The function of stones in nest building: The case of black wheatear (*Oenanthe leucura*) revisited," *Avian Biology Research* 1 (2016): 3—12.
A. C. Bent, *Life Histories of North American Nuthatches, Wrens, Thrashers and Their Allies* (Washing-ton, DC: Smithsonian, 1948).
N. J. Boogert et al., "Mate choice for cognitive traits: A review of the evidence in nonhuman vertebrates," *Behavioral Ecology* 22, no. 3 (2011): 447—459.
E. H. DuVal, "Cooperative display and lekking behavior of the lance-tailed manakin (*Chiroxiphia lanceolata*)," *Auk* 124, no. 4 (2007): 1168—1185.
E. H. DuVal, "Female mate fidelity in a lek mating system and its implications for the evolution of cooperative lekking behavior," *American Naturalist* 181, no. 2 (2013): 213—222.
R. Heinsohn et al., "Tool-assisted rhythmic drumming in palm cockatoos shares key elements of human instrumental music," *Science Advances* 3, no. 6 (2017): e1602399.
B. G. Hogan and M. C. Stoddard, "Synchronization of speed, sound and iridescent color in a humming-bird aerial courtship dive," *Nature Communications* 9, no. 1 (2018): 5260.
M. G. Lockley et al., "Theropod courtship: Large scale physical evidence of display arenas and avian-like scrape ceremony behaviour by Cretaceous dinosaurs," *Scientific Reports* 6 (2016): 18952.
E. A. Marks et al., "Ecstatic display calls of the Adélie penguin honestly predict male condition and breeding success," *Behaviour* 147, no. 2 (2010): 165—184.
J. Moreno et al., "The function of stone carrying in the black wheateater, *Oenanthe leucura*," *Animal Behaviour* 47, no. 6 (1994): 1297—1309.
R. G. Prum, *The Evolution of Beauty: How Darwin's Forgotten Theory of Mate Choice Shapes the Animal World—and Us* (New York: Doubleday, 2017).
M. J. Ryan, *A Taste for the Beautiful: The Evolution of Attraction* (Princeton, NJ: Princeton

University Press, 2018).

M. J. Ryan and M. E. Cummings, "Perceptual biases and mate choice," *Annual Review of Ecology, Evolution, and Systematics* 44 (2013): 437–459.

H. M. Schaefer and G. D. Ruxton, "Signal diversity, sexual selection, and speciation," *Annual Review of Ecology, Evolution, and Systematics* 46 (2015): 573–592.

E. Scholes, "Courtship ethology of Carola's parotia (*Parotia Carolae*)," *Auk* 123, no. 4 (2006): 967–990.

E. J. Scholes et al., "Visual and acoustic components of courtship in the bird-of-paradise genus *Astrapia* (Aves: Paradisaeidae)," *PeerJ* 5 (2017): e3987.

第十一章　脑筋急转弯

M. Araya-Salas et al., "Spatial memory is as important as weapon and body size for territorial owner-ship in a lekking hummingbird," *Scientific Reports* 8, no. 2001 (2018): doi:10.1038/s41598-018-20441-x.

G. Borgia, "Complex male display and female choice in the spotted bowerbird: Specialized functions for different bower decorations," *Animal Behaviour* 49, no. 5 (1995): 1291–1301.

G. Borgia and J. Keagy, "Cognitively Driven Co-option and the Evolution of Complex Sexual Displays in Bowerbirds," in *Animal Signaling and Function: An Integrative Approach*, ed. D. J. Irschick et al. (Hoboken, NJ: John Wiley and Sons, 2015), 75–109.

G. Borgia and D. C. Presgraves, "Coevolution of elaborate male display traits in the spotted bowerbird: An experimental test of the threat reduction hypothesis," *Animal Behaviour* 56, no. 5 (1998): 1121–1128.

J. Chen et al., "Problem-solving males become more attractive to female budgerigars," *Science* 363, no. 6423 (2019): 166 –167.

A. H. Chisholm, *Bird Wonders of Australia* (East Lansing: Michigan State University Press, 1958).

A. Cockburn, "Can't See the 'Hood' for the Trees: Phylogenetic and Ecological Pattern in Cooperative Breeding in Birds," plenary lecture, IOC 2018.

A. Cockburn et al., "Superb fairy-wren males aggregate into hidden leks to solicit extragroup fertilizations before dawn," *Behavioral Ecology* 20, no. 3 (2009): 501–510.

A. H. Dalziell and A. Cockburn, "Dawn song in superb fairy-wrens: A bird that seeks extrapair copulations during the dawn chorus," *Animal Behaviour* 75, no. 2 (2008): 489–500.

J. M. Diamond, "Bower building and decoration by the bowerbird *Amblyornis inornatus*," *Ethology* 74, no. 3 (1987): 177–204.

J. M. Diamond, "Evolution of bowerbirds' bowers: Animal origins of the aesthetic sense," *Nature* 297 (1982): 99–102.

J. Keagy et al., "Cognitive ability and the evolution of multiple behavioral display traits," *Behavioral Ecology* 23, no. 2 (2012): 448–456.

L. A. Kelley and J. A. Endler, "How do great bowerbirds create forced perspective illusions?," *Royal Society Open Science* 4, no. 1 (2017): 160661.

D. Lack, *Ecological Adaptations for Breeding in Birds* (London: Chapman and Hall, 1968).

J. R. Madden, "Do bowerbirds exhibit cultures?," *Animal Cognition* 11, no. 1 (2008): 1–12.

D. J. Pritchard and S. D. Healy, "Taking an insect-inspired approach to bird navigation," *Learning & Behavior* 46, no. 1 (2018): 7–22.

D. J. Pritchard et al., "Wild hummingbirds require a consistent view oflandmarks to pinpoint a goal location," *Animal Behaviour* 137 (2018): 83–94.

D. J. Pritchard et al., "Wild rufous hummingbirds use local landmarks to return to rewarded locations," *Behavioural Processes* 122 (2016): 59–66.

育 儿

第十二章　放养式育儿

M. AlRashidi et al., "The influence of a hot environment on parental cooperation of a ground-nesting shorebird, the Kentish plover *Charadrius alexandrines*," *Frontiers in Zoology* 7 (2010): 1–10.

I. E. Bailey et al., "Image analysis of weaverbird nests reveals signature weave patterns," *Royal Society Open Science* 2, no. 6 (2015): 150074.

R. Biancalana, "Breeding biology of the sooty swift *Cypseloides fumigatus* in São Paulo, Brazil," *Wilson Journal of Ornithology* 127, no. 3 (2015): 402–410.

A. J. Breen et al., "What can nest-building birds teach us?," *Comparative Cognition and Behavior Reviews* 11 (2016): 83–102.

B. L. Campbell et al., "Behavioural plasticity under a changing climate; how an experimental local climate affects the nest construction of the zebra finch *Taeniopygia guttata*," *Journal of Avian Biology* 49, no. 4 (2018): doi.org/10.1111/jav.01717.

A. Cockburn, "Prevalence of different modes of parental care in birds," *Proceedings B: Biological Sciences* 273, no. 1592 (2006): 1375–1383.

A. Göth and D. Jones, "Ontogeny of social behaviour in the megapode Australian brush-turkey (Alectura lathami)," *Journal of Comparative Psychology* 117, no. 1 (2003): 36–43.

H. F. Greeney et al., "Trait-mediated trophic cascade creates enemy-free space for nesting humming-birds," *Science Advances* 1, no. 8 (2015): e1500310.

L. M. Guillette and S. D. Healy, "Nest building, the forgotten behavior," *Current Opinion in Behavioural Sciences* 6 (2015): 90–96.

L. M. Guillette et al., "Social learning in nest-building birds: A role for familiarity," *Proceedings of the Royal Society B: Biological Sciences* 283, no. 1827 (2016): 20152685.

Z. J. Hall et al., "Neural correlates of nesting behavior in zebra finches (*Taeniopygia guttata*)," *Behavioural Brain Research* 264, no. 100 (2014): 26–33.

Z. J. Hall et al., "A role for nonapeptides and dopamine in nest-building behaviour," *Journal of Neuroen-docrinology* 27, no. 2 (2015): 158–165.

M. R. Halley and C. M. Heckscher, "Interspecific parental care by a wood thrush (*Hylocichla mustelina*) at a nest of the veery (*Catharus fuscescens*)," *Wilson Journal of Ornithology* 125, no. 4 (2013): 823–828.

R. Heinsohn et al., "Adaptive sex ratio adjustments via sex-specific infanticide in a bird," *Current Biology* 21, no. 20 (2011): 1744–1747.

D. N. Jones et al., *The Megapodes* (Oxford: Oxford University Press, 1995).

D. N. Jones et al., "Presence and distribution of Australian brush-turkeys in the greater Brisbane region," *Sunbird* 34, no. 1 (2004): 1–9.

D. N. Jones, "Living with a dangerous neighbor: Australian magpies in a suburban environment," *Proceedings 4th International Urban Wildlife Symposium*, ed. Shaw et al. (2004).

D. N. Jones, "Reproduction Without Parenthood: Individual Behaviour of Male, Female and Juvenile Australian Brush-Turkeys," in *Animal Societies: Individuals, Interaction and Organisation*, eds. Peter J. Jarman and Andrew Rossiter (Kyoto: Kyoto University Press, 1994): 135–146.

J. J. Price and S. C. Griffith, "Open cup nests evolved from roofed nests in the early passerines," *Proceedings of the Royal Society B* 284, no. 1848 (2017): doi.org/10.1098/rspb.2016.2708.

D. R. Rubenstein, "Superb starlings: cooperation and conflict in an unpredictable environment," in *Cooperative Breeding in Vertebrates*, eds. W. D. Koenig and J. L. Dickinson (Cambridge: Cambridge University Press, 2016): 181–196.

M. M. Shy, "Interspecific feeding among birds: A review," *Journal of Field Ornithology* 53, no. 4 (1982): 370–393.

M. C. Stoddard et al., "Avian egg shape: Form, function and evolution," *Science* 356, no. 6344 (2017): 1249–1254.

M. C. Stoddard et al., "Evolution of avian egg shape: Underlying mechanisms and the importance of taxonomic scale," *Ibis* 161 (2019): 922–25: doi.org/10.1111/ibi.12755.

R. E. van Dijk et al., "Nest desertion is not predicted by cuckoldry in the Eurasian penduline tit," *Behavioral Ecology and Sociobiology* 64, no. 9 (2010): 1425–1435.

K. van Vuuren et al., "'Vicious, aggressive bird stalks cyclist': The Australian magpie (*Cracticus tibicen*) in the news," *Animals* 6, no 5 (2016): 29.

第十三章　世上最强的鸟类观察者

D. E. Blasi et al., "Sound-meaning association biases evidenced across thousands of languages," *PNAS* 113, no. 39 (2016): 10818–10823.

W. E. Feeney, "Evidence of Adaptations and Counter-Adaptations Before the Parasite Lays Its Egg: The Frontline of the Arms Race," in *Avian Brood Parasitism: Behaviour, Ecology, Evolution and Coevolution*, ed. M. Soler (New York: Springer, 2017): 307–324.

W. E. Feeney, "'Jack-of-all-trades' egg mimicry in the brood parasitic Horsfield's bronze-cuckoo?" *Behavioral Ecology* 25, no. 6 (2014): 1365–1373.

W. E. Feeney and N. E. Langmore, "Social learning of a brood parasite by its host," *Biology Letters* 9, no. 4 (2013): doi.org/10.1098/rsbl.2013.0443.

W. E. Feeney and N. E. Langmore, "Superb fairy-wrens, *Malurus cyaneus,* increase vigilance near their nest with the perceived risk of brood parasitism," *Auk* 132, no. 2 (2015): 359–364.

W. E. Feeney et al., "Advances in the study of coevolution between avian brood parasites and their hosts," *Annual Review of Ecology, Evolution, and Systematics* 45 (2014): 227–246.

W. E. Feeney et al., "Evidence for aggressive mimicry in an adult brood parasitic bird, and generalised defences in its host," *Proceedings of the Royal Society B: Biological Sciences* 282, no. 1810 (2015): 20150795.

W. E. Feeney et al., "The frontline of avian brood parasite-host coevolution," *Animal Behaviour* 84 (2012): 3–12.

M. F. Guigueno et al., "Female cowbirds have more accurate spatial memory than males," *Biology Letters* 10, no. 2 (2014): 20140026.

H. A. Isack and H.-U. Reyer, "Honeyguides and honey gatherers: Interspecific communication in a symbiotic relationship," *Science* 243, no. 4896 (1989): 1343–1346.

R. M. Kilner and N. E. Langmore, "Cuckoos versus hosts in insects and birds: Adaptations, counter-adaptations and outcomes," *Biological Reviews* 86, no. 4 (2011): 836 –852.

N. E. Langmore et al., "Escalation of a coevolutionary arms race through host rejection of brood parasitic young," *Nature* 422, no. 6928 (2003): 157–160.

N. E. Langmore et al., "Learned recognition of brood parasitic cuckoos in the superb fairy-wren, *Malurus cyaneus*," *Behavioral Ecology* 23, no. 4 (2012): 798–805.

N. E. Langmore et al., "Visual mimicry of host nestlings by cuckoos," *Proceedings of the Royal Society B: Biological Sciences* 278, no. 1717 (2011): 2455–2463.

N. E. Langmore et al., "Socially acquired host-specific mimicry and the evolution of host races in Hors-field's bronze-cuckoo *Chalcites basalis*," *Evolution* 62, no. 7 (2008): 1689–1699.

W. Liang, "Crafty cuckoo calls," *Nature Ecology & Evolution* 1, no. 10 (2017): 1427–1428.

M. I. M. Louder et al., "An acoustic password enhances auditory learning in juvenile brood parasitic cowbirds," *Current Biology* (2019): doi.org/10.1016/j.cub.2019.09.046.

M. I. M. Louder et al., "A generalist brood parasite modifies use of a host in response to reproductive success," *Proceedings of the Royal Society B: Biological Sciences* 282, no. 1814 (2015): doi.org/10.1098/rspb.2015.1615.

D. Parejo and J. M. Avilés, "Do avian brood parasites eavesdrop on heterospecific sexual signals revealing host quality? A review of the evidence," *Animal Cognition* 10, no. 2 (2007): 81–88.

E. Pennisi, "Wild bird comes when honey hunters call for help," *Science* 353, no. 6297 (2016): 335.

G. A. Ranger, "On three species of honey-guide; the greater (*Indicator indicator*), the lesser (*Indicator minor*) and the scaly-throated (*Indicator variegatus*)," *Ostrich* 26, no. 2 (1955): 70–87.

J. M. Rojas Ripari et al., "Innate development of acoustic signals for host parent–offspring recognition in the brood-parasitic screaming cowbird *Molothrus rufoaxillaris*," *Ibis* 161, no. 4 (2018): 717–719.

C. N. Spottiswoode and J. Koorevaar, "A stab in the dark: Chick killing by brood parasitic honeyguides," *Biology Letters* 8, no. 2 (2012): 241–244.

C. N. Spottiswoode and M. N. Stevens, "Host-parasite arms races and rapid changes in bird egg appearance," *American Naturalist* 179, no. 5 (2012): 633–648.

C. N. Spottiswoode et al., "Reciprocal signaling in honeyguide-human mutualism," *Science* 353, no. 6297 (2016): 387–389.

M. Stevens, "Bird brood parasitism," *Current Biology* 23, no. 20 (2013): R909–R913.

M. C. Stoddard and M. E. Hauber, "Colour, vision and coevolution in avian brood parasitism," *Philosophical Transactions of the Royal Society B: Biological Sciences* 372, no. 1724 (2017): 20160339.

M. C. Stoddard et al., "Higher-level pattern features provide additional information to birds when recognizing and rejecting parasitic eggs," *Philosophical Transactions of the Royal Society B: Biological Sciences* 374, no. 1769 (2019): 20180197.

第十四章　女巫与开水壶的托儿合作社

B. J. Ashton et al., "Cognitive performance is linked to group size and affects fitness in Australian magpies," *Nature* 554, no. 7692 (2018): 364–367.

B. J. Ashton et al., "An intraspecific appraisal of the social intelligence hypothesis," *Philosophical Transactions of the Royal Society B: Biological Sciences* 373, no. 1756 (2017): doi/10.1098/rstb.2017.0288.

A. Carr, *The Windward Road: Adventures of a Naturalist on Remote Caribbean Shores* (New York: Knopf, 1956).

C. K. Cornwallis, "Cooperative breeding and the evolutionary coexistence of helper and nonhelper strategies," *Proceedings of the National Academy of Sciences* 115, no. 8 (2018): 1684–1686.

W. D. Hamilton, "The genetical evolution of social behaviour. II," *Journal of Theoretical Biology* 7 (1964): 17–52.

W. D. Koenig, "What drives cooperative breeding?," *PLOS Biology* 15, no. 6 (2017): e2002965.

W. D. Koenig and R. L. Mumme, "The great egg-demolition derby," *Natural History* 106, no. 5 (1997): 32–37.

R. L. Mumme et al., "Costs and benefits of joint nesting in the acorn woodpecker," *American Naturalist* 131, no. 5 (1988): 654–677.

A. Ridley et al., "The cost of being alone: The fate of floaters in a population of cooperatively breeding pied babblers *Turdoides bicolor*," *Journal of Avian Biology* 3, no. 4 (2008): 389–392.

C. Riehl, "Infanticide and within-clutch competition select for reproductive synchrony in a cooperative bird," *Evolution* 70, no. 8 (2016): 1760–1769.

C. Riehl and M. J. Strong, "Social living without kin discrimination: Experimental evidence from a communally breeding bird," *Behavioral Ecology and Sociobiology* 69, no. 8 (2015): 1293–1299.

C. Riehl and M. J. Strong, "Stable social relationships between unrelated females increase individual fitness in a cooperative bird," *Proceedings of the Royal Society B: Biological Sciences* 285, no. 1876 (2018): doi/10.1098/rspb.2018.0130.

C. Riehl et al., "Inferential reasoning and egg rejection in a cooperatively breeding cuckoo," *Animal Cognition* 18, no. 1 (2015): 75–82.

M. Taborsky et al., "The evolution of cooperation based on direct fitness benefits,"

Philosophical Transactions of the Royal Society B: Biological Sciences 371, no. 1687 (2016): 20140474.

A. Thornton and K. McAuliffe, "Cognitive consequences of cooperative breeding? A critical appraisal," *Journal of Zoology* 295, no. 1 (2015): 12–22.

K. Wojczulanis-Jakubas et al., "Seabird parents provision their chick in a coordinated manner," *PLOS ONE* 13, no. 1 (2018): e0189969.

尾声

D. E. Bowler, "Long-term declines of European insectivorous bird populations and potential causes," *Conservation Biology* 33, no. 5 (2019): 1120–1130.

M. L. Eng et al., "A neonicotinoid insecticide reduces fueling and delays migration in songbirds," *Science* 365, no. 6458 (2019): 1177–1180.

C. M. Heckscher, "A nearctic-neotropical migratory songbird's nesting phenology and clutch size are predictors of accumulated cyclone energy," *Scientific Reports* 8, no. 9899 (2018): doi:10.1038/s41598-018-28302-3.

S. Jenouvrier et al., "The Paris agreement objectives will likely halt future declines of emperor penguins," *Global Change Biology* (2019): doi/10.1111/gcb.14864.

C. W. Rettenmeyer et al., "The largest animal association centered on one species: The army ant *Eciton burchellii* and its more than 300 associates," *Insectes Sociaux* 58, no. 3 (2011): 281–292.

L. Robin and R. Heinsohn, *Boom & Bust: Bird Stories for a Dry Country* (Clayton, Victoria, Australia: Csiro Publishing, 2009).

K. V. Rosenberg et al., "Decline of the North American avifauna," *Science* 366, no. 6461 (2019): eaaw1313.

索引

（条目后的数字为原书页码，见本书边码）

acorn woodpeckers 橡树啄木鸟
cooperative breeding 合作繁殖 308
ejection of eggs from nest 丢弃巢中的卵 308
same-sex sexual behavior 同性性行为 207
acoustic play 声学游戏 160—161
Adélie penguins 阿德利企鹅
mating display, information females derive from 雌鸟从求偶炫耀中获得的信息 225
sexual behavior of 性行为 202—204
African driver ants 非洲行军蚁 125—126
Ainley, David 戴维·安利 204
alarm calls 告警声 18,41—63
flee alarm calls 躲避警报 46
functionally referential signaling 功能性指示信号 48—49
human speech and bird vocalizations, parallels between 人类语言和鸟类鸣声的相似之处 61
linguistic rules, use of 语言规则的用途 61—63
mobbing calls 围攻鸣叫 46—48, 291—292
other animals understanding of 其他动物的理解 53
playback and video recording studies 录音回放和录像研究 44—45
predator behavior signaled by 指示捕食者行为的信号 49—50
predator distance signaled by 指示捕食者距离的信号 50
predator size and degree of threat signaled by 指示捕食者体型和威胁程度的信号 50—52
silence between sounds as 鸣声间的静默 44
similarities of different species' calls warning of cuckoos 不同物种对于杜鹃的警报的相似性 292—294
understanding calls of another species 理解其他物种的鸣叫 52—57
wing feather notes as 飞羽发出的信号 44
albatrosses 信天翁
Laysan's albatrosses 黑背信天翁 205—207
olfactory perception 嗅觉感知 106
Amazonian parrots 亚马孙鹦哥属 181

American coots 美洲骨顶 8
American robins 旅鸫
alarm call 告警声 44
auditory perception in hunting 捕食时的听觉感知 97
song of 鸣唱 30
anis 犀鹃 参见具体物种
Anna's hummingbirds 安氏蜂鸟 222—223
Antarctic Penguins (Levick) 《南极企鹅》(利维克著) 202
ant-following birds 跟随蚂蚁的鸟类 123—142, 131—137, 324。参见具体物种
ant resistance to 蚂蚁的抵抗 125
bivouac checking and 与营地巡查 132—136
concentration of food provided by ant raids 蚂蚁出征所提供的大量食物 126
cooperative foraging 合作觅食 129—132
danger involved in ant raids 蚂蚁出征时的危险 125—126
finding ants 寻找蚂蚁 132—133
mental skills required for following ants 追踪蚂蚁所需的心智技能 126—127
mental time travel and 与精神上的时空之旅 137—142
Aplin, Lucy 露西·阿普林 119
aquatic weavers 水栖苇莺 199
Arabian babblers 阿拉伯鸫鹛
play 玩耍 156
sex act concealed by 掩饰性行为 199—202
Araya-Salas, Marcelo 马塞洛·阿拉亚-萨拉斯 141
army ants (*Eciton burchellii*) 鬼针游蚁 123—129
Ashton, Ben 本·阿什顿 312
Atlantic puffins 北极海鹦 197
Attenborough, David 大卫·爱登堡 74
auditory perception 听觉感知 31—32, 96—99
Audubon, John James 约翰·詹姆斯·奥杜邦 94, 100—101
Australia 澳大利亚 13—14
Australian magpies 黑背钟鹊
alarm calls of other species, recognition of 识别其他物种的告警声 52—53
auditory perception in hunting 捕食时的听觉感知 97
defense of nests 守卫鸟巢 253—256
group size and development of cognition in 群体大小和认知能力的发展 312
mimicry of 模仿 72
Avian Play (Ficken) 《鸟类的游戏》(菲肯著) 160

baiting prey 用诱饵捕食 111
bald ibises 秃鹳 10—11
Bang, Betsy 贝齐·班 101—102
Baptista, Luis 路易斯·巴普蒂斯塔 31
bar-headed goose 斑头雁 6—7
beauty happens hypothesis 美的发生假说 227—228
bee-eaters 蜂虎 271—272
behavioral diversity 行为多样性 1—22
altruistic behaviors 利他行为 10—11
bias in research and 与研究中的偏见 18—20
extremes in behavior 极端行为 12—

14
infanticide and 与杀婴 10
plumage and 与羽毛 8—11
within species 种间 11
technological breakthroughs and 与技术突破 20—21
behavioral flexibility 行为灵活性 15
Bekoff, Marc 马克·贝科夫 165
bell miners 矿吸蜜鸟 33—34,327
Benedict, Lauryn 劳林·本尼迪克特 19
Ben Mocha, Yitzchak 伊扎克·本·摩卡 200—201
Bennett, Tom 汤姆·贝内特 54
Bent, Arthur Cleveland 阿瑟·克利夫兰·本特 146,209,274
Berg, Karl 卡尔·伯格 29
Biancalana, Renata 雷娜塔·比安卡拉纳 249—250
bicolored antbirds 双色蚁鸟 131—133,136
biparental care 双亲抚育 256
birds-of-paradise 极乐鸟 216—217
birdsong 鸟类鸣唱 参见communication
Birkhead, Tim 蒂姆·伯克黑德 199,241
bivouac, army ant 行军蚁的营地 124
bivouac checking 营地巡查 132—133
black-capped chickadees 黑冠山雀 50
black kites 黑鸢 92,128
black manakin 黑娇鹟 219
black wheatear 白尾鸭 209—210
Blakiston's fish owl 毛腿渔鸮 89—91,97
blue-capped cordon-bleus 蓝顶蓝饰雀 220
blue-footed boobies 蓝脚鲣鸟 306
blue jays 冠蓝鸦
alarm call 告警声 44
mimicry 模仿 73,81
blue tits 青山雀 21
Bobrowicz, Katarzyna 卡塔尔茨娜·博布罗维奇 150
Bond, Alan 艾伦·邦德 155,179
Bonta, Mark 马克·邦塔 115—121
Borgia, Gerald 杰拉尔德·博尔贾 233—234,237
bowerbirds 园丁鸟 参见具体物种
bower building and mating behavior of 筑造求偶亭和求偶行为 231—236
female's ability to judge males 雌鸟评判雄鸟的能力 239—240
learning bower design and display style 学习求偶亭的设计和炫耀的风格 236
mating behavior 求偶行为 229
brain structure, avian of brood parasites 巢寄生鸟类的大脑结构 296
neuron counts and density 神经元数量和密度 16—17
Brennan, Patricia 帕特里夏·布伦南 198
Brinkløv, Signe 西格·布林克洛夫 99
bristle-thighed curlews 太平洋杓鹬 112
broad-tailed hummingbirds 宽尾煌蜂鸟
female's ability to judge males 雌鸟评判雄鸟的能力 239
mating behavior 求偶行为 220—222,223—224,226
brood parasites 巢寄生 270—297
convergence in alarm calls of host species 寄主物种在告警声上的趋同 292—294

duping host to bring extra food 欺骗寄主带回额外的食物 272—273
egg mimicry and host's ability to discern forgeries 鸟卵模仿和寄主辨别冒牌货的能力 281—284
farming strategy “耕作”策略 274—275
foreign chick detection and rejection 发现和驱逐外来的雏鸟 284—288
mobbing and 与围攻 291—292
parasite chick strategies for killing host nestlings 寄生雏鸟杀死寄主雏鸟的策略 271—272
relative rarity of 相对罕见 271
responses to presence of 对于该现象存在的反应 288—292
selection of host and laying of eggs 对寄主的选择和产卵 294—296
self-knowledge of nestlings, imparting 向雏鸟传递自我认知的信息 274
vocal learning in host and 学习寄主的鸣声 32,286—287
brown-headed cowbirds 褐头牛鹂 273—275,294—295
brown-headed nuthatches 褐头䴓 112
brown snake eagle 褐短趾雕 90
brown thornbills 褐刺嘴莺 72,82—83
brown thrashers 褐弯嘴嘲鸫 72—73
brush turkeys 灌丛塚雉
defense of mound 守卫土堆 266
mating behavior 交配行为 264—266
mound building 建造土堆 245—247,262—263
no parental care 亲代抚育缺失 266—267
temperature manipulation of mound 土堆的温度调节 263
budgerigars 虎皮鹦鹉
cognition, selecting mate for 以认知能力来选择配偶 238—239
contact calls, identifying fellow birds through 通过接触鸣叫进行个体识别 32
same-sex sexual behavior 同性性行为 206—207
Bugnyar, Thomas 托马斯·布格尼亚尔 158,164,169
Burghardt, Gordon 戈登·布格哈特 154,164
burrowing owls 穴小鸮 83
butcherbirds 钟鹊
poisonous prey, eating 食用有毒的猎物 91—92
song of 鸣唱 30

caching 贮藏
mental time travel and 精神上的时间之旅 138—139
playful object caching 贮藏玩具 163—164
by ravens 渡鸦 158—159,163—164
California gulls 加州鸥 207
canebrake wrens 蔓丛苇鹪鹩 35—37
cane toad 海蟾蜍 91—92
Carola's parotias 白胁六线风鸟 217
Carolina chickadees 卡罗山雀 81
Carr, Archie 阿奇·卡尔 299
carrion feeders 食腐者 92—94
Carson, Rachel 蕾切尔·卡森 325
catbirds 嘲鸫 72—73
chatter call 颤鸣 274
Chaves-Campos, Johel 约赫尔·查韦斯-坎波斯 126,131,133—136,142

Chen, Jiani 陈嘉妮 238
chestnut-crowned babblers 栗冠弯嘴鹛 63
chinstrap penguins 纹颊企鹅 206
Chisholm, Alec 亚历克·奇泽姆 232
choughs 钟鹊 参见 white-winged choughs
cooperative breeding 合作繁殖 316—317
Clark, Christopher 克里斯托弗·克拉克 222—223
Clayton, Nicola 妮古拉·克莱顿 138, 166
cliff swallows 美洲燕 108
climate change 气候变化 325
cloaca 泄殖腔 198
Cockburn, Andrew 安德鲁·科伯恩 241, 256
cognition and intelligence 认知与智力
defined 定义 16
in foraging 觅食 21—22
Lefebvre's scale of 勒菲弗的测量方法 15
mating choice for 性选择 237—239
in nest building 筑巢 21
neuron counts and density and 与神经元的数量和密度 16—17
novel and unusual behavior as indicator of 作为指标的奇特行为 16—17
social living and 与社会生活 311—312
wild cognition 野外认知 20—22
collective parenting 合作育儿 参见 cooperative breeding
Colombelli-Négrel, Diane 黛安娜·科隆贝利-内格雷尔 286
color vision 色觉 94—96
"Come on baby, let's do the twist" (Sustaita)《来吧宝贝，让我扭断你的脖子》(苏斯泰塔作) 91
common cuckoo 大杜鹃 272, 291—292
common murres 崖海鸦 108
common swifts 普通楼燕 199
communal courting 公共求偶场 212—213。参见 leks/lekking
communication 交流 12, 17, 25—86
alarm calls 告警声 参见 alarm calls
cosmetic coloration for sexual signaling 作为性信号的"美容染色" 25
dawn chorus 黎明大合唱 参见 dawn chorus
dialects 方言 31, 83—84
duetting 二重唱 34—39
embodied language 具象化的语言 25
facial signaling 脸部信号 26—28
female song 雌鸟的鸣唱 19—20, 37—39
foraging height and eye size as predictors of time of first daily song 觅食高度和眼睛大小决定晨鸣开始的时间 29
functionally referential signaling 功能性指示信号 48—49
gender and gender bias in research related to 相关研究中的性别与性别偏倚 19—20
hearing range 听觉范围 31—32
information gleaned from calls 从鸣叫中收集的信息 33
for mate guarding 捍卫配偶 34
mimicry 模仿 参见 mimicry
origination of birdsong in Australia 澳大利亚鸟鸣的起源 28—29
parroting 模仿 参见 mimicry

pre-dawn song, potential reasons for 黎明前鸣唱的潜在原因 29—30
range of vocalizations 鸣声的多样性 30—31,33
syrinx 鸣管 参见 syrinx
for territorial defense 保卫领地 33—35
vocal learning 发声学习 32
cooperative breeding 合作繁殖 256, 299—319,322。参见 greater anis
cognition and 与认知能力 311—312
coordination of parenting 合作育雏 306—307
decision making 做出决策 313
facultative 兼性 300
hard life theory of 严苛生活理论 317
inclusive fitness and 与广义适应度 300—301
obligate 专性 300
percentage of bird species practicing 实行合作繁殖的鸟类比例 300
reasons for nonkin groupings 形成非亲属群体的原因 314—315
theories as to origins of 关于起源的理论 317—318
cooperative foraging 合作觅食 129—132,322
cooperative mating behavior 合作求偶行为 213—216
Corballis, Michael 迈克尔·科波利斯 137—138
corvids 鸦科 326。参见 crows、ravens
cowbirds 牛鹂 292,296。参见 brown-headed cowbirds
crèche 托儿所 260
crested pigeons 冠鸠 44
crested shrike tit 鵙雀鹟 92
crows 乌鸦 参见具体物种
mobbing by 围攻 47
CrowTrax 乌鸦追踪者 255
cuckoldry 外遇 240—242
cuckoos 杜鹃 参见具体物种
alarm calls, similarity of various species 不同物种在告警声上的相似性 292—294
brood parasitism of 巢寄生 272—273, 275—278,281—292,295—297
mimicry 模仿 81
mobbing of and cuckoos' actions to deter 对杜鹃的围攻和杜鹃的抵御行动 291—292
selection of host and laying of eggs 对寄主的选择和产卵 295—296
cultural learning 文化学习
bower design and display style 求偶亭的设计和炫耀风格 236—237
mimicry and 与拟声 76—77
tool use and 与工具的使用 118—119
Curio, Eberhard 埃伯哈德·库里奥 47—48,56

Dale, James 詹姆斯·戴尔 8,26—28
Dalziell, Ana 安娜·达尔齐尔 68—74, 76—80,85—86
Darwin, Charles 查尔斯·达尔文 93, 211,217—218,227—228,237
Davian behavior 戴夫行为 203,204—205
Davies, Nick 尼克·戴维斯 291
Davis, David 大卫·戴维斯 303—304, 313

Dawkins, Richard 理查德·道金斯 261
dawn chorus 晨鸣 28—39。参见 communication
Day, Lainy 蕾尼·戴 219
dear enemy effect 亲敌效应 28,83
deception 欺骗
in humans and primates 在人类和灵长类中 69—70
mimicry and 与模仿 70,80—86
deprivation experiments 剥夺实验 251—252
Descent of Man, The (Darwin) 《人类的由来》(达尔文著) 211,217—218
dialects 方言 31,83—84
Diamond, Jared 贾里德·戴蒙德 232
Diamond, Judy 朱迪·戴蒙德 155,179
Dickerman, Robert 罗伯特·迪克曼 204
dimethyl sulfate (DMS) 二甲基硫(DMS) 106—108
DNA analysis DNA分析 20
birdsong as originating in Australia 起源于澳大利亚的鸟鸣 28—29
cooperative breeding and 与合作繁殖 256
domed nests 圆顶巢 249
dopamine 多巴胺 166
ducks 鸭 参见具体物种
coordinated loafing 协同游荡 157
female reproductive organs 雌性生殖器官 198—199
olfactory system 嗅觉系统 104
phallus of 阴茎 198
duetting 二重唱 34—39
DuVal, Emily 埃米莉·杜瓦尔 213—216

eastern brown snakes 澳洲棕蛇 279—280
eastern whipbird 绿啸冠鸫 34
echolocation 回声定位 99
eclectus parrots 红胁绿鹦鹉
male offspring killed by mothers 雌鸟杀死雄性后代 10,257,259
nesting and mating behavior 筑巢和交配行为 258
plumage of 羽毛 8—10,258—259
Edwards, Sophie 索菲·爱德华兹 252
eggs 卵 247—248
brood parasitism and 与巢寄生 281—283
shapes and sizes of 形状和大小 247—248
EggxTractor 剥蛋器(一种软件) 248
Emery, Nathan 内森·埃默里 166
emotional contagion 情绪感染 162
emperor penguins 帝企鹅
climate change and 与气候变化 325
depth and duration of diving abilities of 潜水的深度和持续时间 5—6
Endler, John 约翰·恩德勒 234
endogenous opioids 内源性阿片类物质 166—167
Engesser, Sabrina 萨布里纳·恩格泽 62—63
ethyl mercaptan 乙硫醇 102—103
Eurasian wrynecks 蚁䴕 81
European starlings 紫翅椋鸟
mimicry 模仿 73
olfactory perception of 嗅觉感知 104
Eussen, Dick 迪克·欧森 116—118
evolution 进化 参见sexual selection
brood parasitism and 与巢寄生 281—284
female song and 与雌鸟的鸣唱 38—

39
inclusive fitness 广义适应度 300—301
of nest design 鸟巢的设计 249
of play 玩耍 163
Evolution of Beauty, The (Prum) 《美的进化》(普鲁姆著) 228
extra-pair sex 配偶外性行为 240—242
Eyster, Harold 哈罗德·艾斯特 221

facultative cooperative breeding 兼性合作繁殖 300
fairy-wrens 细尾鹩莺 参见具体物种
breeding behavior of 繁殖行为 278—279
brood parasitism and 与巢寄生 277—278,284,286—287
response to cuckoos near their nests 对巢边杜鹃的反应 288—292
vocal passwords learned by young of 雏鸟学习声学密码 32,286—287
falcons 隼 115,117,121,174
feeding 觅食 参见 hunting, foraging and feeding
Feeney, Will 威尔·菲尼 246—247,275—281,288—294
female-only parental care 雌鸟单独育雏 256
female song 雌鸟的鸣唱 19—20, 37—39
Ferguson, Nathan 内森·弗格森 116—118
Ficken, Millicent 米莉森特·菲肯 160
fieldfares 田鸫 47
fire-spreading behavior 纵火行为 115—118,119—121
Fischer's lovebirds 费氏牡丹鹦鹉 197
Fisher, Ronald 罗纳德·费舍尔 227—228
Flower, Tom 汤姆·弗劳尔 80—81
foraging 觅食 参见 hunting, foraging and feeding
Forbush, Edward Howe 爱德华·豪·福布什 107,146
fork-tailed drongo 叉尾卷尾 80—81
Fuxjager, Matthew 马修·福克斯杰格 226

galahs 粉红凤头鹦鹉 160
Galambos, Robert 罗伯特·加兰博什 99
Gammon, Dave 戴夫·甘蒙 76
garden warblers 庭园林莺 160
geese 雁 18,30,42
gender bias in research 研究中的性别偏见 18—19
Genius of Birds, The (Ackerman) 《鸟类的天赋》(阿克曼著) 15
geographic bias in research 研究中的地域偏见 18—19
Goffin's cockatoos 戈氏凤头鹦鹉 112
golden-collared manakin 金领娇鹟
female's ability to judge males 雌鸟评判雄鸟的能力 239
mating display, information females derive from 雌鸟从求偶炫耀中获得的信息 226
good gene theory 优良基因假说 225—227
Gosford, Bob 鲍勃·戈斯福德 115—118,120
goshawks 苍鹰 199
Gould, John 约翰·古尔德 13
Graves, Gary 加里·格雷夫斯 103
great bowerbirds 大亭鸟 234—237
greater anis 大犀鹃 299—319
cognition, group size and development

of 群体大小与认知能力的发展 312
cohort of unrelated siblings, communal feeding and protecting 非亲属群体的共同觅食和防卫 302
collective call of 集体鸣叫 299—300,309
cooperative breeding of 合作繁殖 299—310
coordination of parenting 协同育雏 306—307,309
decision-making by 决策制定 313
ejection of eggs from nest 清除巢中的卵 307—308,313
group members unrelated genetically 没有血缘关系的群体成员 301
huddles 聚集 299—300,309—310
incubating eggs 孵卵 310
predation and 与捕食 305
stability and longevity of breeding group 繁殖群体的稳定性和寿命 302
greater honeyguides 黑喉响蜜䴕
as brood parasites 巢寄生 270—272
cooperative relationship with humans 与人类的合作关系 270
greater sage grouse 艾草松鸡 213
great gray owl 灰林鸮 96—97
great tits 大山雀
coordination of parenting 协同育雏 307
cultural learning of tool use and 与工具使用的文化学习 119
hunting and feeding 捕猎和觅食 91
green catbirds 绿园丁鸟 30
green jays 绿蓝鸦 112
Griffin, Donald 唐纳德·格里芬 11,99
Groos, Karl 卡尔·格罗斯 163,219
group parenting 群体育雏 262 参见 cooperative breeding
Guanay cormorants 南美鸬鹚 108—109
gulls 鸥
California 加州鸥 207
learned foraging behavior and 与后天习得的觅食行为 119
mobbing by 围攻 47
play 玩耍 155—156
sex and 与性 199
western 西美鸥 15
Gwinner, Eberhard 埃伯哈德·格温纳 160,165

Hamilton, William 威廉·汉密尔顿 9—10,300—301
Happ, George 乔治·哈普 25
happy wrens 快乐苇鹪鹩 36
hard life theory 严苛生活理论 317
Harris's hawks 栗翅鹰 130
Hawaiian crows 夏威夷乌鸦 112
hawk-cuckoo 鹰鹃 291
Healy, Sue 休·希利 21—22,140,250—252
hearing 听觉 31—32
Heckscher, Christopher 克里斯托弗·赫克舍 322
Heinrich, Bernd 贝恩德·海因里希 149,159
Heinsohn, Robert 罗伯特·海因索恩 9—10,12,210—211,256—258,316—317,323
Herculano-Houzel, Suzana 苏珊娜·埃尔库拉诺-乌泽尔 17
hermit hummingbirds 小隐蜂鸟 83—85

Hogan, Benedict 本尼迪克特·霍根 220—224
honeyeaters 吸蜜鸟 参见New Holland honeyeaters
hooded crows 冠小嘴乌鸦 15
Horsfield's bronze-cuckoo 霍氏金鹃 285—286
Horsfield's hawk-cuckoo 霍氏鹰鹃 272—273
house finches 家朱雀 104
house sparrows 家麻雀 306—307
Huber, Ludwig 路德维希·胡贝尔 169
Humboldt, Alexander von 亚历山大·冯·洪堡 97—98
Humboldt penguins 秘鲁企鹅 206
hummingbirds 蜂鸟 139—141。参见具体物种
hunting, foraging and feeding 捕猎和觅食 18,89—109
ant raids, following 跟随行军蚁 参见ant-following birds
auditory perception and 与听觉感知 96—99
carrion feeders 食腐者 92—94
cognition in 认知 21—22,120—121
cooperative foraging 合作觅食 129—132
echolocation and 与回声定位 99
location of prey, sharing of information on 分享关于猎物位置的信息 108—109
methods of dealing with challenging prey 捕获高难度猎物的方法 90—91
olfactory perception and 与嗅觉感知 100—108
poisonous prey, dealing with 处理有毒的猎物 90—92
shaking of prey 摇晃猎物 91
tool use in 工具使用 参见tool use
visual perception and 与视觉感知 94—96
Hutto, Joe 乔·赫托 156

I, the Aboriginal (Roberts) 《我是澳大利亚土著》(罗伯茨著) 116
Igic, Brani 布拉尼·伊吉奇 52,55—56,82—83
inclusive fitness 广义适应度 300—301
infanticide 杀婴 10,257,259
Inouye, David 戴维·伊努耶 221
insecticides 杀虫剂 324—325
insect-reliant birds, population decline in 以昆虫为食的鸟类数量减少 324—325
intelligence 智力 参见cognition and intelligence
interspecific parenting 种间育雏 260—261
Isack, Hussein 侯赛因·伊萨克 270

Jackson, J. R. J. R. 杰克逊 179
Jacobin hummingbird 黑蜂鸟 31
Japanese crested ibis 朱鹮 25
Japanese red-crowned cranes 丹顶鹤 209
Japanese tits 远东山雀 49,62—63
Jones, Blake Carlton 布莱克·卡尔顿·琼斯 56
Jones, Darryl 达里尔·琼斯 253—256,262—267

Kabadayi, Can 卡恩·卡巴达依 152
Kapoor, Julian 朱利安·卡普尔 83—85
Katsis, Andrew 安德鲁·卡齐斯 278

Keagy, Jason 贾森·基吉 233
kea parrots 啄羊鹦鹉 11,92,169—193
brain size relative to body 相对于体型的脑容量 176
camouflage of 伪装 174
cognitive capacity of 认知能力 176—179
endangered species status of 濒危物种现状 192
extended childhood of 延长童年期 181
foraging behavior and diet of 觅食行为和食性 179—180
learning from one another 互相学习 176
lifespan of 寿命 181
mischievous behavior of 臭名昭著的行为 175—176
novelty, love of 喜欢新奇的事物 172—173
play 玩耍 183—193
poisonous plants, learning how to eat 学会如何取食有毒的植物 92
sheep attacks by 攻击绵羊 180—181
social facilitator, play as 将玩耍作为社会促进剂 186—187
social hierarchy of 社会等级 181—183
vocalizations of 鸣声 173—175
warbling play call 玩耍鸣叫 185,187—191
Kelley, Laura 劳拉·凯利 75—76,234
Kennerley, James 詹姆斯·肯纳利 280—281,284,288,295
Kentish plovers 环颈鸻 307
kin selection 亲缘选择 300—301
kites 鸢 参见具体物种
fire hunting and fire-spreading behavior 火中捕食和纵火行为 116—118
interspecies play 种间玩耍 161
kittiwakes 三趾鸥 11
kiwis 几维鸟 104
kleptoparasitism 偷盗寄生现象 125
Koenig, Walt 沃尔特·凯尼格 308
Komodo dragons 科莫多巨蜥 154—155

Lack, David 大卫·拉克 240
Laman, Tim 蒂姆·拉曼 217
lammergeier 胡兀鹫 111
lance-tailed manakins 尖尾娇鹟 10,213—216,229
Langmore, Naomi 内奥米·朗莫尔 34—35,38—39,284—287,290,294—297
laughter 笑声
in humans 人类 189—190
kea's warbling play call and 与啄羊鹦鹉的玩耍鸣叫 187—191
Laysan's albatrosses 黑背信天翁 205—207
learning 学习
of alarm calls of other species 其他物种的告警声 53—57
cultural learning 文化学习 参见 cultural learning
mimicry 模仿 74—76
of mobbing behavior and fear of enemies 围攻行为和对敌人的恐惧 47—48
social learning 社会学习 57
of tool use 使用工具 118—119
vocal learning 发声学习 32,74—75
Lefebvre, Louis 路易斯·勒菲弗 15

leks/lekking 求偶场 83—85,141,212—213
Levick, George Murray 乔治·默里·利维克 202—204,225
Life Histories of North American Jays, Crows, and Titmice (Bent) 《生活史：北美的鸦、乌鸦与山雀》(本特著) 146
little auks 侏海雀 307
locomotor play 运动型游戏 156,164
Logan, Corina 科琳娜·洛根 141
loggerhead shrike 呆头伯劳 91
long-billed hummingbirds 长尾隐蜂鸟 140—141
Louder, Matthew McKim 马修·麦金·劳德 274
Low, Tim 蒂姆·洛 13,28,33,245—246,267
lying 撒谎
  in humans and primates 人类和灵长类 69—70
  mimicry and 与模仿 70,80—86

Macgregor's bowerbirds 冠园丁鸟 232
McLachlan, Jessica 杰西卡·麦克拉克伦 42,43—46,49,50—52,55—56,58—59,61
Madden, Joah 约亚·马登 236
Magpie Alert 钟鹊警告 254
Magrath, Rob 罗布·马格拉思 44—45,50,53—57,61,290
mallard ducks 绿头鸭
  female reproductive organs 雌鸟的生殖器官 198—199
  forced copulation 强迫性行为 197—199
  homosexual necrophilia 同性恋尸癖 204—205
  pair-bonds 配对 197—198
malleefowl 斑塚雉 263—264
manakins 娇鹟 参见具体物种
Marriner, George 乔治·马里纳 180
marsh warblers 湿地苇莺 72
Marzluff, John 约翰·马兹洛夫 204
Massen, Jorg 约尔格·马森 172
mate guarding 捍卫配偶 34
mating behavior 交配行为 17—18,209—242。参见sex
  beauty happens hypothesis 美的发生假说 227—228
  cognition, selecting mate for 以认知能力来选择配偶 237—239
  communal courting 公共求偶场 212—213
  cooperative 合作 213—216,322
  cosmetic coloration for 美容染色 25
  dialects, role of 方言的角色 31
  extra-pair sex 配偶外性行为 240—242
  female's ability to judge males 雌鸟评判雄鸟的能力 239—240
  from female's perspective 从雌鸟的角度 220—229
  good gene theory 优良基因假说 225—227
  information female may glean from 雌鸟从中获得的信息 225—229
  learning 学习 236—237
  lekking 求偶场 参见leks/lekking
  monogamy 一夫一妻制 240
  percentage of displays in bowerbirds that win matings 赢得交配权的园丁鸟比例 237
  sexual selection and 与性选择 217—220
  signal efficiency theory 信号效能理

论 226—227
solo displayers 单独炫耀者 210—211
theories as to purpose of ornate and elaborate displays 关于装饰和炫耀行为目的的理论 217—229
Meir, Jessica 杰西卡·迈尔 5—7
mental time travel 精神上的时空之旅 137—142,152—153
ant-following birds and 与跟随蚂蚁的鸟类 137,141—142
caching birds and 与贮藏食物的鸟类 138—139
in humans 人类 137—138
spatial memories coupled with timekeeping skills 空间记忆结合计时技巧 139—140
Meyer, Julien 朱利安·梅耶尔 59—60
"A micro-geography of fear" (Magrath) 《恐惧的微观地理》(马格拉思作) 55
migratory birds 候鸟
climate change and 与气候变化 325
female song and 与雌鸟的鸣唱 38—39
mimicry 模仿 65—86
for deception and manipulation 以欺骗和操控为目的 70,80—86
to fool predators 迷惑捕食者 81—83
learning 学习 74—76
number of species/families capable of 能够模仿的种/科的数量 72
other species, learning from 从其他物种那里学习 75—76
purposes of 目的 79—86
to repel rivals or competitors 斥退竞争者 83—84
"sensory trap" during mating, creating 在交配期间创造"感官陷阱" 85—86
sexual selection of 性选择 79—80
social and cultural transmission of 社会和文化传播 76—77
vocal learning and 与发声学习 74—75
miniature video cameras 微型摄像机 20
mirroring neurons 镜像神经元 75
mitral cells 二尖瓣细胞 103
mobbing calls 围攻鸣叫 46—48
brood parasites, defending against 抵御巢寄生 291—292
learning about threats from fellow birds 向同类学习了解威胁 47—48
Moeliker, Kees 基斯·莫里克 205
molecular fingerprinting 分子指纹 20
monitor lizards 巨蜥 154—155
monogamy 一夫一妻制 240
Mumme, Ron 罗恩·穆默 308
Myers, J. P. J. P. 迈尔斯 47

NaturePatternMatch 自然图案匹配(一种软件) 282
Nelson, Ximena 希梅纳·尼尔森 187—188,190—193
neonicotinoids 新烟碱 324—325
neophilia 嗜新症 172—173
neophobia 恐新症 148—149,172
nests/nest building 巢/筑巢 249—256
cognition in 认知能力 21
communication with neighbors in crowded conditions 拥挤条件下的邻居间交流 27—28
defending 防卫 253—256

flexibility in nest-building behavior 筑巢行为的灵活性 252—253
learning component 学习的组成部分 250—253
materials used 使用的材料 250
size and shape of 大小和形状 249—250
Nevitt, Gabrielle 加布里埃尔·内维特 100,102,104—108
New Caledonian crows 新喀鸦 112—114
compound tool construction from more than two elements by 用多个元件组装复合工具 113
hook tools, making and using 制作和使用钩状工具 112—113
problem-solving by 解决问题 113—114
New Holland honeyeaters 黄翅澳蜜鸟 42—44,50—52,54
Nilsson, Dan-Eric 丹-埃里克·尼尔松 96
noisy miners 黑额矿吸蜜鸟 50
northern cardinals 主红雀 44
northern flicker 北扑翅鴷 81
northern mockingbirds 小嘲鸫 72—73,76,83

obligate cooperative breeding 专性合作繁殖 300
obligate parasites 专性寄生 参见brood parasites
ocellated antbirds 眼斑蚁鸟 126,131—133,135—136
octopuses 章鱼 154
Odom, Karan 卡兰·奥多姆 19,37
O'Donnell, Sean 肖恩·奥唐奈 123—124,126,127—134,141
oilbirds 油鸱 97—99
O'Leary, Jim 吉姆·奥利里 255
olfactory bulbs 嗅球 100,106
olfactory perception 嗅觉感知 100—108,321
dimethyl sulfate (DMS) and 与二甲基硫 (DMS) 106—108
early beliefs regarding 早期的观点 100—101
ethyl mercaptan and 与乙硫醇 102—103
mitral cells and 与二尖瓣细胞 103
olfactory organs 嗅觉器官 100—102
"One deleterious effect of mobbing in the Southern Lapwing" (Myers) 《有害效应：凤头距翅麦鸡的围攻》(迈尔斯著) 47
open nests 开放性鸟巢 249
Oriental honey buzzards 凤头蜂鹰 104
ospreys 鹗 108
ossuaries 骨瓮 111
Osvath, Mathias 马蒂亚斯·奥斯瓦特 145—153,156—167,326
Ota, Nao 太田奈绪 220

painted snipes 彩鹬 8
palm cockatoos 棕树凤头鹦鹉 210—211
Panksepp, Jaak 雅克·潘克赛普 189
parenting 养育后代 12,245—319。参见brush turkeys
eclectus parrots biparental care 红胁绿鹦鹉的双亲养育 256
brood parasites 巢寄生 参见brood parasites
cooperative breeding 合作繁殖 参

见 cooperative breeding
eggs 卵 247—248
female-only parenting 雌鸟独自养育雏鸟 256
group parenting 群体育雏 262
interspecific parenting 种间育雏 260—261
male-only parenting 雄鸟独自育雏 256—257
nests 巢 参见 nests/nest building
no parenting 零养育 262
temperature manipulation 温度调控 263—264
parroting 模仿 参见 mimicry
parrots 鹦鹉 参见 eclectus parrots、kea 或其他具体物种
play 玩耍 155
plumage of 羽毛 8—10
passerines 雀形目 90
pelicans 鹈鹕 130
Pellis, Sergio 塞尔吉奥·佩利斯 157, 187
penguins 企鹅 30。参见具体物种
penis 阴茎 198
Pennisi, Elizabeth 伊丽莎白·彭尼西 270
perspective taking 换位思考 200
physical deception 肢体障眼法 70
pied butcherbird 黑喉钟鹊 91—92
pied currawongs 斑噪钟鹊 82—83
pigeons 鸽子 21
play 玩耍 145—167。参见 kea、ravens
adult expertise and 与成鸟的技能 163—164
brain development and 与大脑发育 165—166
criteria for recognizing 识别的标准 154
defining 定义 153—154
evolution of 进化 163
examples of, in birds 鸟类中的案例 155
experience of fun 乐趣的体验 166—167
ground play 地面游戏 183
interspecies play 种间玩耍 161—162
locomotor play 运动型游戏 156, 164
in non-mammalian species 在非哺乳动物中 154—155
object play 玩具型游戏 156—157
prerequisites for complex play 复杂游戏的先决条件 157
purpose of, theories as to 关于其目的的理论 163—167
regenerative function theory 再生功能理论 166
reward system and 与反馈机制 166—167
social facilitator, play as 作为社会促进剂 186—187
social play 社会型游戏 157
sound play signals 游戏的声音信号 184—185
stress reduction and 与减轻压力 165
types of 类型 156—157
visual play signals 游戏的视觉信号 184
vocal or acoustic play 声学游戏 160—161
playful object caching 贮藏游戏 164
Play of Animals, The (Groos) 《动物的游戏》(格罗斯著) 163

plumage 羽毛 8—11
Poe, Edgar Allan 埃德加·爱伦·坡 145
poison dart frogs 箭毒蛙 155
poisonous prey 有毒的猎物 90—92
Prum, Richard 理查德·普鲁姆 95, 228
Psycho (film) 《惊魂记》(电影) 272
puffins 海鹦 104
pyric-carnivory 火灾肉食性 114—115

raptors 猛禽 参见具体物种
  fire hunting and fire-spreading behavior 在火灾中捕食和纵火行为 114—118
ravens 渡鸦 130,145—153,171—172
  brain size relative to body size 相对于体型的脑容量 157
  caching 贮藏 158—159
  cognitive processing of visual input 对于视觉信息的认知过程 150—151
  conflict and fighting among 冲突与争斗 145—146
  emotional contagion and 与情绪感染 162
  games invented by 发明的游戏 160
  interspecies play 种间玩耍 161—162
  juveniles, play among 亚成个体间的玩耍 162
  neophobia of 恐新症 148—149,172
  planning for future by 对未来做出规划 152—153
  play 玩耍 145—147,156—157,159—166
  social hierarchy of 社会等级 148,172,182
  territoriality of 领域性 145—146,172
  theory of mind 心智理论 158—159
  tool use learned by 学习工具使用 152—153
Rear Window (film) 《后窗》(电影) 272
reciprocal adaptation 相互适应 281
recognition of one another as individuals 个体识别 11
red-backed fairy-wrens 红背细尾鹩莺 8,286—287
red-billed buffalo-weavers 红嘴牛椋鸟 199
red-billed queleas 红嘴奎利亚雀
  facial signaling of 脸部信号 26—28
  nesting and reproductive strategy 筑巢和繁殖策略 27—28
red-capped robin-chats 红顶歌鹏 72
red kite 赤鸢 161
red phalaropes 灰瓣蹼鹬 8
red-winged blackbirds 红翅黑鹂 44
reed warblers 苇莺 290
regent honeyeaters 王吸蜜鸟 83
Reichard, Dustin 达斯廷·赖卡德 20
reproductive organs 生殖器官 198—199
Rettenmeyer, Carl 卡尔·雷滕迈尔 324
reward system 反馈机制 166—167
rhythm 节奏 211
Ridley, Amanda 阿曼达·里德利 312,315
Riehl, Christina 克里斯蒂娜·里尔 256,300,301—303,307—308,309—310,312—314,317—318
Riters, Lauren 劳伦·里特斯 161
Rivera-Cáceres, Karla 卡拉·里韦拉-卡塞雷斯 35,36
Roberts, Waipuldanya Philip 瓦普尔丹

娅·菲利普·罗伯茨 116
Roseate terns 粉红燕鸥 207
Rowley, Ian 伊恩·罗利 278
Rubenstein, Dustin 达斯汀·鲁宾斯坦 252
rufous hummingbirds 棕煌蜂鸟 21—22
Russell, Douglas 道格拉斯·罗素 203
Ryan, Michael 迈克尔·瑞安 228,239

saltwater crocodiles 湾鳄 154
same-sex sexual behavior 同性性行为 205—207
sandhill cranes 沙丘鹤 25
Santino (chimp) 圣蒂诺(黑猩猩) 69—70
Sapolsky, Robert 罗伯特·萨波斯基 69
satin bowerbirds 缎蓝园丁鸟
  decorative bowers built by 筑造并装饰求偶亭 232
  mimicry 模仿 80
Scholes, Ed 埃德·斯科尔斯 216—217
Schwing, Raoul 拉乌尔·施温 158,169,171—189
screaming cowbirds 啸声牛鹂 286
scrubwrens 丝刺莺 参见 white-browed scrubwrens
  egg laying of 产卵 295
  response to cuckoos near their nests 对鸟巢附近的杜鹃的反应 288—290
seabirds 海鸟
  climate change and 与气候变化 325
  olfactory perception of 嗅觉感知 106—108
  recognition of other birds as individuals 个体识别 11
Selfish Gene, The (Dawkins) 《自私的基因》(道金斯著) 261
sensory capacities 感知能力 18
sex 性 197—207。参见 mating behavior
  concealed versus in the open 隐藏与公开 199—202
  Davian behavior 戴夫行为 203—205
  duration of copulation 交配时长 199
  extra-pair sex 配偶外性行为 240—242
  forced copulation 强迫交配 197—199
  frequency of copulation 交配的频率 199
  homosexual necrophilia 同性奸尸 204—205
  monogamy 一夫一妻制 240
  reproductive organs 生殖器官 198—199
  same-sex sex 同性性行为 205—207
  sex-after-alarm response 发生于警觉之后的性反应 204
  sexual selection 性选择
  for bright colors 更鲜艳的颜色 258
  evolution of elaborate song and 与复杂鸣唱的进化 37
  mating behavior and 与求偶行为 217—220
  mimicry 模仿 79—80
short-toed snake eagle 短趾雕 90
Shy, Marilyn Muszalski 玛丽莲·穆萨尔斯基·夏伊 260—261
Siberian jays 北噪鸦 49—50
signal efficiency theory 信号效能理论 226—227
Silent Spring (Carson) 《寂静的春天》(卡森著) 325
single parenting 单亲养育 256—257

sittellas 澳䴓 112
Skeoch, Andrew 安德鲁·斯基欧奇 29—30,65—68,72,155
Skutch, Alexander 亚历山大·斯库奇 114
Slaght, Jonathan 乔纳森·斯拉特 89,97
sleep 睡眠 20
Smith, Lauren 劳伦·史密斯 280
Smith, Susan M. 苏珊·M. 史密斯 156
smooth-billed ani 滑嘴犀鹃 49
social learning 社会学习 57,322
social play 社会型游戏 157,186—187
soft-shelled turtles 鳖 155
song 鸣唱 参见 communication
southern pied babblers 斑鸫鹛 62
spatial memories 空间记忆 139—140
spotted antbirds 点斑蚁鸟 131,136—137
spotted bowerbirds 斑大亭鸟
  bower building and mating behavior of 筑造求偶亭和求偶行为 231—234
  mimicry 模仿 75—76
  percentage of displays that win matings 通过炫耀赢得交配机会的百分比 237
  play 玩耍 160
Spottiswoode, Claire 克莱尔·斯波蒂斯伍德 269—270,272,283
Stager, Kenneth 肯尼思·施塔格 102—103
starlings 椋鸟 11
Stern, Daniel 丹尼尔·斯特恩 187
Stevens, Martin 马丁·史蒂文斯 283
Stoddard, Mary Caswell 玛丽·卡斯韦尔·斯托达德 95,220—226,228,248,282—283
storm petrels 暴风海燕 107—108
striped cuckoos 纵纹鹃 272
subsong 亚鸣唱 161
Suddendorf, Thomas 托马斯·苏登多夫 137—138
sulphur-crested cockatoos 葵花鹦鹉 181
superb fairy-wrens 华丽细尾鹩莺
  extra-pair sex 配偶外性行为 240—242
  learning alarm calls 学习告警声 54—56
  learning to identify brood parasites 学习识别巢寄生 290
  mating behavior 求偶行为 197
  predator distance signaled by alarm call of 用告警声指示捕食者的距离 50
  response to cuckoos near their nests 对鸟巢附近的杜鹃的反应 289—291
  social learning 社会学习 57
  understanding of alarm calls of another species 理解其他物种的告警声 52
  vocal learning and 与发声学习 32,286—287
superb lyrebirds 华丽琴鸟
  display mound 用于炫耀的土堆 78
  mating behavior 求偶行为 78—79,85—86
  mimicry 模仿 66—68,73—74,76—77,79—81,83,85—86
  nest of 鸟巢 77—78
  sexual selection of mimicry 对拟声的性选择 79—80
superb starlings 栗头丽椋鸟 38
Surmach, Sergei 谢尔盖·苏尔马赫 90
Sustaita, Diego 迭戈·苏斯泰塔 91

Suzuki, Toshitaka 铃木俊贵 49,62
Swan, Lawrence 劳伦斯·斯旺 6
Swartz, Monica 莫妮卡·斯沃茨 133
Swift, Kaeli 凯莉·斯威夫特 204
syrinx 鸣管 31,75

taurine 牛磺酸 90
Taylor, Alex 亚历克斯·泰勒 169,172,187—188,190—193
Taylor, Hollis 霍利斯·泰勒 30
technological breakthroughs in research 研究中的技术突破 20—21
Templeton, Christopher 克里斯托弗·坦普尔顿 36
territorial defense 守卫领地 33—35
tetrachromatic vision 四色视觉 94—95
TetraColorSpace 分色空间(一种软件) 95,223
theory of mind 心智理论 69,158—159
Thinking Like a Parrot (Bond & Diamond) 《像鹦鹉一样思考》(邦德与戴蒙德著) 155
Thomas, Lewis 刘易斯·托马斯 321
Thornton, Alex 亚历克斯·桑顿 312
tool use 工具的使用 111—121
  baiting prey 诱捕猎物 111
  cultural learning and 与文化学习 118—119
  dropping shells and other tough packaging on hard surfaces 将贝壳和其他包裹在坚硬外壳里的食物砸落在地上 111—112
  fire-spreading behavior 纵火行为 115—118,119—121
  for grub or insect removal 取食昆虫或幼虫 112
  in lab versus in the wild 在实验室与在野外 22
  making and modifying own tools 制作和改造自己的工具 112—114
  for opening or perforating shells 打开或刺穿贝壳 112
  pyric-carnivory 火灾肉食性 114—115
Touchton, Janeene 珍妮·塔其顿 136
Town, Chris 克里斯·汤 282
turkey vultures 红头美洲鹫 92—94
  olfactory perception of 嗅觉感知 101—104
  sanitary function provided by 提供清洁功能 93
turquoise-browed motmots 绿眉翠鴗 156

ultraviolet light, perception of 对紫外光的感知 94—96

Van Vuren, Dirk 德克·范·沃伦 146—147
vasa parrot 马岛鹦鹉 199
veeries 棕夜鸫 321—322
view matching 视野匹配 140
vinous-throated parrotbill 棕头鸦雀 31
visual perception 视觉感知
  acuity 敏锐度 94
  color vision 色觉 94—96
  ultraviolet light, perception of 对紫外光的感知 94—96
vocal learning 发声学习
  brain processes involved 其中涉及的大脑活动 75
  mimicry 模仿 74—75
  neural functions required for 所需的神经功能 75
  of song 鸣唱 32

syrinx and 与鸣管 75
vocal play 声学游戏 160—161
Vogelkop bowerbirds 褐色园丁鸟 232
vultures 鹫 参见 turkey vultures

Wallace, Alfred Russell 阿尔弗雷德·拉塞尔·华莱士 218—219
weaverbirds 织雀 252
webcams 网络摄像机 20
Webster, Mike 迈克·韦伯斯特 219, 280—281
wedge-tailed eagles 楔尾雕 94
Wein, Amelia 阿梅莉亚·魏因 169—170, 176—177, 181—183, 186—187
Welbergen, Justin 贾斯廷·韦尔贝根 85—86, 291
Wenzel, Bernice 伯尼斯·温策尔 104, 106
western gulls 西美鸥 15
western scrub jays 西丛鸦 138
Wheatcroft, David 戴维·惠特克罗夫特 292—293
Where Song Began (Low) 《歌声从何处来》(洛著) 13
whistling kites 啸鸢 115
whistling languages, of humans 人类的口哨语 59—60
White, Gilbert 吉尔伯特·怀特 273
white-browed scrubwrens 白眉丝刺莺
  predator distance signaled by alarm call of 用告警声指示捕食者的距离 50
  understanding of alarm calls of another species 理解不同物种的告警声 52
white-browed sparrow-weaver 纹胸织布鸟
  duetting of 二重唱 36—37
  nesting structures of 鸟巢结构 21
white-crowned sparrow 白冠带鹀 31
white-winged choughs 白翅澳鸦 2—3
  family groups 家庭群体 2
  fighting among 争斗 3
  tool use by 工具使用 112
"Why do ravens fear their food?" (Heinrich) 《为什么渡鸦会害怕自己的食物?》(海因里希作) 149
Wichen, Thirsa van 特莎·范·维申 177
wild cognition 野外认知能力 20—22
wild turkeys 火鸡 156
Willis, Edwin O. 埃德温·O. 威利斯 129, 132
Wilson, E. O. E. O. 威尔逊 2, 125—126
winter wrens 冬鹪鹩
  mating behavior 求偶行为 209—210
  song of male wren, information females derive from 雌鸟从雄鸟鸣唱中获得的信息 225—226
wood ducks 林鸳鸯 197
woodpecker finches 拟䴕树雀 112
wrens 鹪鹩 参见具体物种
  duetting of 二重唱 35—37

Yao honey-hunter 约奥族采蜜人 269—270
York, Jenny 珍妮·约克 292
York, Julia 朱莉娅·约克 7
Yuncker, Christy 克里斯蒂·扬克 25

Zdenek, Christina 克里斯蒂娜·兹德涅克 211
zebra finches 斑胸草雀 21, 32—33
Zuk, Marlene 马琳·朱克 207, 228—229